实战从入门到精通　人邮云课堂

UG NX 12.0

中文版 实战从入门到精通

龙马高新教育 编著

U0224204

人民邮电出版社

北京

图书在版编目（CIP）数据

UG NX 12.0中文版实战从入门到精通 / 龙马高新教
育编著. -- 北京：人民邮电出版社，2018.12（2022.7重印）
ISBN 978-7-115-49601-0

Ⅰ. ①U… Ⅱ. ①龙… Ⅲ. ①计算机辅助设计—应用
软件—教材 Ⅳ. ①TP391.72

中国版本图书馆CIP数据核字(2018)第232929号

内 容 提 要

本书以服务零基础读者为宗旨，用实例引导读者学习，深入浅出地介绍了 UG NX 12.0 中文版的相关知识和应用方法。

全书分为5篇，共22章。第1篇主要介绍了 UG NX 12.0 的入门知识和基本操作；第2篇主要介绍了 UG NX 12.0 的常用操作、构造器、选择器、草图的创建、草图的编辑、草图的约束、曲线的绘制、曲线的操作、曲线的编辑、曲面的绘制及曲面的操作与编辑等；第3篇主要介绍了三维基础建模、三维特征建模、特征的基本操作及特征的编辑操作等；第4篇主要介绍了注塑模设计、钣金设计、组件装配、运动仿真及工程图等；第5篇主要介绍了 UG 在模具设计、钣金设计及产品设计中的应用等内容。

本书附赠 26 小时与图书内容同步的视频教程及所有案例的配套素材和结果文件。此外，还赠送了相关学习内容的视频教程和电子书，便于读者扩展学习。

本书既适合 UG NX 12.0 的初、中级读者学习使用，也可以作为各大院校相关专业学生和辅助设计培训班学员的教材或辅导书。

◆ 编　　著　龙马高新教育
责任编辑　张　翼
责任印制　马振武

◆ 人民邮电出版社出版发行　　北京市丰台区成寿寺路 11 号
邮编　100164　　电子邮件　315@ptpress.com.cn
网址　http://www.ptpress.com.cn
北京九州迅驰传媒文化有限公司印刷

◆ 开本：787×1092　1/16
印张：32.25　　　　　　　　2018 年 12 月第 1 版
字数：784 千字　　　　　　　2022 年 7 月北京第 4 次印刷

定价：79.80 元

读者服务热线：(010)81055410　印装质量热线：(010)81055316
反盗版热线：(010)81055315
广告经营许可证：京东市监广登字 20170147 号

计算机是社会进入信息时代的重要标志。掌握丰富的计算机知识、正确且熟练地操作计算机已成为信息时代对每个人的要求。为满足广大读者对计算机辅助设计相关知识的学习需要，我们针对不同学习对象的接受能力，总结了多位计算机辅助设计高手、高级设计师及计算机教育专家的经验，精心编写了这套"实战从入门到精通"丛书。

本书特色

○ 零基础、入门级的讲解

无论读者是否从事辅助设计相关行业，是否了解 UG NX 12.0，都能从本书中找到合适的起点。本书入门级的讲解可以帮助读者快速地从新手迈向高手行列。

○ 精选内容，实用至上

全书内容经过精心选取、编排，在贴近实际应用的同时突出重点、难点，帮助读者深化理解所学知识，以实现触类旁通的效果。

○ 实例为主，图文并茂

在介绍过程中，每个知识点均配有实例辅助讲解，每个操作步骤均配有对应的插图加深认识。这种图文并茂的方法能够使读者在学习过程中直观、清晰地看到操作过程和效果，便于深刻理解和掌握。

○ 高手指导，扩展学习

本书以"疑难解答"的形式为读者提供各种操作难题的解决思路，总结了大量系统且实用的操作方法，以便读者学习到更多内容。

○ 双栏排版，超大容量

本书采用双栏排版的形式，大大扩充了信息容量，在 500 多页的篇幅中容纳了传统图书 600 多页的内容，在有限的篇幅中为读者奉送更多的知识和实战案例。

○ 视频教程，互动教学

本书配套的视频教程内容与书中知识紧密结合并相互补充，帮助读者体验实际工作环境，掌握日常所需的知识和技能及处理各种问题的方法，达到学以致用的目的。

学习资源

○ 26 小时全程同步视频教程

视频教程涵盖本书所有知识点，详细讲解每个实战案例的操作过程和关键要点，帮助读者更轻松地掌握书中的知识和技巧。此外，扩展讲解部分可以使读者获得更多相关的知识和内容。

○ 超多、超值资源大放送

随书奉送 UG NX 12.0 快捷键查询手册、11 小时 3ds Max 视频教程、50 套精选 3ds Max 设计源文件、3 小时 AutoCAD 建筑设计视频教程、6 小时 AutoCAD 机械设计视频教程、7 小时 AutoCAD 室内装潢设计视频教程、7 小时 Photoshop CC 视频教程等超值资源，以方便读者扩展学习。

视频教程学习方法

为了方便读者学习，本书提供了视频教程的二维码。读者使用手机上的微信、QQ 等聊天工具的"扫一扫"功能扫描二维码，即可通过手机观看视频教程。

扩展学习资源下载方法

读者可以使用微信扫描封底二维码，关注"职场研究社"公众号，发送"49601"后，获得资源下载链接和提取码。将下载链接复制到任何浏览器中并访问下载页面，即可通过提取码下载本书的扩展学习资源。

创作团队

本书由龙马高新教育策划，孔长征任主编，郑州航空工业管理学院的白首华和王红霞任副主编。参与本书编写、资料整理、多媒体开发及程序调试的人员有孔万里、周奎奎、张任、张田田、尚梦娟、李彩红、尹宗都、王果、陈小杰、左琨、邓艳丽、崔姝怡、侯蕾、左花苹、刘锦源、普宁、王常吉、师鸣若、钟宏伟、陈川、刘子威、徐永俊、朱涛和张允等。

在编写过程中，我们竭尽所能地将实用的知识呈现给读者，但也难免有疏漏和不妥之处，敬请广大读者不吝指正。若读者在阅读本书过程中产生疑问或有任何建议，可发送电子邮件至 zhangyi@ptpress.com.cn。

编著者
2018 年 10 月

目录

第2篇 核心操作

第3篇 三维绘图

第4篇 常规设计

本章视频教程时间：1小时31分钟

本章视频教程时间：57分钟

第5篇 实战案例

第20章 UG在模具设计中的应用 ········· 448

本章视频教程时间：2小时

20.1 单片文件夹模具设计 ········· 449

20.2 托架模具设计 ········· 456

20.3 墙面插座保护壳模具设计 ········· 463

第21章 UG在钣金设计中的应用 ········· 469

本章视频教程时间：1小时10分钟

21.1 创建顺逆开关保护壳 ········· 470

21.2 创建水嘴底座 ········· 474

赠送资源

- 赠送资源 1　UG NX 12.0 快捷键查询手册
- 赠送资源 2　11 小时 3ds Max 视频教程
- 赠送资源 3　50 套精选 3ds Max 设计源文件
- 赠送资源 4　3 小时 AutoCAD 建筑设计视频教程
- 赠送资源 5　6 小时 AutoCAD 机械设计视频教程
- 赠送资源 6　7 小时 AutoCAD 室内装潢设计视频教程
- 赠送资源 7　7 小时 Photoshop CC 视频教程

第1篇
新手入门

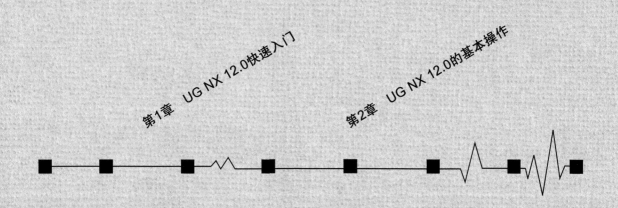

第 1 章

UG NX 12.0快速入门

学习目标

本章主要讲解了UG NX 12.0软件的概况、功能模块、软件特点及产品设计过程，使读者对该软件有一个初步的了解。

学习效果

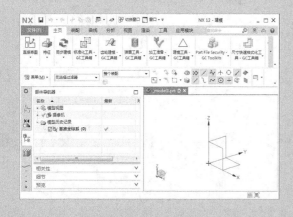
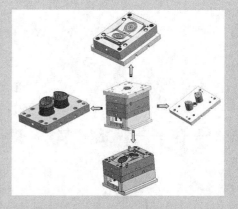

1.1 UG 的应用领域

🔵 **本节视频教程时间：30 分钟**

本节对UG 的背景及应用领域进行讲解，使读者对该软件有一个基本的认识。

1.1.1 UG背景简介

UG是一个交互式CAD/CAM系统，作为一个产品工程解决方案，它功能强大，为用户的产品设计及加工过程提供了数字化造型和验证手段，可以轻松实现各种复杂实体及造型的建构。

UG原本是基于C语言开发实现的，诞生之初主要基于工作站。但随着PC硬件的发展和个人用户数量的迅速增长，它在PC上的应用也取得了飞速发展，现已成为实现三维设计的一款主流软件。UG作为大型软件系统，需要应用领域、数学及计算机科学知识支撑，但是这些技术的组合使用起来非常复杂。而随着科学技术的进步，特别是大型并行计算机的开发，UG为复杂的开发应用带来了许多新的可能。

UG为用户提供的解决方案建立在无数成功经验的基础之上，这些方案可以全面地提高设计过程的效率，缩短产品进入市场的时间，以降低成本。UG作为新一代数字化产品开发系统，独特之处是其知识管理基础，它可以使工程专业人员推动革新以创造更大的利润。可见，UG通过产品开发的技术创新，实现了在持续成本缩减及收入和利润逐渐增加之间的平衡。

1.1.2 UG在产品设计领域的应用

不同的设计任务会分自行设计、测绘仿制、改进改型等多种方式和途径，而设计过程也一般划分为设计方案论证（概念设计）、初样研制（技术设计）、试样研制（详细设计）、试生产等多个阶段。应用UG时，针对不同的设计方式和设计阶段，具体要求也有所区别。下面以详细设计为主，介绍应用UG进行产品设计应遵循的一般原则和方法。

📎 1. 模型质量的基本要求

（1）正确性：模型应准确反映设计意图，对其内容的技术要求理解不能有任何歧义。要确立"面向制造"的新设计理念，充分考虑模具设计、工艺制造等下游用户的应用要求，做到与实际的加工过程基本匹配。

（2）相关性和一致性：要应用主模型原理和方法，进行相关参数化建模，正确体现数据的内在关联关系，保证三维模型数据在产品数据链中的唯一性、一致性，并能正确传递。

（3）可编辑性：模型能被编辑、修改，且整个建模过程可以回放；此外，模型应该可被重用和相互操作，这是由可编辑性派生出来的重要特性。

（4）可靠性：模型应通过UG的几何质量检查，确保拓扑关系正确，实体交接严格，内部无空洞，外部无细缝，无细小台阶。模型文件的大小应得到有效控制，模型没有多余的特征、空的组和其他过期的特征，总能在任何情况下被正确地打开。

2. 实体建模的质量管理

（1）实体建模的内容和方法必须与不同阶段的设计目标相一致。

（2）实体建模必须按照建模规范进行。

（3）实体建模必须按照建模步骤进行。建模的一般步骤是明确设计意图，梳理建模思路，规划特征框架；引用种子部件，搭建建模环境；确定零件的原点和方向；建立最初始的基准；创建模型的根特征；创建特征，进行特征操作、定位、约束、编辑；坚持边建模、边分析检查的原则；输入部件属性；创建引用集；清理模型数据；进行模型总体检查，提交模型。

> **小提示**
>
> 复杂零件通常把草图作为建模的根特征。如果非要把体素特征作为建模的根特征，仅允许使用一次，禁止使用更多的体素特征。

（4）必须按照参数化原则建模，禁止使用非参数化的命令，保证模型的可编辑性。

（5）运用UG相关参数化设计的功能和技巧，正确反映产品几何结构和尺寸的内在关系，实现设计意图的相关性。

（6）注意对文件数据大小进行控制，使用尽可能少的特征来达到表现模型的目的。

3. 装配建模的质量管理

（1）UG提供两种基本的装配方法：自下向上设计和自上向下设计。可以根据需要灵活地选择运用。

（2）重视部件名和装配加载路径的管理，防止文件名和加载路径出现混乱或错误。

（3）进行严格的组件版本管理和技术状态管理，保证装配所引用模型数据的唯一性和一致性。

（4）根据产品的技术特点选择使用引用集（通用引用集、自定义引用集、专用引用集），对引用集的创建、修改、检查、使用、置换等都应有明确的规定。

（5）遵循装配规则的一般原则：按实际的安装顺序进行装配；在主装配中使用"绝对定位"的方法装配子装配件；在子装配中使用配对条件进行装配；避免在不同子装配中使用部件间的交叉约束。

4. 制图的质量管理

（1）严格按主模型原理进行制图工作，制图数据（包括组件图、装配图）与三维模型分别存放在不同的文件中。

（2）二维工程图样与三维实体模型（见下图）完全相关是制图的最重要原则。制图的关联性主要是指视图与模型的关联、尺寸与视图的关联、注释与图样或视图的关联。

（3）二维图样要符合国家和企业有关标准。

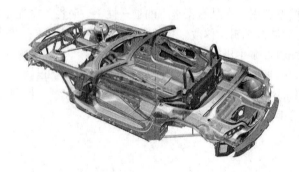

1.1.3　UG在机械设计领域的应用

UG在现代产品和机械设计领域中占有举足轻重的地位，得到了广泛应用。用户使用UG进行机械设计的一般步骤如下。

● 1. 理解设计模型

了解主要的设计参数、关键的设计结构和设计约束等设计情况。

● 2. 主体结构造型

建立模型的关键结构（如主要轮廓和关键定位孔等），对于建模过程起到关键作用。

对于复杂的模型，模型分解也是建模的关键。如果一个结构不能直接用三维特征完成，则需要找到结构的某个二维轮廓特征，然后用拉伸、旋转、扫描的方法，或者自由形状特征去建立模型。

UG允许用户在一个实体设计上使用多个根特征，这样就可以分别建立多个主结构，然后在设计后期对它们进行布尔运算。对能够确定的设计部分，先造型；对不确定的部分，放在造型的后期完成。

设计基准（Datum）通常决定用户的设计思路，好的设计基准将会帮助简化造型过程并方便后期设计的修改。大部分的造型过程通常都是从设计基准开始的。

● 3. 零件相关设计

UG允许用户在模型完成后再建立零件的参数关系，但更加直接的方法是在造型过程中直接引用相关参数。

较难实现的造型特征尽可能早准备。对于较难实现的造型特征，尽可能将其放在前期实现，这样可以尽早发现问题，并寻找替代方案。一般来说，这些特征会出现在hollow、thicken、omplex blending等特征上。

● 4. 细节特征造型

细节特征造型（见下图）放在造型的后期阶段，一般不要在造型早期阶段进行这些细节设计，否则会大大加长用户的设计周期。

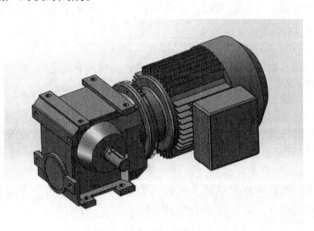

1.1.4 UG在模具设计领域的应用

Mold Wizard（注塑模具向导，以下简称MW）是针对注塑模具设计的一个专业解决方案，具有强大的模具设计功能，用户可以使用它方便地进行模具设计（见下图）。MW配有常用的模架库与标准件库，方便用户在模具设计过程中选用。而标准件的调用非常简单，只需设置好相关标准件的关键参数，软件便自动将标准件加载到模具装配中，大大地加快了模具设计速度并提升了模具标准化程度。MW NX 12.0还具有强大的电极设计能力，用户可以使用它快速地进行电极设计。简单地说，MW NX 12.0是一个专为注塑模具设计提供专业解决方案的集成于UG NX 12.0中的功能模块。

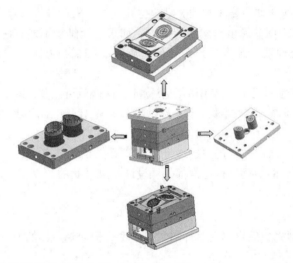

使用MW NX 12.0进行模具设计的主要工作阶段如下。

1. 模具设计准备阶段

（1）装载产品模型：加载需要进行模具设计的产品模型，并设置有关的项目单位、文件路径、成型材料及收缩率等。

（2）设置模具坐标系：在进行模具设计时需要定义模具坐标系，模具坐标系与产品坐标系不一定一致。

（3）设置产品收缩率：注塑成型时，产品会产生一定量的收缩。为了补偿这个收缩率，在模具设计时应设置产品收缩率。

（4）设定模坯尺寸：在MW NX 12.0中，模坯被称为工件，就是分型之前的型芯与型腔部分。

（5）设置模具布局：对于多腔模或多件模，需要进行模具布局的设计。

2. 分型阶段

（1）修补孔：对模具进行分型前，需先修补模型的靠破位，包括各类孔、槽等特征。

（2）模型验证（MPV）：验证产品模型的可制模性，识别型芯与型腔区域，并分配未定义区域到指定侧。

（3）构建分模线：创建产品模型的分型线，为下一步分型面的创建做准备。

（4）建立分模面：根据分型线创建分型面。

（5）抽取区域：提取出型芯与型腔区域，为分型做准备。

（6）建立型芯和型腔：创建出型芯与型腔。

3. 加载标准件阶段

（1）加载标准模架：MW NX 12.0提供了常用的标准模架库，用户可以从中选择合适的标准模架。

（2）加载标准件：为模具装配加载各类标准件，包括顶杆、螺钉、销钉、弹簧等，可以直接从标准件库中调用。

（3）加载滑块、斜顶等抽芯机构：适用于有侧抽芯或内抽芯的模具结构，可以通过标准件库来建立这些机构。

4. 浇注系统与冷却系统设计阶段

（1）设计浇口：MW NX 12.0提供了各类浇口的设计向导，用户可以通过相应的向导快速完成浇口的设计。

（2）设计流道：MW NX 12.0提供了各类流道的设计向导，用户可以通过相应的向导快速完成流道的设计。

（3）设计冷却水道：MW NX 12.0提供了冷却水道的设计向导，用户可以通过相应的向导快速完成冷却水道的设计。

5. 完成模具设计的其余阶段

（1）对模具部件建腔：在模具部件上挖出空腔位，放置有关的模具部件。

（2）设计型芯、型腔镶件：为了方便加工，将型芯和型腔上难加工的区域制成镶件形式。

（3）电极设计阶段：该阶段主要是创建电极和出电极工程图，可以使用MW NX 12.0提供的电极设计向导快速完成电极的设计。

（4）生成材料清单：创建模具零件的材料列表清单。

（5）输出零件工程图：输出模具零件的工程图，供零件加工时使用。

1.1.5　UG在数控加工领域的应用

数控加工在现代产品和模具生产中占有举足轻重的地位，得到了广泛应用。数控加工需要通过计算机来控制数控机床进行加工，因此编制数控加工程序是十分关键的一环。理想的加工程序不仅能够保证加工出符合设计要求的合格工件，同时能够使数控机床功能和刀具性能得到充分发挥，并安全、可靠地进行工作。

1. UG CAM实现加工的原理

在介绍UG CAM实现加工的原理前，先了解两个概念。

（1）刀位轨迹：刀具在加工过程中的运动路径（以下简称刀轨），在计算机的图形中显示为轨迹线条。

（2）操作：UG NX 12.0为了创建某一类刀位轨迹而用来收集信息的集合。UG CAM内定了各种各样的操作，在每一种操作中可以设定相关的信息参数，然后系统根据这些参数计算出特定的刀轨。例如平面铣操作可以创建基于曲线的刀轨，型腔铣操作可以创建工件的粗加工刀轨，曲面轮廓铣操作可以创建曲面的精加工刀轨，钻孔操作可以加工工件的孔和螺纹等。

UG CAM的主要目的就是要控制刀具进行指定的运动，加工出需要的工件。使用UG NX 12.0编程的主要工作就是要创建合理的刀轨。

● 2. UG CAM的主要操作

UG NX 12.0提供了许多操作模板，但其实只需要掌握几种最基本的操作，即可具备编程的能力，并投入实际工作。其他操作都是从这几种基本操作中扩展出来的，在实际使用时不常用到。需要掌握的几种基本操作如下。

（1）平面铣操作和面铣操作。使用平面曲线作为加工对象，计算相应的刀位轨迹。

（2）型腔铣操作和等高轮廓铣操作。使用曲面或实体作为加工对象，分层计算相应的刀位轨迹。

（3）固定轴曲面轮廓铣操作。使用曲面或实体作为加工对象，通过多种驱动方式计算相应的刀位轨迹。

（4）钻孔操作。使用点位作为加工对象，计算各类循环钻孔刀位轨迹（见下图）。

1.1.6 UG在仿真设计领域的应用

计算机仿真的过程，实际上就是凭借系统的数学模型及其在计算机上的运行，执行对该模型的模拟、检验和修正，并使该模型不断趋于完善的过程。

（1）在试图求解问题之前，实际系统的定义最为关键，尤其是系统的包络边界识别。对一个系统的定义主要包括系统的目标、目标达成的衡量标准、自由变量、约束条件、研究范围、研究环境等，这些内容必须具有明确的定义准则并已定量化处理。

（2）一旦有了这些明确的系统定义，结合一定的假设和简化，在确定系统变量和参数及它们之间的关系后，即可方便地建立描述所研究系统的数学模型。

（3）接下来做的工作是实现数学模型向计算机执行的转变。计算机执行主要是通过程序设计语言编成的程序来完成的，为此，研究人员必须在高级语言和专用仿真语言之间做出选择。

（4）计算机仿真（见下图）的目的主要是研究或再现实际系统的特征，因此模型的仿真运行是一个反复的动态过程，并且有必要对仿真结果做出全面的分析和论证；否则，不管仿真模型建立得多么精确，不管仿真运行次数多么多，都不能达到正确地辅助分析者进行系统抉择的最终目的。

1.2 UG 的版本演化

UG经过数十年的发展，通过不停的版本变革，现已更新到UG NX 12.0版本，在功能完善的同时，其操作也更加人性化。本节将对几个典型的版本进行讲解，帮助用户熟悉UG的版本演化。

◐ 1. UG NX 6.0和UG NX 7.0

UG NX 6.0在生产力改进方面实现了加速产品创新、提升经济效益的效果，其界面如下左图所示。

UG NX 7.0引入了HD3D功能，此外还新增了同步建模技术的增强功能，进一步提高了各类产品的开发速度，其界面如下右图所示。

◐ 2. UG NX 8.5和UG NX 12.0

UG NX 8.5简化了草图绘制功能，同时对基于特征的建模做了诸多改进，其界面如下左图所示。

UG NX 12.0的新型"部件模块"技术简化了复杂设计的建模和编辑过程，允许用户把设计分割为支持多个设计者并行开发的功能单元，其界面如下右图所示。

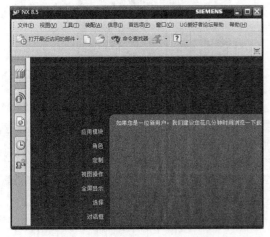 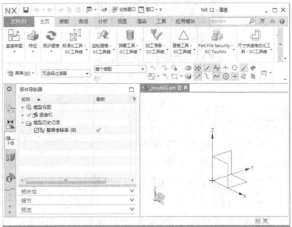

1.3 如何学习UG NX 12.0

🌐 **本节视频教程时间：7分钟**

新手接触UG NX 12.0软件时，一般先从学习三维造型设计开始，再学习UG工程图的制作及UG加工功能，否则学习三维设计就没有意义了。在达到了一定的水平后，就可以学习产品设计、模具设计、汽车设计、船舶设计及其他模块设计。当然，要学会全部功能并不简单，建议根据自己的需要，学习其中的一些模块即可。

在学习的过程中需要注意以下几点。

- 集中精神、集中时间学习。
- 正确把握学习重点。
- 有选择和目的地学习。
- 对软件造型功能进行合理的分类。
- 从一开始就注重培养规范的操作习惯。
- 把遇到的问题、失误和学习要点记录下来。

UG NX 12.0软件作为一款CAD/CAM/CAE集成系统，具有强大的功能，用户需要学习的主要功能如下。

◉ 1. 产品设计

CAD（Computer Aided Design）即计算机辅助设计，是工程技术人员以计算机为工具，对产品和工程进行设计、绘图、分析和编写技术文档等设计活动的总称。

利用零件建模模块、产品装配模块和平面工程图制图模块，可以构建各种复杂结构的三维参数化实体装配模型和部件详细模型，如下图所示，并自动生成工作图纸（半自动标注尺寸）；设计小组之间可以进行协同设计；它可以被应用于各种类型的产品设计，并支持产品外观设计；所设计的产品模型可以进行虚拟装配及各种分析，省去了制造样机的过程。

◉ 2. 产品分析

CAE（Computer Aided Engineering）即计算机辅助工程，是用计算机辅助求解复杂工程和产品结构强度、刚度、屈曲稳定性、动力响应、三维多体接触、弹塑性等力学性能的分析计算及结构性能的优化设计等问题的一种近似数值分析方法。

利用有限元方法，可以对产品模型进行受力、受热和模态分析，从图像颜色上直观地表示出受力或变形等情况。利用运动分析模块，可以分析产品的实际运动情况和干涉情况，并分析运动的速度。

3. 零件加工

CAM（Computer Aided Manufacturing）即计算机辅助制造，是利用计算机进行生产设备管理控制和操作的过程。它的输入信息是零件的工艺路线和工序内容，输出信息是刀具加工时的运动轨迹（刀位文件）和数控程序。

利用数控加工模块，可以根据产品部件模型或装配模型半自动产生刀具路径、自动产生数控机床能接受的数控加工指令。

4. 布线

利用布线模块，可以根据产品的装配模型规划各种管线和线路及其标准件接头，自动走线，并能计算出使用的材料，列出材料清单。

5. 产品宣传

利用可视化渲染模块可以产生逼真生动的艺术照片、动画等，并直接在Internet上发布产品模型。

1.4 UG NX 12.0的安装、启动和退出

📀 本节视频教程时间：16分钟

 本节主要介绍UG NX 12.0软件的安装、启动和退出等操作。

1.4.1 UG NX 12.0的安装要求

UG NX 12.0软件的安装要求如下表所示。

说　明	安装要求
操作系统	Microsoft Windows 7 版本64位操作系统、 Microsoft Windows 8/8.1 版本64位操作系统、 Microsoft Windows 10 版本64位操作系统
处理器	至少采用双核处理器，推荐采用四核或主频更快的处理器
内存	建议内存配置为4GB。如果条件允许，则应配置更大容量的内存，以提高处理的速度
显示器分辨率	1024像素×768像素VGA，真彩色（最低要求）
硬盘空间	硬盘空间至少保证17GB以上
显存	建议显存为2GB或更大

1.4.2 UG NX 12.0的安装

UG NX 12.0软件的安装过程比较复杂，需要按照下列步骤逐步进行。

第1步：安装Java运行平台

步骤 01 运行Java安装程序后，系统会弹出【安装程序】对话框，如下页图所示。

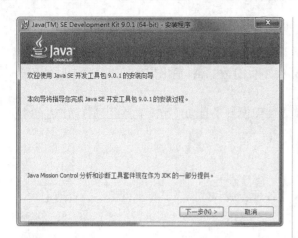

步骤 02 单击【下一步】按钮后，系统会弹出【定制安装】对话框，如下图所示。

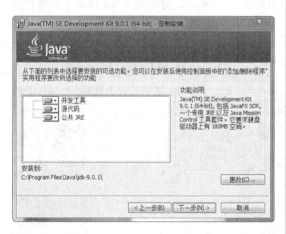

步骤 03 单击【下一步】按钮后，系统会显示安装进度，如下图所示。

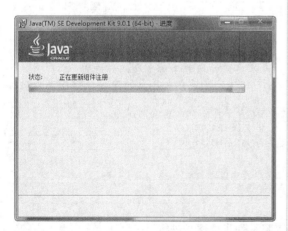

步骤 04 在【Java安装-定制安装】对话框中单击【下一步】按钮，如下图所示。

步骤 05 系统会显示安装进度，如下图所示。

步骤 06 在【完成】对话框中单击【关闭】按钮，如下图所示。

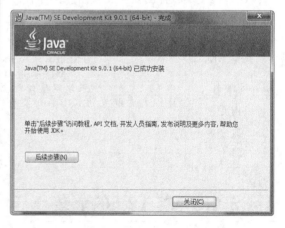

第2步：获取许可文件

步骤 01 将购买UG NX 12.0所获取的.lic文件用记事本打开，如下图所示。

步骤 02 更改第1行中的服务器名称为当前的计算机名称，如下图所示，保存并关闭文件。

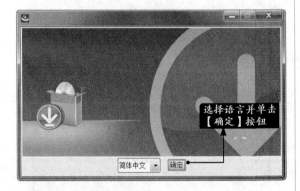

小提示

计算机名称可以通过在桌面上的【计算机】图标上单击鼠标右键，从弹出的快捷菜单中选择【属性】选项，在弹出的系统属性对话框中查找到。

第3步：安装许可证服务器

在安装UG NX 12.0软件之前，必须先安装许可证服务器，这样才能保证整个软件的正确运行。

步骤 01 运行Siemens PLM License Server安装程序，系统弹出安装语言选择界面后，选择【简体中文】，然后单击【确定】按钮，如下图所示。

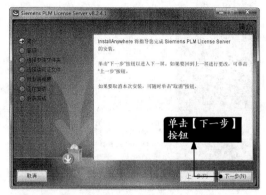

步骤 02 系统弹出【简介】界面后，单击【下一步】按钮，如下图所示。

步骤 03 进入【高级】界面后，单击【下一步】按钮。系统弹出【选择安装文件夹】界面后，可以按照默认路径进行安装，也可以单击【选择】按钮更改安装路径，如下图所示，单击【下一步】按钮。

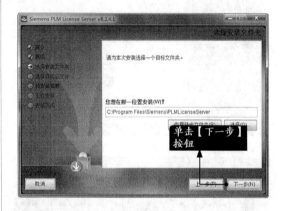

步骤 04 系统弹出【选择许可证文件】界面，单击【选择】按钮，找到前面更改服务器名称并已保存的.lic文件，设置完成后，如下图所示，单击【下一步】按钮。

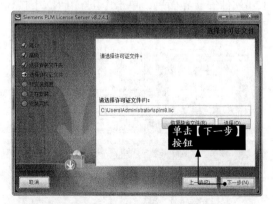

步骤 05 系统弹出【预安装摘要】界面，先审核相关信息，确认已做好安装程序的准备后，单击【安装】按钮，如下图所示。

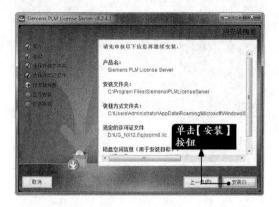

步骤 06 安装完成后，单击【完成】按钮即可，如下图所示。

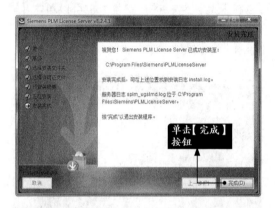

小提示

　　安装完成后，许可证服务器会自动启动，也可以选择【开始】➤【所有程序】➤【Siemens PLM License Server】➤【Lmtools】命令来启动。

　　第4步：安装UG NX 12.0

步骤 01 双击Launch.exe安装程序，系统弹出NX 12.0软件安装界面后，单击【Install NX】按钮进行安装，如下图所示。

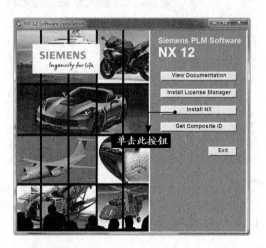

步骤 02 系统弹出安装语言选择界面后，选择【中文（简体）】，然后单击【确定】按钮，如下图所示。

步骤 03 安装程序会检测安装环境，随后弹出欢迎界面，单击【下一步】按钮，如下图所示。

步骤 04 在弹出的【安装类型】对话框中选择【完整安装】单选项，选择此类型将安装所有的UG NX 12.0功能，单击【下一步】按钮，如下图所示。

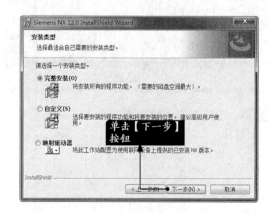

步骤 05 在弹出的【目的地文件夹】对话框中选择安装位置，单击【下一步】按钮，如下图所示。

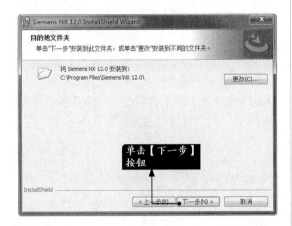

步骤 06 打开【许可】对话框，如果许可证服务器正在运行，则文本框中会自动显示许可证服务器名称（"@"后为计算机名称）。然后单击【下一步】按钮，如下图所示。

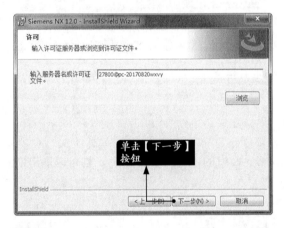

步骤 07 在弹出的【语言选择】对话框中，选中【简体中文】单选项，然后单击【下一步】按钮，如下图所示。

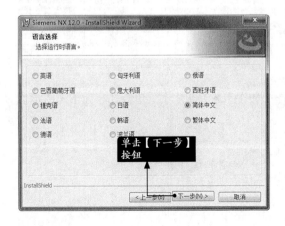

步骤 08 在弹出的对话框中，提示【已做好安装程序的准备】后，单击【安装】按钮开始安装，如下图所示。

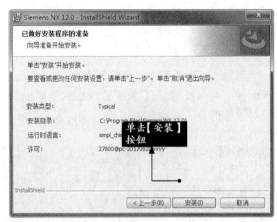

步骤 09 安装过程中会显示安装进度，如下图所示。

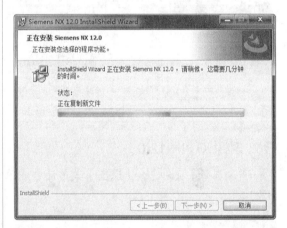

步骤 10 安装完成后，单击【完成】按钮，从而完成UG NX 12.0的安装，如下图所示。

1.4.3 UG NX 12.0的启动和退出

　　UG NX 12.0软件安装完成后，可以直接通过"开始"菜单中相应的选项启动软件。下面就介绍UG NX 12.0软件的启动和退出方法。

◯ 1. 启动UG NX 12.0

　　选择【开始】➤【所有程序】➤【Siemens NX 12.0】➤【NX 12.0】菜单命令，UG软件的启动界面如下左图所示，启动UG软件后初始界面如下右图所示，初学者可以通过该界面中各模块的介绍对该软件有一个初步的了解。

小提示

　　如果桌面上有UG NX 12.0的快捷方式图标，也可以直接双击该图标来启动UG NX 12.0。

◯ 2. 退出UG NX 12.0

　　通过选择【文件】➤【退出】菜单命令或单击UG界面中的【关闭】按钮 ×，均可以退出UG NX 12.0。

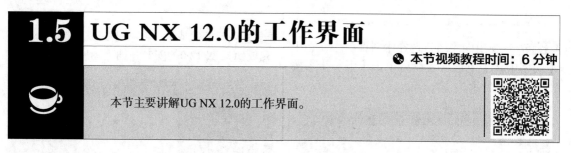

1.5 UG NX 12.0的工作界面

◯ **本节视频教程时间：6分钟**

本节主要讲解UG NX 12.0的工作界面。

◯ 1. 功能调用方法

　　启动UG NX 12.0，进入系统主界面，然后选择【文件】➤【新建】菜单命令，如下图所示。

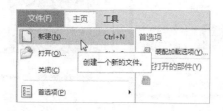

2. 系统提示

系统会弹出【新建】对话框，如下图所示。

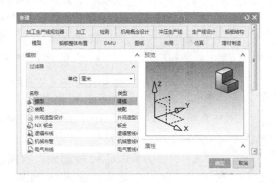

选择默认的【模型】类型，单击【确定】按钮，即可进入UG NX 12.0的工作界面，如下图所示。

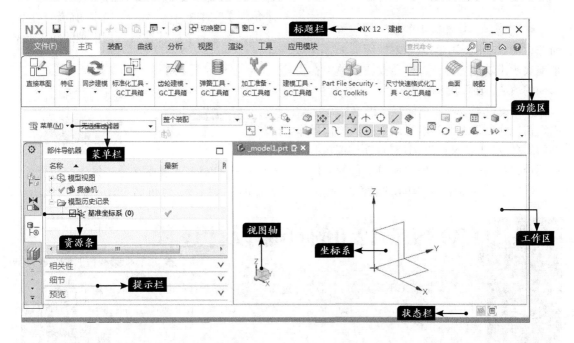

3. 知识点扩展

工作界面主要包括标题栏、菜单栏、功能区、提示栏、状态栏、资源条、视图轴、坐标系和工作区等部分。

- 标题栏：标题栏用于显示UG NX 12.0的程序图标及当前所操作部件文件的名称。与一般的Windows应用程序类似，利用位于标题栏右侧的3个按钮可以分别实现UG NX 12.0窗口的最小化（或还原）、最大化及关闭等操作。
- 菜单栏：菜单栏又称下拉菜单，它包含了UG NX 12.0的主要功能。系统将所有的命令和设置选项放在不同的下拉菜单中，单击菜单栏中的某一项即会弹出相应的下拉菜单，如下图所示。

- 功能区：功能区中的按钮对应着不同的命令，而且功能区中的命令都以图形的方式形象地表示出功能。这样可以免去在菜单中查找命令的烦琐，便于用户使用。

- 提示栏/状态栏：系统默认提示栏/状态栏固定在工作区下方。提示栏用来提示如何操作调用的命令，UG NX 12.0具有自动推理功能，系统会自动判断并提示用户需要执行的动作；状态栏用来显示用户选择图元的名称。

- 资源条：在资源条中可以通过【装配导航器】观察零部件的装配，也可以通过【部件导航器】查看模型的特征历史，还可以直接将材料赋予模型，或者在资源条中的【角色】下更换软件的界面。

- 坐标系：坐标系表示建模的方位，分为绝对坐标系（Absolute Coordinate System，ACS）和工作坐标系（Work Coordinate System，WCS）两种形式，它们都遵循右手螺旋法则。

- 视图轴：视图轴用来帮助用户快速判断绝对坐标系3个轴的状态。用户可以通过单击坐标系的3个轴锁定视图旋转的方向，并可以在【角度】文本框中输入一个确定的旋转角度。在用户锁定一个旋转轴后，相应轴的箭头会高亮显示。

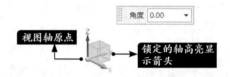

视图轴原点　　　锁定的轴高亮显示箭头

- 工作区：工作区（绘图区）是建模工作开展的主要区域，也可称为图形窗口。

1.6　UG NX 12.0的产品设计过程

🔊 **本节视频教程时间：6分钟**

本节讲解UG NX 12.0的产品设计过程，包括产品设计的准备、产品设计的步骤、产品设计的更改及产品设计的定型等。UG NX 12.0通常的产品设计流程如下图所示。

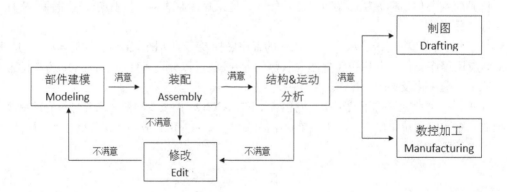

1.6.1 产品设计的准备

在产品设计准备阶段需要做好以下几个方面的准备。

（1）明确设计任务，制定设计任务书以确定产品功能、性能指标、成本及整机的外形尺寸等总体目标。在进行新产品的开发设计时，首先要对产品的性能、质量和成本等进行定位。

（2）提供方案，进行评价。

（3）搜集可以被重复使用的设计数据。

（4）定义关键参数和结构草图。

（5）了解产品装配结构的定义。

（6）编写设计细节说明书。

（7）创建文件目录，确定层次结构。

（8）将相关设计数据和设计说明书存入相应的项目目录中。

1.6.2 产品设计的步骤

产品设计的具体步骤如下。

（1）按照选定的方案进行总体设计，即使用UG自上而下的设计方法构建产品装配结构。如果有可以沿用的设计，可以使用结构编辑器将其纳入产品装配树中。对于其他的一些标准零件，可以在设计阶段后期加入到装配中，这是因为大部分零件在主结构完成后才能定位或确定尺寸。

（2）利用建模模块生成各个零件的模型，一般应遵循以下步骤。

① 特征分解：分析零件的形状特点，并将其分割成几个主要的特征区域，接着对各个区域进行粗线条分解。

② 基础特征设计：绘制出零件的毛坯形状。

③ 详细特征设计：先粗后细，即先设计出粗略的形状，再逐步细化；先大后小，即先设计大尺寸形状，再完成局部细化；先外后里，即先设计外表面形状，再细化内部形状。

④ 细节设计：利用细节特征绘制倒圆角、拔模角、孔和沟槽等。

（3）利用装配模块将零件生成装配图。

（4）利用分析模块进行部件运动学分析、动力学分析等。

（5）利用数控加工模块进行虚拟加工，查找出不符合工艺要求的部分。

（6）将分析查找到的设计不足之处反馈给设计人员。

小提示

在设计零件细节的过程中，应该随时进行装配层上的检查，如装配干涉、重量和关键尺寸等。

1.6.3 产品设计的更改

产品设计的更改一般包括以下步骤。

（1）根据分析结果对部件进行修改，并完善设计方案。

（2）对修改后的部件重新装配、分析和虚拟加工。

（3）最终确定部件和产品装配结果。

1.6.4 产品设计的定型

产品设计的定型包括以下步骤。

（1）利用管道布线模块进行产品的布线，若发现不足，应返回并改进设计。

（2）利用制图模块生成产品的工程图。

（3）利用形象化渲染模块生成产品三维彩色CAD模型。

（4）利用Web快车将产品发送到网络。

（5）整理设计文件，编写设计计算说明书和使用说明书等。

1.7 UG NX 12.0的常用模块

🕐 **本节视频教程时间：9分钟**

 UG NX 12.0提供了许多模块，这些模块在主界面上分成几个主要模块，并按照功能开关形式集中在【所有应用模块】菜单下。

单击选项卡中的【文件】标签 文件(F)，从弹出的下拉菜单中选择【新建】▶【所有应用模块】菜单命令的相应子命令，即可进入相应的模块，如下图所示。

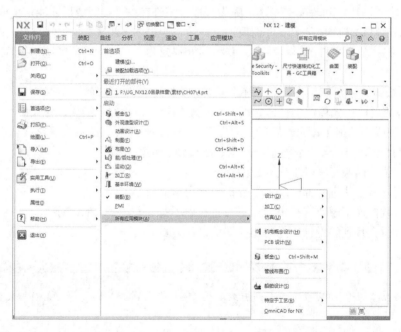

1.7.1 产品设计CAD模块

产品设计CAD模块包含以下几种模块。

✦ 1. UG基本环境（Gateway）

该模块是UG的基本模块，是自动启动的，用于打开存档的部件文件、创建新的部件文件、存储更改的部件文件，同时支持改变显示部件、分析部件、调用帮助文档、使用绘图机输出图纸、执行外部程序等操作。此外还支持各种类型文件的导入、导出及对其信息进行查询和分析等操作。

可以通过选择【所有应用模块】➤【基本环境】菜单命令切换到基本环境。

2. 建模（Modeling）

该模块主要用于产品部件的三维实体特征建模。按照模块的工作基础，该模块又可以分为实体建模（Solid Modeling）、特征建模（Feature Modeling）、任意曲面建模（Free Form Modeling）、钣金特征建模（Sheet Metal Feature Modeling）及用户自定义特征建模（User Define Feature Modeling）等多个子模块。

可以通过选择【所有应用模块】➤【建模】菜单命令切换到建模环境。

3. 工程制图（Drafting）

UG/Drafting为绘图提供了一个综合的自动化工具组。该模块可以从已经建立的三维模型自动地生成平面工程图，也可以利用曲线功能绘制平面工程图。UG工程制图模块提供自动视图布置、剖视图、各向视图、局部放大图、局部剖视图、自动/手工尺寸标注、形位公差、粗糙度符合标注、支持GB、标准汉字输入、视图手工编辑、装配图剖视、爆炸图和明细表自动生成等工具。

可以通过选择【所有应用模块】➤【制图】菜单命令切换到工程制图环境。

4. 产品装配建模（Assembly Modeling）

该模块可以提供并行的自上而下和自下而上的产品开发方法，从而在装配模块中可以改变组件的设计模型；能够快速地直接访问任何已有的组件或子装配的设计模型，实现虚拟装配。

可以通过选择【所有应用模块】➤【装配】菜单命令切换到产品装配建模环境。

5. 钣金设计（Sheet Metal Design）

该模块可以实现的功能包括复杂钣金零件生成、参数化编辑、定义和仿真钣金零件的制造过程、展开和折叠的模拟操作、生成精确的二维展开图样数据、展开功能允许考虑可展和不可展曲面情况，并根据材料中性层特性进行补偿。

可以通过选择【所有应用模块】➤【钣金】菜单命令切换到钣金设计环境。

6. 外观造型设计（Shape Studio）

该模块为工业设计师和汽车造型师提供了概念阶段的设计环境，支持产品外观造型设计。其设计工具为设计人员自由表达设计意图和创造性的设计提供了一个友好的集成化环境。

可以通过选择【所有应用模块】➤【外观造型设计】菜单命令切换到外观造型设计环境。

1.7.2 其他模块

除了以上介绍的模块以外，UG还提供了一些很重要的模块。

1. 数控加工模块（Manufacturing）

该模块提供了一个界面友好的图形化窗口环境，可以实现二—五轴的加工模拟，实现数控车、铣加工的全过程。用户可以在图形方式下观察刀具沿轨迹运动的情况，并且可以对其进行图形化修改，例如对刀具轨迹进行延伸、缩短或修改等。该模块同时还提供通用的点位加工编程功能，可用于钻孔、攻丝和镗孔等的加工编程。用户可以根据加工机床控制器的不同定制后处理程序，使生成的指令文件直接应用于用户特定的机床。

可以通过选择【所有应用模块】➤【加工】菜单命令切换到该模块。

◉ 2. 管道布线模块（Routing & Wire Harness）

管道布线模块包括管路设计模块和电气布线模块两个子模块。

* 管路设计模块（Routing）提供管路中心线定义、管路标准件、设计准则定义和检查功能，在UG装配环境中进行管路布置和设计，包括硬软管路、暗埋线槽、接头和紧固件设计。该模块可以自动生成管路明细表、管路长度等关键数据，可以进行干涉检查。管路包括水管、气管和油管等。可以通过选择【所有应用模块】➤【管线布置】菜单命令切换到该模块。

* 电气布线模块是一个用于生成电气布线数据的三维设计工具，为电气布线设计员、机械工程师、电气工程师和工艺人员提供了生成电气布线系统虚拟样机的功能，如下图所示。该模块接受包括原理图设计、模块生成的逻辑连接信息，可以自动计算电缆长度和捆扎线束直径，还可以将布线中心转换为实体，以便进行干涉检查。可以通过选择【所有应用模块】➤【电气管线布置】菜单命令切换到该模块。

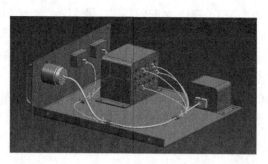

1.8 综合应用——设置UG界面的背景颜色

◉ 本节视频教程时间：3分钟

本节将对UG NX 12.0界面背景颜色进行设置，具体操作步骤如下。

步骤 01 选择【开始】➤【所有程序】➤【Siemens NX 12.0】➤【NX 12.0】菜单命令，启动UG NX 12.0软件后，初始界面如下图所示。

步骤 02 选择【文件】➤【新建】菜单命令，打开【新建】对话框，如下图所示。选择默认的【模型】类型，单击【确定】按钮。

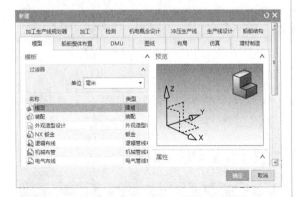

步骤 03 进入UG NX 12.0的工作界面，如下图所示。

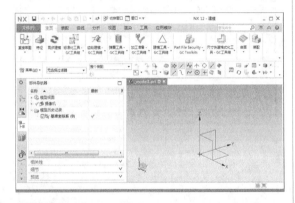

步骤 04 选择【文件】➤【首选项】➤【背景】菜单命令，如下图所示。

步骤 05 系统弹出【编辑背景】对话框后，将【着色视图】和【线框视图】全部选择为【纯色】单选项，并将【普通颜色】设置为白色，然后单击【确定】按钮，如下图所示。

步骤 06 可以看到背景颜色变成了设置的白色，如下图所示。

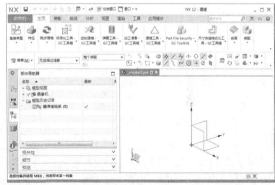

 疑难解答

🌐 **本节视频教程时间：2分钟**

● **如何快速更改UG NX 12.0界面的主题色**

　　系统默认的工作界面主题为浅色，在使用UG NX 12.0的过程中用户可以根据需要修改工作界面主题。

步骤① 选择【文件】▶【首选项】▶【用户界面】菜单命令，在【用户界面首选项】对话框中选择【主题】，系统默认NX主题类型为【浅色（推荐）】，如下图所示。

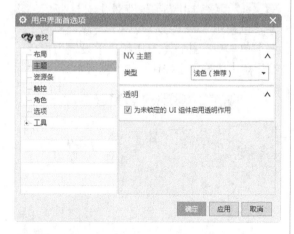

步骤② 在【类型】下拉列表中选择【经典】主题，然后单击【应用】按钮，如下图所示。

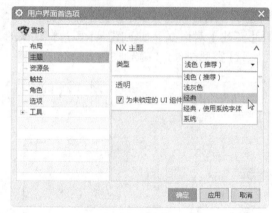

步骤③ 更改主题后的效果如下图所示。

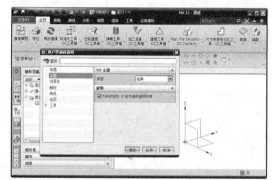

第**2**章

UG NX 12.0的基本操作

学习目标——

　　本章主要讲解UG NX 12.0的文件管理方法、坐标系及对象的操作等，目的是让读者了解和熟悉UG NX 12.0的基本操作和基本概念，为后续章节的学习做铺垫。

学习效果——

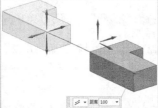

2.1 文件的基本操作

● 本节视频教程时间：21 分钟

启动UG NX 12.0进入主界面后，进入其入门应用模块。此时界面中各个下拉菜单中的命令大多数显示为灰色，用户需要新建部件文件或打开存在的部件文件才能进行后续的工作。

2.1.1 鼠标及快捷键的用法

键盘用于输入参数或使用组合键可以执行某个命令，鼠标则用来选择命令或对象。UG NX 12.0中鼠标的操作使用代码表示，MB1代表鼠标左键，MB2代表鼠标中键，MB3代表鼠标右键。例如，【Ctrl+MB1】组合键即表示按住【Ctrl】键的同时单击鼠标左键。

● 1. 鼠标操作

UG NX 12.0系统支持2D和3D鼠标（建议采用3D鼠标，以充分发挥系统的易用和快捷性能）。

（1）左键（MB1）

鼠标左键可用于选择菜单、选择或拖动几何体、选择对话框中的各个选项等，是用得最多的按键。

> **小提示**
>
> "单击"是指用左键进行单击一次的操作，"双击"是指用左键进行连续单击两次的操作。

（2）中键（MB2）

在对话框中单击中键相当于单击对话框中的默认按钮（通常为【确定】按钮），这可以提高操作的速度。

在绘图区中按住鼠标中键并拖动可以旋转视角，同时按住鼠标中键和左键并拖动可以缩放视图，同时按住鼠标中键和右键并拖动可以平移视图。

> **小提示**
>
> 当使用滚轮鼠标时，滚动滚轮即可缩放视图，缩放视图的操作经常被使用。

（3）右键（MB3）

单击鼠标右键会弹出快捷菜单，菜单内容依鼠标单击位置的不同而不同。

● 2. 快捷键操作

（1）常见操作中的快捷键

- 【Tab】：在对话框的不同域内进行向后切换。
- 【Shift+Tab】：表示同时按下【Shift】键和【Tab】键，全书组合键均如此表示。按下【Shift+Tab】组合键，在对话框的不同域内倒回切换，与单独按【Tab】键的作用正好相反。

- 【Ctrl+MB1】：在选中的多个选项中取消已经选中的项。
- 【Alt+MB2】：相当于执行取消（Cancel）命令。

（2）视角操作中的快捷键

在UG NX 12.0中，可以通过右键快捷菜单、工具条按钮、主菜单、快捷键4种方式进行视图显示的调整和变换。视角操作的各种方法如下表所示。

快捷菜单命令	作　用	对应快捷键	对应工具按钮	对应菜单命令
刷新	通过消除由隐藏或删除对象后留在图形显示中的任何孔，清理整个图形屏幕，并显示某些修改功能的结果	【F5】		【视图】▶【刷新】
适合窗口	将当前视图范围中的所有模型全屏进行显示	【Ctrl+F】	▦	【视图】▶【操作】▶【适合窗口】
缩放	通过定位缩放光标按住MB1时拖动一个矩形，则显示该矩形范围到适合屏幕大小	【F6】、MB1+MB2或【Ctrl+Shift+Z】	▣	【视图】▶【操作】▶【缩放】
旋转	图形窗口中的图形将随着鼠标指针驱动的方向进行旋转显示	【F7】、MB2或【Ctrl+R】	○	【视图】▶【操作】▶【旋转】
平移	按住MB1移动鼠标，将在屏幕上动态移动图形显示范围		▱	
恢复	恢复原视图（部件的初始显示）			【视图】▶【操作】▶【恢复】
更新显示	执行显示清理，这个清理包括更新WCS显示，通过直线段逼近曲线边缘显示	MB2+MB3		【视图】▶【布局】▶【更新显示】
显示方式	带边着色：对所有实体进行着色显示，同时显示曲面边缘线		▨	
	着色：对所有实体进行着色显示，不显示曲面边缘线		◧	
	带有淡化边的线框：显示所有消隐边缘为灰色细实线		◻	
	带有隐藏边的线框：使消隐边缘不可见		◻	
	静态线框：使所有消隐边缘表现为实线		◈	
	艺术外观		●	
	面分析		∥	
	局部着色：对选择的部分实体进行着色、显示		◈	
视图方向	让使用者改变视图的对准方位到一个标准视图		◢	
替换视图	让使用者用一个标准视图代替当前指针驻留在其中的视图			【视图】▶【布局】▶【替换视图】

续表

快捷菜单命令	作 用	对应快捷键	对应工具按钮	对应菜单命令
设置旋转点	指定一个点作为动态旋转的基准点			
撤销	取消最后进行的操作	【Ctrl+Z】	↶	【编辑】➤【撤销】

2.1.2 新建文件

该功能用于创建新的文件。

● 1. 功能常见调用方法

选择【文件】➤【新建】菜单命令即可，如下图所示。

● 2. 系统提示

系统会弹出【新建】对话框，如下图所示。用户根据需要选择相应的选项卡，并进行相关设置，然后单击【确定】按钮，即可创建一个新的文件。

● 3. 实战演练——创建一个新装配文件

使用UG NX 12.0的新建功能创建一个新装配文件，具体操作步骤如下。

步骤 01 启动UG NX 12.0软件，选择【文件】➤【新建】菜单命令，系统弹出【新建】对话框后，进行如下图所示的设置，然后单击【确定】按钮。

步骤 02 系统进入UG NX 12.0的装配工作界面，如下图所示。

2.1.3 打开文件

该功能用于打开已存在的文件。

1. 功能常见调用方法

选择【文件】▶【打开】菜单命令即可，如下图所示。

2. 系统提示

系统会弹出【打开】对话框，如下图所示。

3. 知识点扩展

- 【查找范围】下拉列表框：用于指定要打开文件的存放路径。
- 【文件类型】下拉列表框：用于指定要打开的文件类型，指定文件类型的所有文件名将显示在上方的文件列表框中。
- 【文件名】文本框：用于输入要打开的文件名称，或在选择路径后的【查找范围】下方的列表框中选择，文件名中不要包含文件类型的扩展名部分。

2.1.4 导入文件

该选项的功能为将已经存在的UG模型文件中的所有模型数据导入内存，或将UG NX 12.0支持的其他类型的模型文件转换成UG模型文件格式，并插入到当前的工作模型文件中，将其转换成当前工作模型的一部分。

1. 功能常见调用方法

选择【文件】▶【导入】菜单命令，然后在弹出的子菜单中选择相应的子命令即可，如下图所示。

2. 系统提示

例如，选择【部件】选项后，系统则会弹出【导入部件】对话框，如下图所示。指定各项参数后，单击【确定】按钮，即可完成操作。

2.1.5 保存文件

该功能用于保存需要保留的文件。

1. 功能常见调用方法

选择【文件】▶【保存】菜单命令，然后在弹出的子菜单中选择相应的子命令即可，如下图所示。

2. 知识点扩展

【保存】功能主要由以下5项组成。

（1）【保存】：保存工作部件和任何已修改的组件，并将当前工作模型中所有的数据保存到磁盘文件中。

（2）【仅保存工作部件】：仅保存工作部件。

（3）【另存为】：用其他名称保存此工作部件，或保存到其他指定路径的磁盘文件中。

（4）【全部保存】：保存所有已修改的部件和所有的顶层装配部件，并将当前打开的所有工作模型中所有的数据保存到各自的模型文件中。

（5）【保存书签】：在书签文件中保存装配关联，包括组件可见性、加载选项和组件组。

2.1.6 关闭文件

该功能用于关闭指定的文件，释放其占用的内存空间。

1. 功能常见调用方法

选择【文件】▶【关闭】菜单命令，然后在弹出的子菜单中选择相应的子命令即可，如下图所示。

2. 知识点扩展

【关闭】是关闭当前模型文件，而【退出】是退出UG集成环境。【关闭】功能中的两个命令介绍如下。

① 【关闭并重新打开选定的部件】：重新打开指定的一个模型文件（该模型已经打开），并以原存放的数据覆盖已打开文件中的数据。

② 【关闭并重新打开所有修改的部件】：重新打开所有的已经改变了但还没有存盘的模型文件（这些文件已经打开），并以原存放的数据覆盖对应的已经打开的模型文件中的数据。

2.1.7 退出文件

该功能用于退出UG NX 12.0软件。

1. 功能常见调用方法

选择【文件】▶【退出】菜单命令即可，如下图所示。

2. 系统提示

执行退出操作后，若已打开文件中的任何一个文件数据发生了变化而没有保存，系统将弹出【退出】询问对话框，如下图所示。

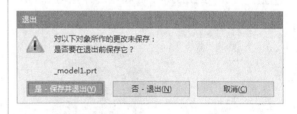

3. 知识点扩展

单击【是 - 保存并退出】按钮将保存后退出，单击【否 - 退出】按钮将在不保存的情况下直接退出，单击【取消】按钮则取消退出操作。

2.1.8 实战演练——使用鼠标及快捷键对模型进行观察

本小节通过一个实例来学习如何使用鼠标及快捷键对模型进行观察，具体操作步骤如下。

步骤 01 打开随书资源中的"素材\CH02\机械模型.prt"文件，如下图所示。

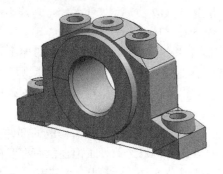

步骤 02 在绘图区中按住鼠标中键并拖动可以旋转视角，如下图所示。

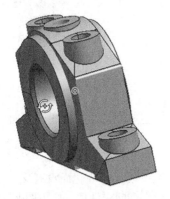

步骤 03 同时按住鼠标中键和左键并拖动可以缩放视图，如下图所示。

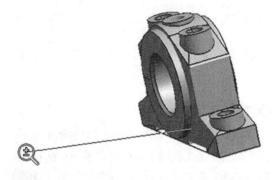

步骤 04 同时按住鼠标中键和右键并拖动可以平移视图，如下图所示。

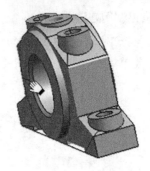

步骤 05 按键盘上的【F6】快捷键会执行缩放功能，使用鼠标左键拖动一个矩形框，矩形框中的图形将放大到视图，按【Ctrl+F】快捷键可以将所有对象显示到视图中，如下图所示。

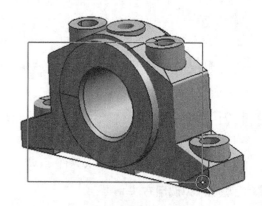

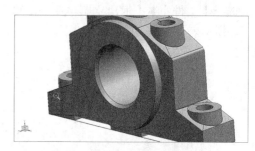

步骤 06 按键盘上的【F7】快捷键会执行旋转功能，使用鼠标左键拖动可以旋转视图，如下图所示。

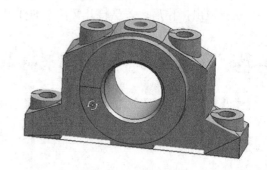

2.2 坐标系的操作

本节教学录像时间：3分钟

在绘图的过程中，如果要精确定位某个对象的位置，则应以某个坐标系作为参照。在UG NX 12.0中默认的创建线条的平面大部分是*XC-YC*平面，因此熟练地变换坐标系是所有建模的基础。

1. 功能常见调用方法

选择【菜单】➤【格式】➤【WCS】➤【显示】菜单命令，即可控制WCS在视图窗口的显示与否，如下图所示。

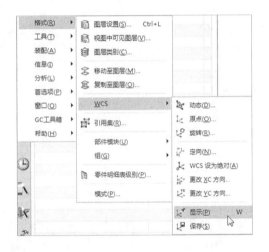

2. 系统提示

WCS在视图窗口中的显示效果如下左图所示，WCS在视图窗口中的隐藏效果如下右图所示。

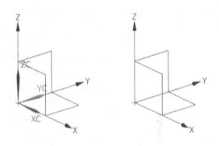

3. 知识点扩展

UG NX 12.0集成环境中用户常用的坐标系包括以下两种。

（1）绝对坐标系，用于定义实体的坐标参数。这种坐标系在文件创建时就存在，而且在使用的过程中不能更改。

（2）工作坐标系WCS，也就是用户坐标系，是可以移动和旋转的。

2.3 对象的操作

本节视频教程时间：12分钟

UG NX 12.0集成环境中对象的操作主要包括对象的选择、对象的删除与恢复、对象的隐藏与恢复显示、对象的移动、对象的几何变换等，下面将分别进行讲解。

2.3.1 对象的选择

选择对象可以通过在图形窗口中单击对象或在某一导航器中单击对象的方法实现。也可以使用上边框条或快速拾取框来修改选择过程。对对象进行选择，还可以通过类选择器及【类选择】对话框进行操作，如下图所示。用类选择器选取需要类的具体操作步骤如下。

步骤 01 用一种或多种方法选择需要的对象。

步骤 02 根据需要选择对象属性过滤方法，包括【类型过滤器】、【图层过滤器】、【颜色过滤器】、【属性过滤器】和【重置过滤器】等。

步骤 03 选择结束后单击【确定】按钮，完成对象的选取。

2.3.2 对象的移动

使用"移动对象"命令可重定位部件中的对象。

● 1. 功能常见调用方法

选择【菜单】➤【编辑】➤【移动对象】菜单命令即可，如下图所示。

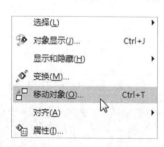

● 2. 系统提示

系统会弹出【移动对象】对话框，如右图所示。

● 3. 实战演练——移动复制模型对象

利用UG NX 12.0的【移动对象】功能移动复制模型对象，具体操作步骤如下。

步骤 01 打开随书资源中的"素材\CH02\移动对象.prt"文件，如下图所示。

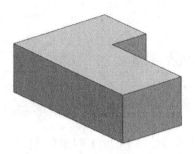

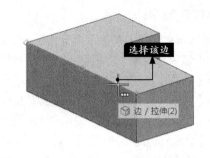

步骤02 选择【菜单】▶【编辑】▶【移动对象】菜单命令，系统弹出【移动对象】对话框后，在绘图区中选择模型对象作为需要移动的对象，然后对【移动对象】对话框进行如下图所示的设置。

步骤04 绘图区中的预览结果如下图所示。

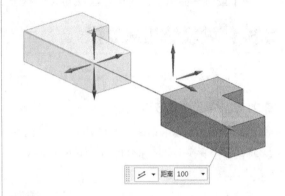

步骤05 在【移动对象】对话框中单击【确定】按钮，结果如下图所示。

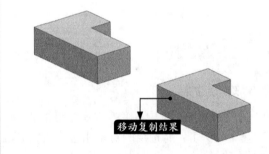

步骤03 在【移动对象】对话框中单击【指定矢量】，然后在绘图区中单击选择如下图所示的边。

2.3.3 对象的隐藏与恢复显示

可以从【显示和隐藏】子菜单中选择不同的选项进行对象的"显示和隐藏"操作。

● 1. 功能常见调用方法

选择【菜单】▶【编辑】▶【显示和隐藏】菜单命令，然后选择一种适当的子命令即可，如右图所示。

显示和隐藏(O)...	Ctrl+W
立即隐藏(M)...	Ctrl+Shift+I
隐藏(H)...	Ctrl+B
显示(S)...	Ctrl+Shift+K
显示所有此类型对象(T)...	
全部显示(A)	Ctrl+Shift+U
按名称显示(N)...	
反转显示和隐藏(I)	Ctrl+Shift+B

2. 知识点扩展

【显示和隐藏】子菜单中常用子命令功能介绍如下。

- 【显示和隐藏】：根据类型显示和隐藏指定的一个或多个对象。
- 【隐藏】：用于隐藏指定的一个或多个对象。
- 【显示】：用于将已经隐藏的对象中的一个或多个指定对象恢复显示。
- 【反转显示和隐藏】：用于显示当前文件中隐藏的对象，隐藏显示的对象。
- 【显示所有此类型对象】：将已经隐藏的对象中符合指定属性要求的所有对象全部恢复显示。
- 【全部显示】：用于将当前隐藏的所有对象全部恢复显示。
- 【按名称显示】：将已经隐藏对象中符合指定名称的所有对象全部恢复显示。

2.3.4 对象的几何变换

下面将对常见的对象的几何"变换"功能进行讲解。

1. 功能常见调用方法

选择需要变换的对象，然后选择【菜单】▶【编辑】▶【变换】菜单命令即可，如下图所示。

2. 系统提示

系统会弹出【变换】对话框，如下图所示。

3. 知识点扩展

【变换】对话框中各变换方式介绍如下。

- 【比例】：将选定的对象相对于指定参考点成比例放大或缩小尺寸，选定的对象在参考点处不移动。
- 【通过一直线镜像】：将选定的对象相对于指定的参考直线，在参考直线的相反侧建立原对象的一个镜像。
- 【矩形阵列】：将选定对象从指定的阵列原点出发，沿坐标系x轴和y轴方向建立一个等间距的矩形阵列。
- 【圆形阵列】：将选定对象从指定的阵列原点出发，绕阵列原点建立一个等角间距的环形阵列。即系统先将对象复制到阵列原点，然后绕原点建立阵列。
- 【通过一平面镜像】：将选定对象相对于指定参考平面做镜像，在对象的相反侧建立新对象。重定位将选定的对象相对于指定的参考系的原位置和方位移动（复制）到目标坐标系，使新对象和目标坐标系的位置方位保持不变。
- 【点拟合】：通过将对象从一组参考点变换到另一组来重定位、缩放和剪切对象。

2.3.5 对象的删除与恢复

下面将对对象的"删除"与"恢复"功能进行讲解。

◉ 1. 功能常见调用方法（对象的删除）

选择【菜单】▶【编辑】▶【删除】菜单命令即可，如下图所示。

◉ 2. 知识点扩展（对象的删除）

该功能用于从模型中永久删除选中的对象，如平面曲线、实体、标注尺寸等。

> **小提示**
>
> （1）选中的对象必须是可以独立存在的。
> （2）被其他对象引用的对象不能被删除，如由曲线拉伸成的实体，在删除实体以前，曲线不可以被删除。
> （3）如果删除后还没有执行文件保存操作，可以进行恢复操作；一旦进行了文件保存操作，对象就无法恢复。

◉ 3. 功能常见调用方法（对象的恢复）

选择【菜单】▶【编辑】▶【撤销】菜单命令即可，如下图所示。

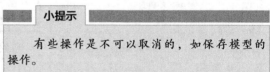

> **小提示**
>
> 有些操作是不可以取消的，如保存模型的操作。

2.4 综合应用——对螺丝模型进行简单编辑

本节视频教程时间：2分钟

本节利用变换命令对螺丝模型进行简单编辑，编辑过程中主要会应用到比例缩放功能及复制功能，具体操作步骤如下。

步骤 01 打开随书资源中的"素材\CH02\螺丝模型.prt"文件，如下图所示。

步骤 02 在绘图区中选择螺丝模型作为需要编辑的对象，然后选择【菜单】➤【编辑】➤【变换】菜单命令，系统弹出【变换】对话框后，单击【比例】选项，如下图所示。

步骤 03 系统弹出【点】对话框后，定义原点位置，原点可确定派生比例计算的位置，如右上和右中图所示。

选择该点作为原点

> **小提示**
>
> 标识原点的一个简单方法是将 WCS 定位并定向到所需位置。

步骤 04 在【点】对话框中单击【确定】按钮，然后在【变换】对话框中输入比例值，并单击【确定】按钮，如下图所示。

步骤 05 在【变换】对话框中单击【复制】选

项，已变换对象的副本显示在图形窗口中，如下图所示。

步骤 06 在【变换】对话框中单击【取消】按钮以接受变换并退出【变换】对话框，结果如下图所示。

小提示

　　如果单击"确定"按钮，则将重新应用该比例因子。

 疑难解答

● **本节视频教程时间：3分钟**

● **如何在UG NX 12.0启动时自动打开模板**

　　在新建文件的过程中，用户可能经常会遇到需要手动修改文件单位、指定工作目录、修改文件名称和指定模板类型等的情况。烦琐的操作会降低工作效率，还容易出错。当遇到类似的情况时，对【新建】对话框中的参数内容进行设置，使每次新建一个文件时只需要手动修改少量的参数即可达到预期的效果。

步骤 01 选择【文件】▶【实用工具】▶【用户默认设置】菜单命令，如下图所示，打开【用户默认设置】对话框。

步骤 02 在对话框左侧列表中单击【基本环境】▶【常规】选项，然后单击右侧的【文件新建】标签，切换至【文件新建】选项卡，如下图所示。

步骤 03 对话框中列出了系统自动为新部件指派的名称，如"建模部件"的默认名称为model，"外观造型设计部件"的名称为shape_model，

如上图所示。

步骤 04 如果要对新部件的自动名称进行修改，可以在对应的模块中输入相应的名称。例如，可以将【建模部件】名称修改为"solids"，如下图所示。在【文件新建】选项卡中除了可以对部件的名称进行修改外，还可以进行其他相关设置，选择任意一项后，系统在对部件进行命名时会根据设置做出相应的调整。

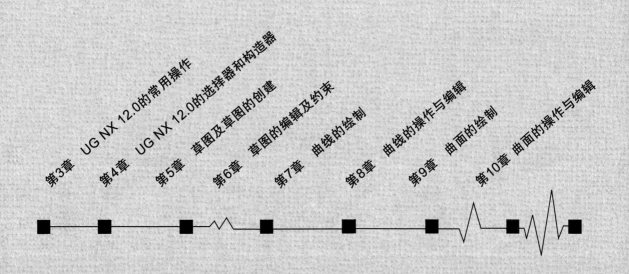

第2篇
核心操作

第3章

UG NX 12.0的常用操作

学习目标

本章主要讲解UG NX 12.0的常用操作。在学习的过程中应重点掌握图层的应用及查询和分析等操作，这将为建模提供很大的便利。

学习效果

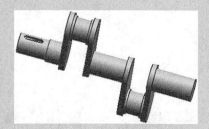

3.1 图层操作

◎ **本节视频教程时间：15分钟**

图层用于存储文件中的对象，并且其工作方式类似于容器，可通过结构化且一致的方式来收集对象。与显示和隐藏等简单可视工具不同，图层提供一种更为永久的方法来对文件中对象的可见性和可选择性进行组织和管理。

3.1.1 图层管理器操作

图层管理器的主要功能为设置工作图层、设置图层属性、创建与编辑图层类和查询各个图层中包含的对象个数及隐藏对象个数等。

◎ 1. 功能常见调用方法

选择【菜单】➤【格式】➤【图层设置】菜单命令即可，如下图所示。

◎ 2. 系统提示

系统会弹出【图层设置】对话框，如下图所示。

◎ 3. 知识点扩展

【图层设置】对话框中各参数含义如下。

- 【工作层】文本框：用来显示当前的工作图层，也可用来设置新的工作图层。

- 【按范围/类别选择图层】文本框：选择图层的范围或类别。在其后的文本框中输入图层范围或图层类别后，按【Enter】键，将在【图层列表框】中显示图层类中的图层。

- 【类别显示】复选项：用于控制图层类别，过滤显示项目。

- 【类别列表框】：显示满足图层过滤条件的图层类别。在【类别列表框】中可以选择一个或多个图层类项目。

- 【添加类别】按钮：建立和编辑图层类别。

- 【信息】按钮：单击该按钮后，在弹出的【信息】列表框中显示所有图层的属性设置情况、各图层包含对象个数及隐藏对象个数等信息。

- 【图层/状态】列表框：也称为【图层列表框】，可以显示指定范围和过滤条件下的所有图层及其属性设置状态，也可以显示各个图层中包含对象的个数和所在图层类。

- 【可选】按钮：将指定的图层或多个图层设置为可见并可选。

- 【作为工作层】按钮：将指定的图层或多个图层设置为工作图层。

- 【不可见】按钮：将指定的图层或多个图层设置为不可见状态。

- 【只可见】按钮：将指定的图层或多个图层设置为可见但不可选状态。
- 【图层范围过滤】下拉列表：用于控制【图层列表框】中显示的图层数量。
- 【显示对象数量】复选项：在【图层列表框】中显示图层的同时，显示该图层包含的对象数量。
- 【显示类别名】复选项：在【图层列表框】中显示图层的同时，显示该图层所在的图层类别。

- 【显示前全部适合】复选项：在改变图层设置后，在图形显示窗口更新显示前重新计算显示比例因子，使视图中所有的可见对象按最合适的大小显示出来。

> **小提示**
>
> 选择单个图层时，可以直接在要选择的图层上单击。选择多个图层时，若选择的是不连续的图层，可以在按住【Ctrl】键的同时依次单击要选择的图层；若选择的是连续的图层，可以在按住【Shift】键的同时分别单击第一个图层和最后一个图层。

3.1.2 图层类别管理器操作

图层类别管理器的功能为建立图层类别、修改已存在图层类别的名称、修改图层类别中包含的图层及其描述信息、删除已有的图层类别等。

● 1. 功能常见调用方法

选择【菜单】➤【格式】➤【图层类别】菜单命令即可，如下图所示。

● 2. 系统提示

系统会弹出【图层类别】对话框，如下图所示。

● 3. 知识点扩展

【图层类别】对话框中各参数含义如下。

- 【过滤】文本框：图层类别过滤器，用于设置【图层类别】列表框中显示的图层类别条目数，可使用通配符。
- 【图层类别】列表框：显示满足过滤条件的所有图层类条目和描述信息，若无描述信息则只显示图层类名。
- 【类别】文本框：在该文本框中可输入要建立层组的名称。

> **小提示**
>
> 层组名由英文大写字母和数字组成，也可包含"·""—""#""/""_"等特殊字符，但不可使用空格。最大的行长度是允许30个字符。

- 【创建/编辑】按钮：建立或编辑图层类别。用于创建新的图层类别并设置该图层类别包含的图层，或编辑选定图层类别中包含的图层。
- 【删除】按钮：删除选定的已有图层类别。
- 【重命名】按钮：改变选定的图层类别名称。
- 【描述】文本框：显示图层类别描述信息或输入图层类别描述信息。
- 【加入描述】按钮：在【描述】文本框中输入描述信息后，必须单击此按钮才能使描述信息生效。

3.1.3　图层的视图可见性

图层的视图可见性功能主要用来设置图层的可见属性或不可见属性。

● 1. 功能常见调用方法

选择【菜单】➤【格式】➤【视图中可见图层】菜单命令即可，如下图所示。

● 2. 系统提示

系统弹出【视图中可见图层】对话框后，双击选中视图模式，如下图所示。

打开下一层级的【视图中可见图层】对话

框，如下图所示。

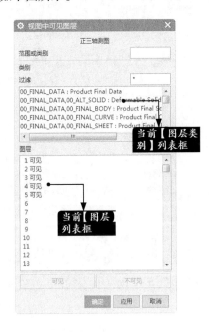

● 3. 知识点扩展

在【视图中可见图层】对话框中单击【重置为全局图层】按钮，则将选定的视图属性恢复为全局设置的属性值。

在【图层】列表框中选中一个或多个图层，单击【可见】按钮可以将选中的图层设置为可见属性；单击【不可见】按钮可以将选中的图层设置为不可见属性。

3.1.4　复制对象到图层

该操作用于将选定的对象从原来图层复制到指定的目标图层，使原图层和目标图层中都包含该对象。

● 1. 功能常见调用方法

选择【菜单】➤【格式】➤【复制至图层】菜单命令即可，如右图所示。

● 2. 系统提示

系统会弹出【类选择】对话框，如下图所示。

选择对象并单击【确定】按钮后，打开

【图层复制】对话框，如下图所示。在【目标图层或类别】文本框中可以直接输入目标图层号或图层类名，也可以在【图层】列表框中选择目标图层号。

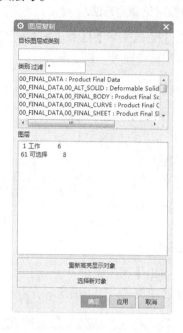

3.1.5 移动对象到图层

该操作用于将选定的对象从原来图层移动到指定的新图层，而原图层不再包含该对象。

● 1. 功能常见调用方法

选择【菜单】►【格式】►【移动至图层】菜单命令即可，如下图所示。

● 2. 系统提示

系统会弹出【类选择】对话框，如下图所示。

号或图层类名，也可以在【图层】列表框中选择目标图层号。

选择对象并单击【确定】按钮后，打开【图层移动】对话框，如右图所示。在【目标图层或类别】文本框中可以直接输入目标图层

3.1.6 实战演练——导出图层状态和类别信息

本小节导出零件的图层状态和类别信息，具体操作步骤如下。

步骤01 打开随书资源中的"素材\CH03\轴类机械模型.prt"文件，如下图所示。

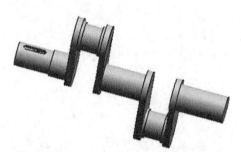

步骤02 选择【菜单】▶【格式】▶【图层设置】菜单命令，打开【图层设置】对话框，如右图所示，用鼠标右键单击【图层/状态】列表框中的任意空白列标题。

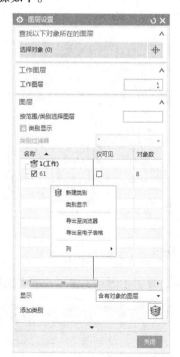

步骤 **03** 选择【导出至浏览器】命令以将信息导出至浏览器，或选择【导出至电子表格】命令以将信息导出至电子表格。

小提示

无论【类别显示】复选项是否选中，都可将图层表中的内容导出。然而，当用户将数据导出到浏览器或电子表格时，在表中看到的内容将是在浏览器或电子表格中看到的内容。如果某一图层在导出内容时不可见，则该图层在浏览器或电子表格中也不可见。

3.2 查询与分析

● 本节视频教程时间：20分钟

查询与分析功能包括信息查询、对象和模型分析。

3.2.1 信息查询

信息查询包括对象信息查询和浏览器查询，下面分别进行讲解。

● 1. 功能常见调用方法（对象信息查询）

选择【菜单】➤【信息】➤【对象】菜单命令即可，如下图所示。

● 2. 系统提示（对象信息查询）

系统会弹出【信息】窗口，如右图所示。

● 3. 实战演练——零件信息查询

对盘类机械零件进行信息查询，具体操作步骤如下。

步骤 **01** 打开随书资源中的"素材\CH03\盘类机械模型.prt"文件，如下图所示。

步骤 02 选择要查询信息的模型对象，如下图所示。

步骤 03 选择【菜单】▶【信息】▶【对象】菜单命令，打开【信息】窗口，如下图所示。

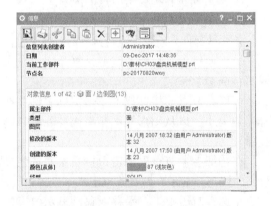

● 4. 功能常见调用方法（浏览器查询）

选择【菜单】▶【信息】▶【浏览器】菜单命令即可，如下图所示。

● 5. 系统提示（浏览器查询）

系统会弹出【浏览器】对话框，如下图所示。

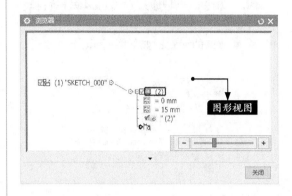

● 6. 知识点扩展（浏览器查询）

利用UG NX 12.0集成环境提供的浏览器查询功能，用户可以用浏览器图表视图窗口浏览特征及其祖先和后代对象之间的基本父子关系。非特征几何元素（如非关联曲线父项）也包含在【浏览器】对话框中，如下图所示。

当鼠标指针移动到【浏览器】对话框中的某对象节点上时，该节点将在图形窗口中高亮显示；如果此节点是关联节点，则它还会在部件导航器中高亮显示。

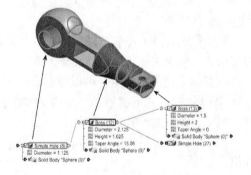

【浏览器】对话框中各部分介绍如下。

（1）图形视图

使用图形视图浏览部件中的特征关系，用户可以进行如下操作。

① 通过按住鼠标中键并拖动可平移图形视图窗口。

② 通过拖动任何特征参考节点的名称手柄，可以在【浏览器】对话框中移动该节点。

③ 通过单击特征参考节点的输入项展开手柄可以展开这些节点。

④ 通过单击鼠标右键并从关联菜单中选择"编辑"命令，或是通过双击可以编辑特征参考节点。

参考节点的元素，如下图所示。

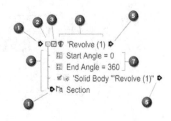

① 打开父节点

② 输入节点展开

③ 抑制

④ 输入节点名称/手柄

⑤ 打开子节点

⑥ 输入节点项

⑦ 输入节点表达式

（2）【设置】区域

① 视图选项卡

●【关系视图】：设置浏览器的视图模式。

● 【所有关系】：显示某个特征的所有父级和子级关系。

● 【时间戳记】：在浏览器中显示将特征应用到体的顺序。

● 【显示表达式】：显示已展开的特征参考节点的输入表达式，如果选择了图标 + 文本，则显示它们的参数值。可以通过双击表达式来编辑此表达式的参数值。如果清除此选项，则不会在浏览器中显示表达式。

● 【显示特征组】：在浏览器中显示特征组。

② 浏览选项卡

●节点样式：通过对节点添加或移除文本来设置图形视图的复杂程度。

●图标 + 文本：显示每个节点和参数的图标和描述性文本，如下图所示。

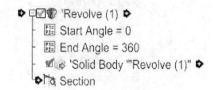

●图标：通过仅显示节点和参数结构的图标来提供更简明的视图，如下图所示。在此节点样式中，还可以双击节点和表达式来对它们进行编辑。

【选择时隔离】：显示所选的特征参考节点及其直接父级和子级，并隐藏其他所有节点。

① 展开所选特征参考节点的内容。

② 折叠父节点和子节点的内容。

首次从部件导航器中进行选择时自动调用。

可以通过单击鼠标右键并选择【隔离】来隔离特征参考节点。

可以在节点连接器线上单击鼠标右键并选择【隔离】，以从图形视图窗口内移除相邻连接器。

在特征参考节点上单击鼠标右键并按住鼠标时，隔离还显示在圆盘菜单上。

【选择时居中】：平移或移动显示内容，以便所选特征参考节点在图形视图窗口居中。首次从部件导航器中进行选择时自动调用。

【动画】：模拟特定操作（如适合大小、选择时隔离、选择时居中等）在图形视图窗口中的移动情况。

（3）图例选项卡

包含可以出现在图形视图窗口中的对象的列表及这些对象的基本定义。

3.2.2 对象和模型分析

常见的对象和模型分析包括距离分析、角度分析、面积用曲线计算、质量用曲线和片体计算等。

1. 功能常见调用方法（距离分析）

选择【菜单】➤【分析】➤【测量距离】菜单命令即可，如下图所示。

2. 系统提示（距离分析）

系统会弹出【测量距离】对话框，如下图所示。

3. 知识点扩展（距离分析）

利用【测量距离】对话框可以对两个对象之间的距离、曲线长度、圆弧半径、圆形边缘或圆柱体进行具体的计算。

在【类型】下拉列表中主要包括【距离】、【投影距离】、【屏幕距离】、【长度】、【半径】等选项，如下图所示。选择不同的选项可以进行不同的距离测量。

在【测量】区域的【距离】下拉列表中主要包括【目标点】、【最小值】、【最小值（局部）】、【最大值】、【最小间隙】和【最大间隙】等选项，如下图所示。

4. 功能常见调用方法（角度分析）

选择【菜单】➤【分析】➤【测量角度】菜单命令即可，如下图所示。

5. 系统提示（角度分析）

系统会弹出【测量角度】对话框，如下图所示。

6. 知识点扩展（角度分析）

角度分析用于获取两条曲线间、一条直线与一个平面间或平面之间的角度测量值。

在【测量角度】对话框的【类型】下拉列表中主要包括【按对象】、【按3点】和【按屏幕点】3个选项，如下图所示。选择不同的选项可以进行不同的角度测量。

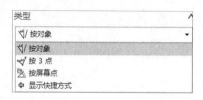

7. 功能常见调用方法（用曲线计算面积）

选择【菜单】➤【分析】➤【高级质量属性】➤【用曲线计算面积】菜单命令即可，如下图所示。

8. 系统提示（用曲线计算面积）

系统会弹出【分析】对话框，如下图所示。

9. 知识点扩展（用曲线计算面积）

【分析】对话框中各选项含义如下。

（1）边界（永久）

单击【边界（永久）】按钮，弹出【2D分析】对话框，如下图所示。

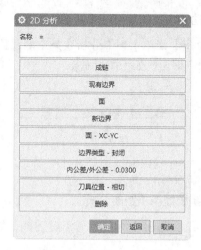

下面介绍该对话框中各个选项的功能。

●【成链】：用链接的方法选取一个永久边界的定义曲线。

●【现有边界】：选取现有的永久边界。

●【面】：通过选取表面，由表面的边创建一个永久边界。

●【新边界】：选取完一个永久边界定义曲线后单击该按钮，开始用【成链】、【面】选取其他的曲线定义新的永久边界。

●【面-*XC-YC*】：用平面构造器制定投影平面，被选取的直线投影到此平面上形成永久边界。

> **小提示**
>
> 有些空间曲线是没有办法计算其面积的，这也是要创建边界的原因。

●【边界类型】：指定创建的永久边界是封闭的还是开放的。

●【内公差/外公差】：设置将要生成的边界相对于一定曲线的内外弦高误差值。

●【刀具位置】：指定刀具在边界上的位置，有【相切】和【位于】两种方式。

●【删除】：删除已有的边界。

（2）边界（临时）

单击【边界（临时）】按钮，弹出【2D分析】对话框，如下图所示。其中按钮的作用和上面【边界（永久）】的类似。

（3）面（永久）

单击【面（永久）】按钮，弹出【有界平面】对话框，如下图所示。

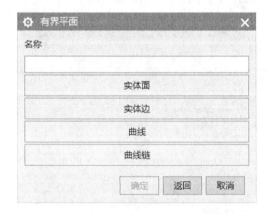

下面介绍该对话框中各个选项的功能。

- 【实体面】：选取实体的表面。
- 【实体边】：选取实体的边缘曲线。
- 【曲线】：选取平面曲线。
- 【曲线链】：选取多个曲线。

小提示

不管用何种方法选定的线串构成的必须是封闭的平面图形，且必须平行于WCS（工作坐标系）的$X-Y$平面。

（4）面（临时）

其使用方法和设置情况与面（永久）的完全一样，不同的只是用该方法建立的边界平面不会永久存在。

10. 功能常见调用方法（用曲线和片体计算质量）

选择【菜单】➤【分析】➤【高级质量属性】➤【用曲线和片体计算质量】菜单命令即可，如下图所示。

11. 系统提示（用曲线和片体计算质量）

系统会弹出【质量分析】对话框，如下图所示。

12. 知识点扩展（用曲线和片体计算质量）

【质量分析】对话框中各选项含义如下。

- 【绕xc轴旋转】：对于旋转实体来说，尽管旋转轴的一部分可能形成图形的边界，但图形不能越过旋转轴。
- 【绕yc轴旋转】：原理和方法与"绕xc轴旋转"的相同。
- 【沿zc轴投影】：输入系统应对图形进行投影的距离。
- 【由片体定界】：包括任何由片体完全包围的体积。用户应该确保完全包围了体积，确保片体正确对准边且面法向全部指向包围体积之外。
- 【薄壳】：允许任何片体集合。片体本身被视为具有质量并按照每单位片体面积的质量来表示其密度，不必包围体积或以任何方式相连。创建的质量属性就是通过用钣金或一些相似材料制成片体的方法而形成的对象的属性。

3.3 综合应用——对连杆机械模型进行综合查询和分析

本节视频教程时间：2分钟

本节对连杆机械模型进行对象信息的查询及直径信息的测量。

步骤 01 打开随书资源中的"素材\CH03\连杆机械模型.prt"文件，如下图所示。

步骤 02 选择要查询信息的模型对象，如下图所示。

步骤 03 选择【菜单】▶【信息】▶【对象】菜单命令，弹出【信息】窗口后，可以查看连杆机械模型的相关信息，如下图所示。

步骤 04 选择【菜单】▶【分析】▶【测量距离】菜单命令，弹出【测量距离】对话框后，在【类型】下拉列表中选择【直径】选项，将【选择对象】激活，如下图所示。

步骤 05 选择连杆机械模型的孔洞可以查看其直径信息，如下图所示。使用类似的方法可以查询模型的其他数据。

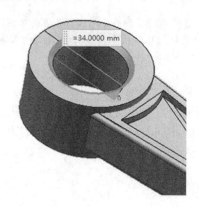

疑难解答

🌐 本节视频教程时间：4分钟

● 如何定制图层类别模板

建模和制图模板文件包含供用户使用的标准图层类别。然而，用户可能具有更加适合自身工作需求的、特定于公司的命名约定。使用以下步骤可以为模板文件定制图层类别。

● 1. 创建模板文件

步骤 01 选择【菜单】➤【文件】➤【新建】菜单命令 。

步骤 02 在【新建】对话框中，切换到【模型】选项卡。

步骤 03 从【模板】列表框中选择空白。

步骤 04 在名称框中输入新名称。

步骤 05 （可选）在【文件夹】框中输入新的路径地址，或使用【浏览】按钮 指定文件的新位置。

步骤 06 单击【确定】按钮以创建新模板文件。

● 2. 创建定制类别

考虑要在新文件中创建哪些类别名称。对于该示例，将为标准建模几何体和一般加工流程创建类别。

步骤 01 选择【菜单】➤【格式】➤【图层设置】菜单命令 。

步骤 02 确保【类别显示】复选项被选中。

步骤 03 展开图层列表框中的全部类别，以便显示所有图层。

> **小提示**
>
> 确保【显示】选项设置为【所有图层】，以便所有图层在图层列表框中可见。

步骤 04 选择【图层1】，然后按住【Shift】键并选择【图层20】。注意图层1～图层20均被高亮显示。

步骤 05 用鼠标右键单击高亮显示的图层，并选择【添加到类别】➤【新建类别】命令。

步骤 06 为新类别名称输入实体名，并按【Enter】键以创建新类别。注意新类别已添加到图层列表框的底部。

步骤 07 重复**步骤 05** 和**步骤 06**，以将下表中的指定图层指派到每个新类别。

图层	类别名称
图层21～ 图层40	草图
图层41～ 图层60	曲线
图层61～ 图层80	基准
图层81～ 图层100	片体

图层	类别名称
图层101～ 图层110	PMI
图层111～ 图层120	Dwg_formats
图层121～ 图层140	制图
图层141～ 图层160	Mech
图层161～ 图层170	CAE
图层171～ 图层190	MFG
图层191～ 图层200	QA

步骤 08 保存该文件，并将其用作新部件的模板文件。

第 **4** 章

UG NX 12.0的选择器和构造器

学习目标————

本章主要讲解UG NX 12.0的构造器和选择器。在学习的过程中应重点注意构造器的灵活运用，这将会为三维模型的创建带来极大的辅助作用。

学习效果————

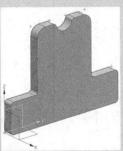
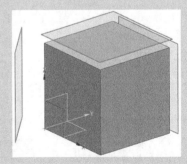

4.1 类选择器

☕ 🌐 **本节视频教程时间：12 分钟**

　　UG NX 12.0提供了类选择器用于选择各种各样的对象（一次可以选取一个或多个对象），还提供了多种选择方法和对象过滤方法。

4.1.1 类选择器介绍

● 1. 功能常见调用方法

　　在UG NX 12.0的绘图区域内，先绘制几个对象，如直线、圆锥等，然后单击【视图】选项卡▶【可见性】面板▶【显示】按钮或【隐藏】按钮，即可激活类选择器，如下图所示。

● 2. 系统提示

　　类选择器被激活后会弹出【类选择】对话框，如下图所示。

● 3. 知识点扩展

　　● 在【类选择】对话框的【对象】区域内包括【选择对象】、【全选】和【反选】3种选项。其中【选择对象】按钮用于选择所有符合过滤要求的对象，如果不指定过滤器则选择所有的对象；【全选】按钮用于选择在此之前所有没有选定的对象；【反选】按钮用于选择在此之前所有没有选定的对象，而在此之前选定的对象将被取消。

　　● 在【其他选择方法】区域内包括【按名称选择】、【选择链】和【向上一级】3种选项。其中【按名称选择】文本框用于输入对象的名称；【选择链】按钮用于选择首尾相接的多个对象，用鼠标先单击第一个对象，然后单击最后一个，这样相连的一系列对象就都被选定。

　　● 在【过滤器】区域内包括【类型过滤器】、【图层过滤器】、【颜色过滤器】、【属性过滤器】和【重置过滤器】5种过滤器，可以根据需要进行选择。

4.1.2 实战演练——快速选择对象基准轴

本小节通过一个实例来学习如何快速选择对象基准轴，具体操作步骤如下。

步骤01 如下图所示，此模型有两个基准轴。

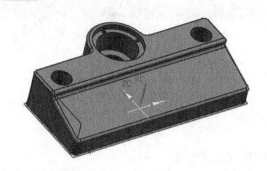

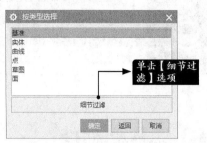

单击【细节过滤】选项

步骤02 选择【菜单】▶【编辑】▶【对象显示】菜单命令，系统弹出【类选择】对话框后，在【过滤器】区域中单击【类型过滤器】按钮，如下图所示。

单击【类型过滤器】按钮

步骤03 在【按类型选择】对话框中，选择【基准】选项，单击【细节过滤】按钮，如下图所示。

步骤04 在【基准】对话框中，选择【基准轴】，然后单击【确定】按钮，如下图所示。

步骤05 单击【确定】按钮以关闭【按类型选择】对话框。在【类选择】对话框中，单击【全选】按钮。两个基准轴被选定，但基准平面未被选定，如下图所示。

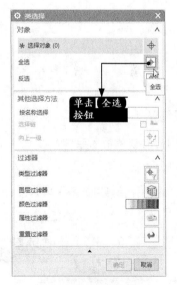

单击【全选】按钮

4.2 点构造器

本节视频教程时间：5分钟

点构造器实际上是一个"点"对话框，通常会根据建模的需要自动出现，用户不用选择点构造器的功能。点构造器是用来确定三维空间位置的常见和通用工具。

4.2.1 点构造器介绍

1. 功能常见调用方法

在UG NX 12.0中选择【菜单】▶【插入】▶【基准/点】▶【点】菜单命令，即可激活点构造器，如下图所示。

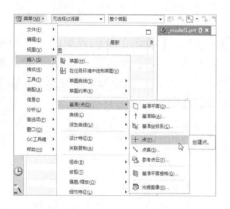

2. 系统提示

点构造器被激活后会弹出【点】对话框，如下图所示。

3. 知识点扩展

【点】对话框中的【类型】区域用来指定点的创建方法，其下拉列表中包含多个选项，如下图所示。

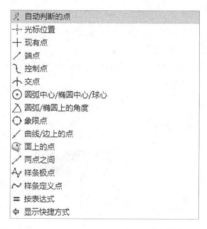

该下拉列表中各选项含义如下。

● ◢ 【自动判断的点】：该选项的功能为根据模型选择的位置不同，自动推测出以下方法进行定点——光标位置、现有点、端点、控制点或中心点位置。

> **小提示**
>
> 当光标选择球不包含任何对象时，则采用光标位置（即光标所在位置）定点方法进行定点。若光标选择球包含对象，则根据光标位置的不同自动决定采用现有点、端点、控制点或中心点方法进行定点。

● ╬ 【光标位置】：该选项功能为由光标位置指定一个点位置，位置位于WCS的平面中。

利用光标位置定点时，所确定的点位置总是在坐标系的工作平面内，即确定的点位置其z轴坐标分量值总为0。为了使定点准确，可以采用辅助栅格。

● ✛【现有点】：该选项的功能为在已存点对象位置指定一个点位置。通过选择一个现有点，使用该选项在现有点的顶部创建一个点或指定一个位置。在现有点的顶部创建一个点可能引起疑惑，因为用户将看不到新点，但这是从一个工作图层得到另一个工作图层中点的最快方法。

● ╱【端点】：该选项的功能为在已存直线、圆弧、二次曲线或其他曲线的端点位置确定一个点位置。利用该方法定点时，根据选择的曲线或实体边缘线位置的不同，所选取的端点位置也不同，通常选取最靠近选择位置端的端点，如下图所示。

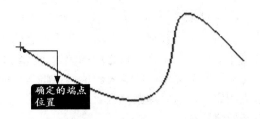

● ◉【圆弧中心/椭圆中心/球心】：该选项的功能为在已存圆弧、圆、椭圆、椭圆弧或球的中心位置指定一个点位置。用该方法定点时，在上述对象的圆周上或球体的任意一个位置上单击，就可以确定其中心点位置。当将光标选择球放在选取对象的圆周上时，系统在亮显曲线的同时将自动显示中心点标记，如下图所示。

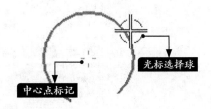

● ◁【圆弧/椭圆上的角度】：该选项的功能为沿已存圆弧或椭圆上的指定圆心角位置指定一个点位置。利用该方法定点时，选择圆弧或椭圆（椭圆弧）对象，【点】对话框将自动显示【角度】文本框，在该文本框中输入指定的方位角，即可在选择曲线上确定一个指定角度的点位置。

方位角值是相对于正xc轴绕逆时针方向旋转的角度值，可正可负。若指定角度值确定的点位置不在实际圆弧段上，仍旧可以得到该点位置（位于圆弧延长线上的点）。

● ◯【象限点】：该选项的功能为在已存的圆弧或者椭圆的象限点位置指定一个点位置。使用该方法时，选择位置在圆弧或椭圆（椭圆弧）曲线上，取最靠近该位置的曲线上的象限点为定点位置，如下图所示。

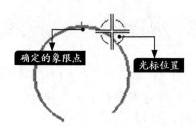

● ᘰ【控制点】：该选项的功能为在已存几何对象的控制点位置指定一个点位置。采用该方法时，根据选择曲线或实体边缘线的不同，将取得几何对象上不同的控制点，如下图所示。

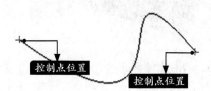

小提示

　　使用控制点方法定点时，若未选择任何对象，则与使用光标位置定位方法完全一致。

● ↑【交点】：该选项的功能为在已存在两条曲线的交点位置或在已存曲线与另一个已存在平面或表面的交点位置指定一个点位置。若选择的两个对象的交点不止一个时，则选取最靠近第二个选择对象的交点为指定点位置。如下图中直线1和圆弧的交点有交点1和交点2，而在采用该方法定点时只会确定靠近第二选择对象直线的交点1。直线2和圆弧的交点同样有两个，应选取最靠近第二选择对象的交点3。对于两条并不相交的曲线，只要这两条曲线并不是平行曲线，则可确定一个交点位置，如下图中直线1和直线2可以确定交点位置为交点4。

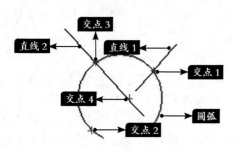

● ✓【曲线/边上的点】：该选项的功能为在已存曲线或实体边的指定位置创建一个点。使用该方法时，选择位置需要在【曲线上的位置】文本框中输入参数，该参数为一个比例系数，相当于指定点位置与端点（曲线或直线左边的端点）的长度占曲线长度的比值。设置完成，即可确定点的位置。

● ✐【面上的点】：该选项的功能为在已存曲面或实体边的指定位置创建一个点。使用该方法时，选择位置需要在【U向参数】文本框和【V向参数】（矢量参数）文本框中输入参数，参数为一个比例系数。设置完成，即可确定点的位置，如下图所示。

● ✏【两点之间】：选择该选项后，【点】对话框中新增【点】区域和【点之间的位置】区域。其中在【点之间的位置】区域下的【%位置】文本框中输入数值后，将新点的位置指定为两点之间距离的百分比，从第一个点开始测量。

4.2.2　实战演练——创建模型特殊点

　　本小节通过一个实例来学习模型特殊点的创建方法，具体操作步骤如下。

步骤01 打开随书资源中的"素材\CH04\01.prt"文件，如下图所示。

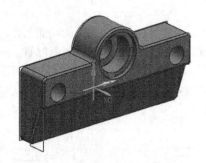

步骤02 单击【曲线】选项卡▶【曲线】面板▶【点】下拉按钮▶【点】按钮⊞，打开【点】对话框，如右图所示。

步骤 03 将【类型】设置为【两点之间】，【指定点 1】现在为活动状态，然后指定第一个点，即在图形窗口中选择点，如下图所示。

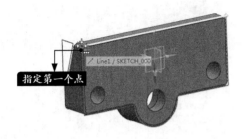

步骤 04 当完成第一个点的定义并单击确定后，返回到创建第一个点的对话框。【指定点 2】现在为活动状态，然后指定第二个点，如下图所示。

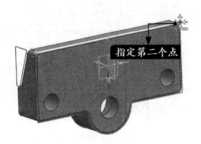

步骤 05 【确定】按钮和【应用】按钮现在为活动状态。现在可创建点（接受默认值），正在创建的点的预览显示在指定的两点之间，它的位置取决于【位置百分比】的值。如下图所示，【位置百分比】为"50"，因此预览点在指定的两点之间的1/2处。

步骤 06 如果想让点处于两个指定点之间的不同位置，可以更改【点】对话框【点之间的位置】区域中的百分比。如下图所示，【位置百分比】更改为"10"，因此预览点移到距离第一个指定点较近的位置。

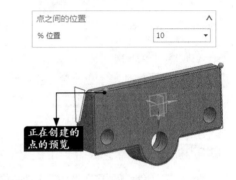

步骤 07 完成定义新的【两点之间】点的值后，单击【确定】按钮或【应用】按钮将创建新点，结果如下图所示。

4.3 坐标系构造器

🌐 **本节视频教程时间：8 分钟**

 对坐标系的操作，其实就是在UG NX 12.0常用工具中的坐标系构造器中实现的。

4.3.1 坐标系构造器介绍

● 1. 功能常见调用方法

选择【菜单】▶【格式】▶【WCS】菜单命令，然后选择其子菜单下的相应命令即可。

● 2. 系统提示

【WCS】菜单命令的子菜单如下图所示。

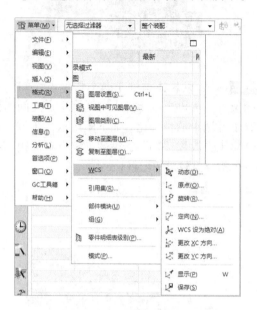

● 3. 知识点扩展

【WCS】菜单命令的子菜单中各选项功能如下。

- 【动态】：激活该功能后系统会弹出坐标系图像，然后拖动平移柄或旋转柄，即可动态地改变工作坐标系的方位。

- 【原点】：该功能的作用为将当前工作坐标系的原点改变到指定点位置，其方位保持不变。

- 【旋转】：该功能的作用为将当前工作坐标系绕指定坐标轴旋转指定角度。

- 【定向】：激活该功能后系统会弹出【坐标系】对话框，如下图所示。

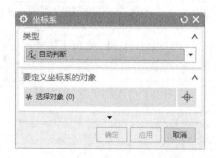

上图中【类型】下拉列表用来指定定义坐标系的方法，该下拉列表中包括的选项如下图所示。

该下拉列表中各选项含义如下。

【动态】：选择该选项后工作区将会显示坐标文本框，且【坐标系】对话框中显示【参考坐标系】区域，在【参考】下拉列表中选择【WCS】、【绝对坐标系-显示部件】或【选定坐标系】选项进行相应的操作，如下图所示。

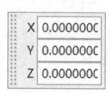

【自动判断】：根据选择的几何对象的不同，自动地推测一种方法（即其他的12种方法之一）来定义坐标系。

【原点，X点，Y点】：该方法通过依次选择或定义三点作为坐标系的原点、x轴、y轴定义一个相关坐标系。

> **小提示**
>
> 指定的第一点作为坐标系原点，从第一点到第二点矢量作为坐标系的*x*轴，第三点确定*y*轴（通过第一个点向第三点所在方向做一个矢量，该矢量和*x*轴相垂直，因此*y*轴不一定通过第三点），通过右手定则确定*z*轴。

【*x*轴，*y*轴】：该方法通过选择或定义的两个矢量作为坐标系的*x*轴和*y*轴来定义一个坐标系。

> **小提示**
>
> 通过指定的两条直线（必须相交）或实体边缘线来定义一个相关坐标系。第一条直线作为坐标系的*x*轴（方向由选取点指向离选取点最近的端点），第二条直线确定坐标系的*y*轴（在两条直线确定的平面内*y*轴与第一条直线垂直），将两条直线的交点作为原点，根据右手定则来确定*z*轴。

【*x*轴，*y*轴，原点】：该方法通过选择两条相交直线和设定一个点来定义工作坐标系。

> **小提示**
>
> 所选的第一条直线方向为*x*轴正向，第二条直线决定*y*轴方向（在两条直线确定的平面内*y*轴与第一条直线垂直），*z*轴正向由第一条直线方向到第二条直线方向按右手定则来确定。坐标原点为设定点。

【*z*轴，*x*点】：该方法通过选择一条直线和设定一个点来定义工作坐标系。

> **小提示**
>
> 新坐标系的*z*轴为所选直线的方向，通过指定点并与指定直线相垂直的假想直线作为坐标系的*x*轴（正方向由指定直线指向指定点），坐标原点为所选直线上与设定点距离最近（即两条垂直直线的交点）的点，*y*轴通过右手定则确定。

【对象的坐标系】：该方法通过用已存在的实体的绝对坐标系来定义用户坐标系。

> **小提示**
>
> 从选择的曲线、平面或平面工程图对象的坐标系定义用户坐标系。若选择的对象为平面形对象（如圆或圆弧、椭圆（弧）、二次曲线、平面和工程平面图对象），则坐标系的原点为圆（弧）、椭圆（弧）的中心点或二次曲线的顶点、平面的起始点，坐标轴及方位由不同的对象决定。若选择的对象为平面工程图对象，则对象的原点作为坐标原点，*x*轴平行于图形平面水平向右，*y*轴平行于图形平面垂直向上，*z*轴垂直于图形平面指向屏幕外。

【点，垂直于曲线】：该方法通过指定的点与指定的曲线垂直定义用户坐标系，如下图所示。

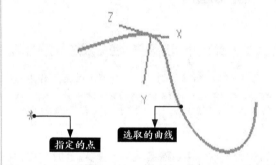

指定的点　　选取的曲线

> **小提示**
>
> 选取不同对象时构造坐标系，需要注意以下几点。
> （1）若选取的为直线，构建的坐标系*x*轴为选定曲线指向指定点的垂直矢量，*z*轴为该垂足的切线矢量，*y*轴通过右手定则确定。
> （2）若选取的为曲线，构建的坐标系*x*轴为不指向指定点的任意方位，其他与直线时操作一致。

【平面和矢量】：该方法根据指定或定义的一个平面和一个矢量来定义一个工作坐标系，如下图所示。

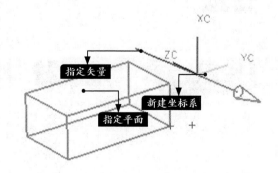

指定矢量　新建坐标系　指定平面

指定一个平面和一个矢量定义工作坐标系，即x轴为指定平面的法线方向，指定矢量在指定平面上投影后的矢量为y轴，指定平面和指定矢量的交点为坐标系的原点，由右手定则确定z轴。

【三平面】：该方法根据选择或定义3个平面定义用户坐标系，如下图所示。

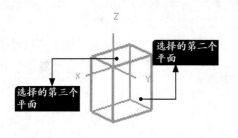

选择的第二个平面

选择的第三个平面

新建工作坐标系方法：3个平面的交点作为原点，第一个平面的法线矢量作为x轴，第二个平面的法线矢量作为y轴，通过右手定则确定z轴。

【绝对坐标系】：该方法以与绝对坐标系完全相同的原点和方位来定义一个工作坐标系。定义的坐标与模型空间的绝对坐标系完全一致。

【当前视图的坐标系】：该方法以当前视图方位定义一个坐标系。以视图中心为原点，坐标系的x轴为图形屏幕水平向右，y轴为图形屏幕竖直向上，z轴方向由右手定则确定。

【偏置坐标系】：该方法通过对指定的坐标系设置偏置量来定义一个工作坐标系，如下图所示。

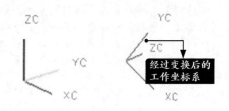

经过变换后的工作坐标系

4.3.2 实战演练——旋转工作坐标系

本小节对工作坐标系进行绕指定轴旋转的操作，具体操作步骤如下。

步骤01 选择【文件】▶【新建】菜单命令，系统弹出【新建】对话框后，切换到【模型】选项卡，并将模板选择为【模型】，然后指定文件名称，单击【确定】按钮，如下图所示。

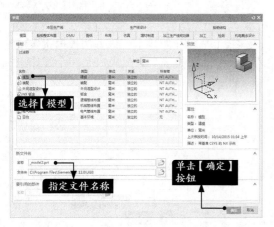

选择【模型】

指定文件名称

单击【确定】按钮

步骤02 查看新建的模型文件工作坐标系，如下图所示。

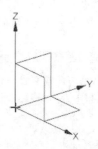

步骤03 选择【菜单】▶【格式】▶【WCS】▶【旋转】菜单命令，打开【旋转WCS绕…】对话框，如下图所示。

步骤 **04** 进行相关参数设置，并单击【确定】按

钮，如下图所示，即可完成操作。

4.4 矢量构造器

本节视频教程时间：8分钟

矢量用来确定特征或对象的方位，如圆柱体轴线方向、拉伸特征的拉伸方向、旋转扫描特征的旋转轴线等。

4.4.1 矢量构造器介绍

● 1. 功能常见调用方法

打开【矢量】对话框的方式很多，如选择【菜单】▶【插入】▶【设计特征】▶【圆锥】菜单命令，打开【圆锥】对话框，如下图所示。

单击【圆锥】对话框中【指定矢量】选项后的按钮，即可激活【矢量】构造器。

● 2. 系统提示

【矢量】构造器被激活后系统会弹出【矢量】对话框，如下图所示。

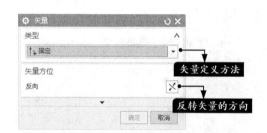

● 3. 知识点扩展

【类型】下拉列表用来指定定义矢量的方法，其下拉列表中包含多个选项，如下图所示。

该下拉列表中各选项含义如下。

● 🖉【自动判断的矢量】：系统根据用户选择对象的不同，自动地判断一种矢量方法来定义一个矢量。自动判断出的方法可能是两点、边缘/曲线矢量、面的法向、平面法向、基准轴，也可以在坐标值域直接输入矢量坐标分量来确定一个矢量。

● ✒【两点】：利用指定的空间两点的连线来定义一个矢量，矢量的方向是从第一个指定点指向第二个指定点，如下图所示。

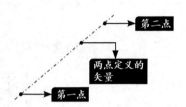

● 🖊【与xc成一角度】：在xc-yc平面内指定与xc轴之间的夹角来定义一个矢量。用户可利用【相对于xc-yc平面中xc的角度】区域的【角度】文本框或其后的下拉列表来指定方位角，如下图所示。

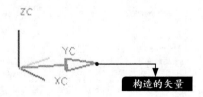

● 🖊【曲线/轴矢量】：在曲线（或实体边缘线）的起始点（或终止点）上沿切线方向定义一个矢量。矢量的端点由选择曲线时的选择端决定，定义的矢量总是最靠近选择端的端点处的切线，且远离另一端。该方法可以在曲线、边缘或圆弧起始处指定一个与该曲线或边缘相切的矢量。如果是完整的圆，软件将在圆心并垂直于圆面的位置定义矢量。如果是圆弧，软件将在垂直于圆弧面并通过圆弧中心的位置定义矢量，如下图所示。

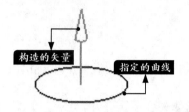

● 🖍【曲线上矢量】：在指定曲线的任意位置上沿曲线切线方向定义一个矢量。可按照圆弧长或百分比圆弧长在曲线上的任意一点指定一个与曲线相切的矢量。用户选择一条曲线后，需要在【曲线上的位置】区域的【位置】文本框中输入或从下拉列表中选择参数，指定如何定义矢量位置。如果【位置】选择的是"弧长"，则在【弧长】文本框中指定长度，如下图所示。

● 🖊【面/平面法向】：在与指定平面形表面法线或圆柱形表面轴线相平行的方向定义一个矢量。使用该方法可以选择表面法线方法定义矢量。用户需要选择一个平面形表面或圆柱形表面，如下图所示。

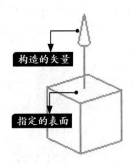

构造的矢量

指定的表面

● 坐标轴方法定义矢量（ ^{XC} 【 *xc*轴 】、
^{YC} 【 *yc*轴 】、 ^{ZC} 【 *zc*轴 】、 ^{-XC} 【 *-xc*轴 】、 ^{-YC}
【 *-yc*轴 】、 ^{-ZC} 【 *-zc*轴 】）：与工作坐标系或
指定的已存坐标系的某一个坐标轴相平行的方
向定义一个矢量。

● 【 按系数 】：使用该方法可以按系数
指定一个矢量。

4.4.2 实战演练——创建手机支架模型

本小节通过一个实例来学习如何使用矢量创建手机支架模型，具体操作步骤如下。

步骤 01 打开随书资源中的"素材\CH04\手机支
架模型.prt"文件，如下图所示。

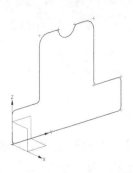

步骤 02 选择【菜单】➤【插入】➤【设计特
征】➤【拉伸】菜单命令，打开【拉伸】对话
框，如下图所示。

步骤 03 根据提示在绘图区域内选择要拉伸的曲
线，并指定拉伸方向，如下图所示。

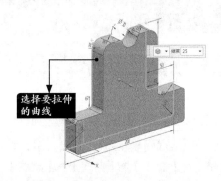

选择要拉伸
的曲线

步骤 04 指定拉伸距离为"15"，如下图所示。

设置距离

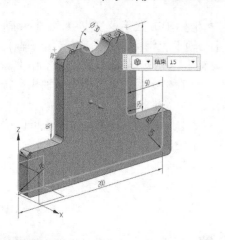

步骤 05 单击【确定】按钮完成操作，结果如下图所示。

4.5 平面工具

🕐 **本节视频教程时间：7 分钟**

☕ 平面工具用来指定创建几何对象或成镜像的临时平面。

4.5.1 平面工具介绍

⚫ 1. 功能常见调用方法

打开【平面】对话框的方式很多，如选择【菜单】➤【插入】➤【曲线】➤【直线】菜单命令，绘制一条直线，然后选中绘制的直线，选择【菜单】➤【编辑】➤【变换】命令，在弹出的【变换】对话框中单击【通过一平面镜像】按钮，即可打开【平面】对话框。从该对话框中可以选择基于某一类型进行平面的创建，如下图所示。

⚫ 2. 知识点扩展

【类型】下拉列表用来指定创建平面的平面类型，如下图所示。

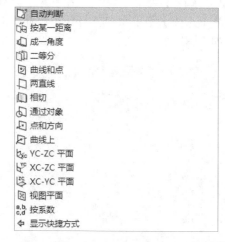

该下拉列表中各选项含义如下。

● 🗋【自动判断】：根据所选的对象确定要使用的最佳平面类型。

● 🗋【按某一距离】：创建与一个平面或其他基准平面平行且相距指定距离的基准平面。

- ◻【成一角度】：通过指定的角度创建平面。

- ◻◻【二等分】：在两个选定的平面或平面的中间位置创建平面。如果输入平面互相呈一角度，则以平分角度放置平面。

- ◻【曲线和点】：使用一个点与另一个点、一条直线、线性边缘、基准轴或面创建平面。

- ◻【两直线】：通过使用两条现有的直线，或者直线、线性边缘、面轴、基准轴的组合创建平面。

小提示

如果两条直线共面，则该平面将同时包括这两条直线。

如果两条直线不共面且不互相垂直，则备选解通过第二条直线且平行于第一条直线。

如果两条直线不共面但互相垂直，则该平面包含第一条直线且垂直于第二条直线。还有一个备选解，它通过第二条直线且垂直于第一条直线。

- ◻【通过对象】：基于选定对象的平面创建基准平面。

- ◻【点和方向】：通过从一点沿指定方向创建平面。

- ◻【按系数】：通过使用系数a、b、c和d指定方程来创建固定基准平面。

- ◻【曲线上】：通过创建与曲线或边上的一点相切、垂直或双向垂直的平面。

- ◻【yc-zc平面】、◻【xc-zc平面】或◻【xc-yc平面】：通过沿工作坐标系（WCS）或绝对坐标系（ABS）的xc-yc轴创建固定基准平面、沿WCS或ABS的xc-zc轴创建固定基准平面、沿WCS或ABS的yc-zc轴创建固定基准平面。

4.5.2 实战演练——使用偏置方式创建基准平面

本小节通过一个实例来学习如何创建一个偏置平面，具体操作步骤如下。

步骤01 打开随书资源中的"素材\CH04\05.prt"文件，如下图所示。

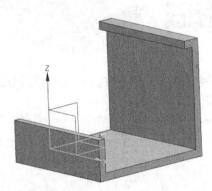

步骤02 单击【主页】选项卡▶【特征】面板▶【基准平面】按钮◻，打开【基准平面】对话框，从【类型】下拉列表中选择【自动判断】选项◻，如右图所示。

步骤03 选择第一条线性边以定义平面，如下图所示。

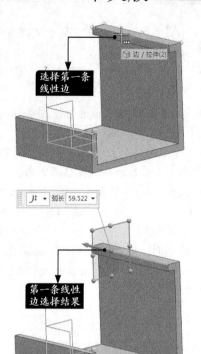

选择第一条
线性边

弧长 59.522

第一条线性
边选择结果

步骤 04 选择第二条线性边以定义平面，如下图所示。

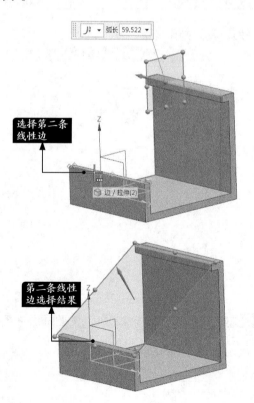

弧长 59.522

选择第二条
线性边

边/拉伸(2)

第二条线性
边选择结果

步骤 05 在【偏置】组中，选中【偏置】复选

项。确认所需偏置的方向，按照所需的偏置值拖动方向箭头，或者在偏置【距离】框中输入值"50",如下图所示。

基准平面

类型
自动判断

要定义平面的对象
选择对象 (2)

平面方位
备选解
反向

偏置
☑ 偏置
距离　50　mm

设置偏置距离

设置
☑ 关联

< 确定 | 应用 | 取消

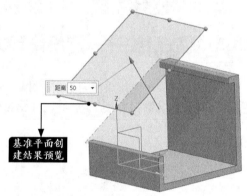

距离 50

基准平面创
建结果预览

步骤 06 单击【确定】按钮后，完成创建操作，结果如下图所示。

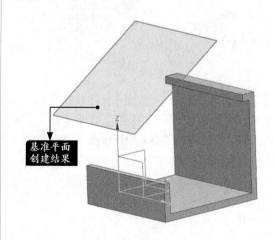

基准平面
创建结果

4.6 综合应用——利用平面工具创建基准平面

🌐 本节视频教程时间：5分钟

本节利用平面工具进行基准平面的创建，具体操作步骤如下。创建过程中会使用【长方体】作为参考对象，其中【长方体】命令会在后面的章节中进行详细介绍。

步骤01 选择【文件】▶【新建】菜单命令，系统弹出【新建】对话框后，切换到【模型】选项卡，并将模板选择为【模型】，然后指定文件名称，单击【确定】按钮，如下图所示。

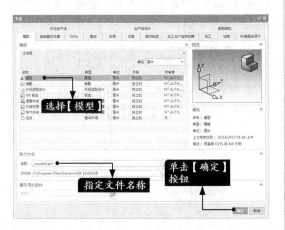

步骤02 在新建的模型文件中选择【菜单】▶【插入】▶【设计特征】▶【长方体】菜单命令，系统弹出【长方体】对话框后，将坐标原点作为长方体的第一个角点，并进行长方体尺寸设置，如下图所示。

步骤03 单击【确定】按钮，长方体创建结果如下图所示。

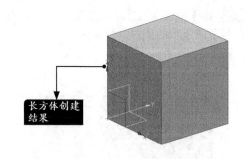

长方体创建结果

小提示

关于"长方体"的创建，将在11.3节中详细介绍。

步骤04 单击【主页】选项卡▶【特征】面板▶【基准平面】按钮，在打开的对话框中，从【类型】下拉列表中选择【两直线】选项，如下图所示。

步骤05 让【第一条直线】选项处于活动状态，并在如下图所示的位置进行选择。

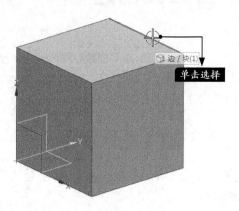

步骤06 让【第二条直线】选项处于活动状态，并在如下图所示的位置进行选择。

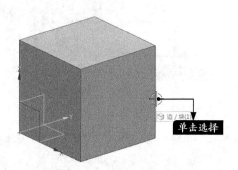

步骤07 在【偏置】组中，选中【偏置】复选项，并将偏置距离设置为"-10"，如下图所示。

步骤08 单击【确定】按钮后，结果如下图所示。

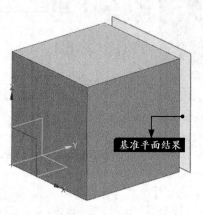

步骤09 单击【主页】选项卡▶【特征】面板▶【基准平面】按钮，在打开的对话框中，从【类型】下拉列表中选择【按某一距离】选项，如下图所示。

步骤10 让【平面参考】选项处于活动状态，并在如下图所示的位置进行选择。

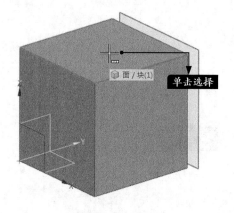

步骤⑪ 将偏置距离设置为"10"，并单击【确定】按钮，结果如下图所示。

基准平面结果

步骤⑫ 单击【主页】选项卡➤【特征】面板➤【基准平面】按钮，在打开的对话框中，从【类型】下拉列表中选择【二等分】选项，如下图所示。

选择类型

步骤⑬ 让【第一平面】选项处于活动状态，并在如下图所示的位置进行选择。

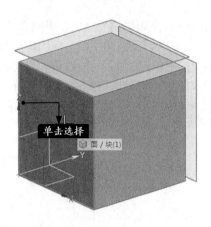

单击选择
面/块(1)

步骤⑭ 让【第二平面】选项处于活动状态，并在如下图所示的位置进行选择。

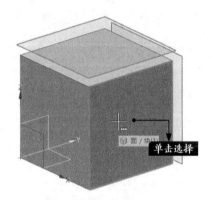

面/块
单击选择

步骤⑮ 在【偏置】组中，选中【偏置】复选项，并将偏置距离设置为"100"，然后单击【确定】按钮，结果如下图所示。

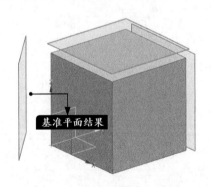

基准平面结果

 ## 疑难解答

🎬 本节视频教程时间：1分钟

🔘 如何正确理解绝对坐标系

绝对坐标系是模型空间中的概念性位置和方向。将绝对坐标系视为 $X = 0$，$Y = 0$，$Z = 0$。它是不可见的，且不能移动。

绝对坐标系可以用来完成以下两点操作。

（1）定义模型空间中的一个固定点和方向。

（2）将不同对象之间的位置和方向关联。

例如，一个对象在特定部件文件中位于绝对坐标 $X = 1.0$，$Y = 1.0$ 和 $Z = 1.0$，则这个对象在其他任何部件文件中均处于完全相同的绝对位置，如下图所示。

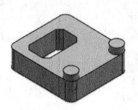

视图三重轴是一个视觉指示符，表示模型绝对坐标系的方位。视图三重轴显示在图形窗口的左下角，如上图所示。可以视图三重轴上的特定轴为中心旋转某个模型。

第 **5** 章

草图及草图的创建

学习目标

　　本章主要讲解UG NX 12.0草图的创建方法。草图是参数化建模，也是三维设计中非常重要的部分。特别是在复杂零部件的设计中，熟练、灵活地应用好草图会给设计工作带来很大的方便。

学习效果

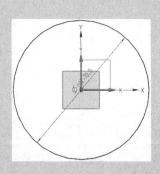
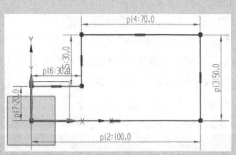
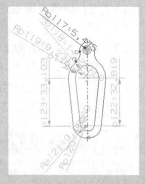

5.1 草图

⊙ **本节视频教程时间：5分钟**

草图是组成一个二维轮廓的曲线集合。在草图上创建的对象可以用来进行拉伸、旋转等操作，或在自由曲面建模中作为扫描对象和通过曲线创建曲面的截面对象。草图也是可以进行尺寸驱动的平面。草图对象由一组参数来约束，对象特征与参数是一一对应的关系。在草绘图形时，先只管图形的形状而不管它的尺寸，然后通过修改它的尺寸参数来精确定位，从而使绘制的图形达到设计者的要求，如下图所示。

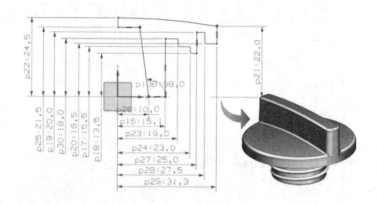

5.1.1 草图的适用范围

草图中提出了"约束"的概念，可以通过几何约束与尺寸约束来控制草图的图形，以实现与特征建模模块同样的尺寸驱动，并方便实现参数化建模。建立的草图还可以用实体造型工具进行拉伸、旋转等操作，生成与草图相关联的实体模型。所以在一些设计产品的过程中，应根据零件的轮廓特性考虑以下几个方面的因素，选择利用草图进行设计。

（1）用扫描的方法创建特征。

（2）零件经常需要修改轮廓形状。

（3）需要参数化控制轮廓曲线，进行系列零部件的设计。

（4）零件特征形状本身适于进行拉伸或旋转操作。

（5）零件的一些截面曲线等有潜在的修改性或需要参数化定位。

（6）零件的基本特征无法直接满足设计者的要求。

5.1.2 草图预设置

草图预设置主要用于设置草图中的显示参数和草图对象的默认名称前缀等。

◢ **1. 功能常见调用方法**

选择【菜单】▶【首选项】▶【草图】菜单命令即可，如下图所示。

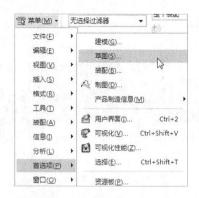

2. 系统提示

系统会弹出【草图首选项】对话框，如下图所示。

3. 知识点扩展

该对话框有【草图设置】、【会话设置】和【部件设置】3个选项卡，功能介绍如下。

（1）【草图设置】选项卡

可以通过该选项卡下的设置更改草图的样式，如尺寸标签、文本高度、约束符号大小等，如上图所示。

（2）【会话设置】选项卡

可以通过该选项卡下的设置更改草图的默认值，如对齐角，并控制某些草图对象的显示，如下图所示。

（3）【部件设置】选项卡

该选项卡主要用来设置草图中不同对象类型的颜色属性，如下图所示。

5.2 草图的创建

● 本节视频教程时间：35 分钟

草图的创建包括草图平面的创建和草图对象的创建。

5.2.1 草图平面

● 1. 功能常见调用方法

选择【菜单】➤【插入】➤【草图】菜单命令即可，如下图所示。

● 2. 系统提示

系统会弹出【创建草图】对话框，如下图所示。

● 3. 知识点扩展

该对话框中各选项含义如下。

- 【草图类型】下拉列表：在该下拉列表中选择要创建草图的平面，包括以下两种选项。

【在平面上】：可以在现有的平面、曲面上或新的平面、CSYS中原位绘制草图。

【基于路径】：在轨迹上绘制草图。

- 【平面方法】下拉列表：确定如何定义目标平面。
- 【参考】下拉列表：指定是要选择水平参考还是竖直参考。

> **小提示**
>
> 如果是在坐标平面上设置草图工作平面，则不必指定草图参考方向，系统会自动用坐标轴的方向作为草图的参考方向；如果是在基准平面、实体表面或片体表面上设置草图工作平面，那么选择草图平面后，还应该设置草图参考方向。

5.2.2 草图对象

草图对象是指草图中的曲线和点。创建草图工作平面后，可以在草图工作平面上创建草图对象。创建草图对象的方法有以下几种。

（1）可以在草图中直接绘制草图曲线或点。

（2）可以通过工具条的一些功能操作，添加绘图区域存在的曲线或点到草图中。

（3）可以从实体或片体上抽取对象到草图中。

选择【插入】菜单中的菜单命令，或单击【草图曲线】工具条中的按钮，可以在草图平面中直接绘制和编辑草图曲线。这些按钮包括配置文件、直线、圆弧、圆、派生的样条、快速修剪、制作拐角、圆角、矩形及艺术样条等，应用这些按钮可以在草图中创建和编辑草图对象，如下图所示。

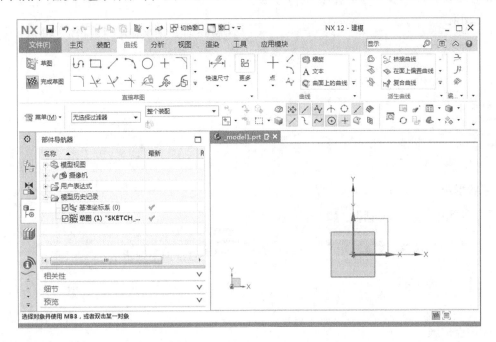

5.2.3 点

使用草图"点"命令，可以在草图中创建点。

● 1. 功能常见调用方法

进入草绘环境后，选择【菜单】▶【插入】▶【草图曲线】▶【点】菜单命令即可，如下图所示。

● 2. 系统提示

系统会弹出【草图点】对话框，如下图所示。如果在草图平面以外创建点，系统会将该点投影到草图平面上。

5.2.4 直线

可使用"直线"命令，根据约束自动判断来创建直线。

1. 功能常见调用方法

进入草绘环境后，选择【菜单】▶【插入】▶【草图曲线】▶【直线】菜单命令即可，如下图所示。

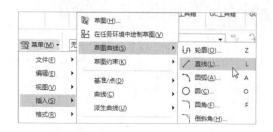

2. 系统提示

系统会弹出【直线】对话框，如下图所示。

3. 知识点扩展

该对话框中各选项含义如下。

（1）【坐标模式】XY：使用 xc 轴和 yc 轴坐标创建直线起点或终点。这是直线起点的默认模式。

（2）【参数模式】：使用长度和角度参数创建直线起点或终点。对于直线的终点，系统会切换到此模式。

4. 实战演练——创建直线对象

利用"直线"命令创建倾斜角度为45°、长度为100mm的直线对象，具体操作步骤如下。

步骤 01 进入草绘环境，选择【菜单】▶【插入】▶【草图曲线】▶【直线】菜单命令，系统弹出【直线】对话框后，选择参数模式，如下图所示。

步骤 02 在绘图区域中单击指定原点作为直线起点，如下图所示。

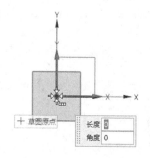

步骤 03 在绘图区域中拖动鼠标指针并单击指定直线终点，如下图所示。

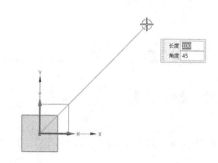

步骤 04 按鼠标中键结束直线的绘制，结果如下图所示。

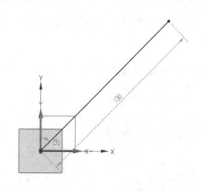

5.2.5 矩形

1. 功能常见调用方法

进入草绘环境后，选择【菜单】▶【插入】▶【草图曲线】▶【矩形】菜单命令即可，如下图所示。

2. 系统提示

系统会弹出【矩形】对话框，如下图所示。

3. 知识点扩展

该对话框中各选项含义如下。

（1）【矩形方法】

●【按2点】：根据对角上的两点创建矩形，矩形与 *xc* 和 *yc* 草图轴平行。

●【按3点】：用于创建与 *xc* 轴、*yc* 轴呈角度的矩形。前两个选择的点显示宽度和矩形的角度，第3个点指示高度。

> **小提示**
>
> 选择第1点之后和选择第2点之前，可以通过拖动鼠标左键在按2点和按3点方法之间进行切换。

●【从中心】：先指定中心点、第2个点来指定角度和宽度，并用第3点指定高度以创建矩形。

（2）【输入模式】

●【坐标模式】：用 *xc* 轴、*yc* 轴坐标为矩形指定点。使用屏幕输入框或在图形窗口中单击鼠标左键指定坐标。清除此选项可选择参数模式。

●【参数模式】：用相关参数值为矩形指定点。清除此选项可选择坐标模式。

4. 实战演练——创建矩形对象

利用"矩形"命令按3点方式创建一个长度为100mm、宽度为50mm的矩形，具体操作步骤如下。

步骤01 进入草绘环境，选择【菜单】▶【插入】▶【草图曲线】▶【矩形】菜单命令，系统弹出【矩形】对话框后，单击【按3点】按钮，如下图所示。

步骤02 在绘图区域中单击指定原点作为矩形第1个角点，如下图所示。

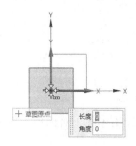

步骤03 在绘图区域中拖动鼠标指针指定方向，然后利用键盘输入宽度值"100"，按【Enter】键确认以指定矩形宽度，如下图所示。

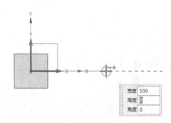

步骤04 继续在绘图区域中拖动鼠标指针指定方向，然后利用键盘输入高度值"50"，按【Enter】键确认以指定矩形高度，如下图所示。

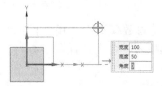

步骤05 按鼠标中键结束矩形的绘制，结果如下图所示。

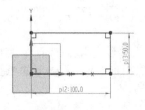

5.2.6 圆

● 1. 功能常见调用方法

进入草绘环境后，选择【菜单】▶【插入】▶【草图曲线】▶【圆】菜单命令即可，如下图所示。

● 2. 系统提示

系统会弹出【圆】对话框，如下图所示。

● 3. 知识点扩展

该对话框中各选项含义如下。

（1）【圆方法】

● ⊙【圆心和直径定圆】：通过指定圆心和直径创建圆。

● ○【三点定圆】：通过指定三点创建圆。

（2）【输入模式】

● XY【坐标模式】：允许使用坐标值来指定圆的点。

● 凸【参数模式】：用于指定圆的直径。选择该选项时，可在选择圆中心点之前输入直径参数。

● 4. 实战演练——创建圆形对象

利用"圆"命令中的"圆心和直径定圆"方式创建一个直径为70mm的圆形，具体操作步骤如下。

步骤 01 进入草绘环境，选择【菜单】▶【插入】▶【草图曲线】▶【圆】菜单命令，系统

弹出【圆】对话框后，单击【圆心和直径定圆】按钮，如下图所示。

步骤 02 在绘图区域中单击指定原点作为圆心点，如下图所示。

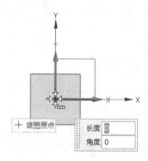

步骤 03 在绘图区域中利用键盘输入圆形直径值"70"并按【Enter】键确认，如下图所示。

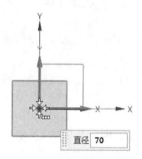

步骤 04 按鼠标中键结束圆形的绘制，结果如下图所示。

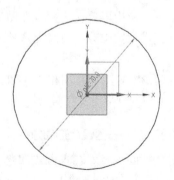

5.2.7 圆弧

● 1. 功能常见调用方法

进入草绘环境后，选择【菜单】▶【插入】▶【草图曲线】▶【圆弧】菜单命令即可，如下图所示。

● 2. 系统提示

系统会弹出【圆弧】对话框，如下图所示。

● 3. 知识点扩展

该对话框中各选项含义如下。

（1）【圆弧方法】

● 【通过三点的圆弧】⌒：用于创建一条经过起点、终点及圆弧上一点的圆弧。可捕捉与各类曲线相切的点作为第3点。如果移动光标使其穿过任一圆形标记，则可以将第3个点变为端点，而不是圆弧上的一个点。

● 【中心和端点定圆弧】⌒：用于通过定义中心、起点和终点来创建圆弧。

（2）【输入模式】

● 【坐标模式】XY：允许使用坐标值来指定圆弧的点。

● 【参数模式】凸：用于指定三点定圆弧的半径参数。对于中心和端点定圆弧，用户可指定半径和扫掠角度参数。

● 4. 实战演练——创建圆弧对象

利用"圆弧"命令中的"中心和端点定圆弧"方式创建一个半径为45mm的圆弧，具体操作步骤如下。

步骤01 进入草绘环境，选择【菜单】▶【插入】▶【草图曲线】▶【圆弧】菜单命令，系统弹出【圆弧】对话框后，单击【中心和端点定圆弧】按钮，如下图所示。

步骤02 在绘图区域中单击指定原点作为圆心点，如下图所示。

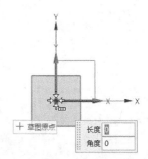

步骤03 在绘图区域中利用键盘输入圆弧半径值为"45"、扫掠角度值为"180"，并按【Enter】键确认，如下图所示。

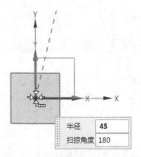

步骤04 在绘图区域中拖动鼠标指针，单击指定圆弧的位置，如下图所示。

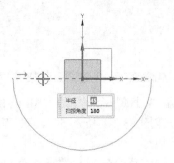

如下图所示。

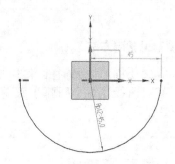

步骤 05 按鼠标中键结束圆弧图形的绘制，结果

5.2.8 正多边形

● 1. 功能常见调用方法

进入草绘环境后，选择【菜单】▶【插入】▶【草图曲线】▶【多边形】菜单命令即可，如下图所示。

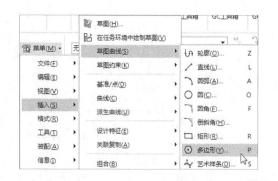

● 2. 系统提示

系统会弹出【多边形】对话框，如下图所示。

● 3. 知识点扩展

【大小】区域下的参数说明如下。

● 【指定点】：允许用户选择点，以定义多边形半径。

● 【内切圆半径】：指定从中心点到多边形边的中心的距离。

● 【外接圆半径】：指定从中心点到多边形拐角的距离。

● 【边长】：指定多边形边的长度。

● 【半径】：当大小设置为内切圆半径或外接圆半径时可用，用于设置多边形内切圆和外接圆半径的大小。勾选复选项可以锁定该值。

● 【长度】：大小设置为边长时可用，用于设置多边形边长的长度。勾选复选项可以锁定该值。

● 【旋转】：控制从草图水平轴开始测量的旋转角度。勾选复选项可以锁定该值。

● 4. 实战演练——创建正多边形对象

利用"多边形"命令创建一个内切圆半径为70mm的正六边形，具体操作步骤如下。

步骤 01 进入草绘环境，选择【菜单】▶【插入】▶【草图曲线】▶【多边形】菜单命令，系统弹出【多边形】对话框后，进行如下图所示的设置。

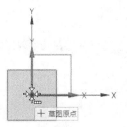

步骤 03 按鼠标中键结束正多边形的绘制，结果如下图所示。

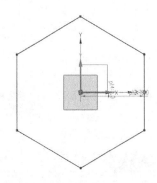

步骤 02 在绘图区域中单击指定原点作为多边形的中心点，如下图所示。

5.2.9 样条曲线

用户通过"艺术样条"命令，可以使用点或极点动态地创建样条。

1. 功能常见调用方法

进入草绘环境后，选择【菜单】▶【插入】▶【草图曲线】▶【艺术样条】菜单命令即可，如下图所示。

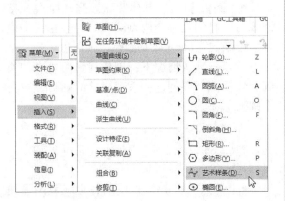

2. 系统提示

系统会弹出【艺术样条】对话框，如下图所示。

3. 实战演练——创建样条曲线对象

利用"艺术样条"命令创建样条曲线对象，具体操作步骤如下。

步骤 01 进入草绘环境，选择【菜单】▶【插入】▶【草图曲线】▶【艺术样条】菜单命令，系统弹出【艺术样条】对话框后，进行如下图所示的设置。

步骤 **02** 在绘图区域中分别单击指定样条曲线通过点，如下图所示。

步骤 **03** 在【艺术样条】对话框中单击【确定】按钮，结果如下图所示。

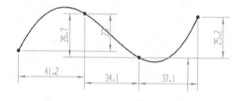

5.2.10 轮廓

使用"轮廓"命令在线串模式下创建一系列的相连直线和/或圆弧。在线串模式下，上一条曲线的终点变成下一条曲线的起点。

● 1. 功能常见调用方法

进入草绘环境后，选择【菜单】▶【插入】▶【草图曲线】▶【轮廓】菜单命令即可，如下图所示。

● 2. 系统提示

系统会弹出【轮廓】对话框，如下图所示。

● 3. 知识点扩展

（1）【对象类型】

● 【直线】 ⁄ ：创建直线。这是选择轮廓时的默认模式。在草图平面外选择的点将投影到草图平面上。

● 【圆弧】 ⌒ ：创建圆弧。当从直线连接圆弧时，将创建一个两点圆弧。如果在线串模式下绘制的第1个对象是圆弧，则可以创建一个三点圆弧。默认情况下，创建圆弧后轮廓切换到直线模式，要创建一系列成链的圆弧，双击【圆弧】选项。

（2）【输入模式】

● 【坐标模式】 XY ：使用 x 轴和 y 轴坐标值创建曲线点。

● 【参数模式】 ⌂ ：使用与直线或圆弧曲线类型对应的参数创建曲线点。

● 4. 实战演练——创建轮廓对象

利用"轮廓"命令创建一个轮廓对象，具体操作步骤如下。

步骤 **01** 进入草绘环境，选择【菜单】▶【插入】▶

【草图曲线】▶【轮廓】菜单命令，系统弹出【轮廓】对话框后，进行如下图所示的设置。

步骤 02 在绘图区域中单击指定原点作为轮廓直线的起点，如下图所示。

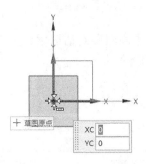

步骤 03 利用键盘分别输入轮廓直线的点，"长度：100，角度：0""长度：50，角度：90""长度：70，角度：180""长度：30，角度：270""长度：30，角度：180""长度：20，角度：270"，按鼠标中键结束轮廓直线的绘制，结果如下图所示。

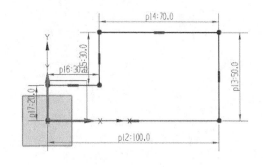

5.2.11 椭圆

● 1. 功能常见调用方法

进入草绘环境后，选择【菜单】▶【插入】▶【草图曲线】▶【椭圆】菜单命令即可，如下图所示。

● 2. 系统提示

系统会弹出【椭圆】对话框，如右图所示。

● 3. 实战演练——创建椭圆对象

利用"椭圆"命令创建一个长轴半径为100mm、短轴半径为50mm的椭圆对象，具体操作步骤如下。

步骤01 进入草绘环境，选择【菜单】▶【插入】▶【草图曲线】▶【椭圆】菜单命令，系统弹出【椭圆】对话框后，进行如下图所示的设置。

步骤02 在绘图区域中单击指定原点作为椭圆中心点，如下图所示。

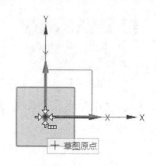

步骤03 在【椭圆】对话框中单击【确定】按钮，结果如下图所示。

5.2.12 二次曲线

1. 功能常见调用方法

进入草绘环境后，选择【菜单】▶【插入】▶【草图曲线】▶【二次曲线】菜单命令即可，如下图所示。

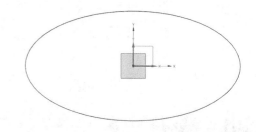

2. 系统提示

系统会弹出【二次曲线】对话框，如下图所示。

3. 实战演练——创建二次曲线对象

利用"二次曲线"命令创建二次曲线对象，具体操作步骤如下。

步骤01 进入草绘环境，选择【菜单】▶【插入】▶【草图曲线】▶【二次曲线】菜单命令，系统弹出【二次曲线】对话框后，进行如下图所示的设置。

步骤03 在【二次曲线】对话框中单击【确定】按钮，结果如下图所示。

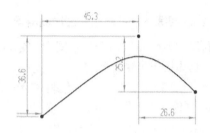

步骤02 在绘图区域中分别单击指定二次曲线的起点、终点及控制点，如下图所示。

5.2.13 倒斜角

使用"倒斜角"命令可斜接两条草图线之间的尖角。

● 1. 功能常见调用方法

进入草绘环境后，选择【菜单】➤【插入】➤【草图曲线】➤【倒斜角】菜单命令即可，如下图所示。

● 2. 系统提示

系统会弹出【倒斜角】对话框，如下图所示。

● 3. 知识点扩展

（1）【要倒斜角的曲线】

●【选择直线】：在相交直线上方拖动光标以选择多条直线，或按照一次选择一条直线的方法选择多条直线。

●【修剪输入曲线】：用于修剪选定曲线以创建倒斜角，或者在取消该勾选该复选项时将这些曲线保持取消修剪状态。

（2）【偏置】

① 【倒斜角】下拉列表中包括以下几项。

●【对称】：指定倒斜角，该倒斜角与交点有一定距离，且垂直于等分线。

●【非对称】：指定沿选定的两条直线分别测量的距离值。

●【偏置和角度】：指定倒斜角的角度和距离值。

② 【距离】：当倒斜角设置为【对称】及【偏置和角度】时可用。设置从交点到第一条直线的倒斜角的距离，勾选复选项可锁定该值。

●【距离1】：当倒斜角设置为【非对称】时可用。设置从交点到第一条直线的倒斜角的距离，勾选复选项可锁定该值。

●【距离2】：设置从交点到第二条直线的倒斜角的距离，勾选复选项可锁定该值。

●【角度】：当倒斜角设置为【偏置和角度】时可用。该角度是从第一条直线测量到倒斜角的角度，勾选复选项可锁定该值。

③【倒斜角位置】

●【指定点】：用于指定倒斜角的位置。

● 4. 实战演练——在草图中创建倒斜角

利用"倒斜角"命令在草图中创建倒斜角对象，具体操作步骤如下。

步骤 01 打开随书资源中的"素材\CH06\倒斜角.prt"文件，如下图所示。

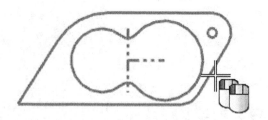

步骤 02 双击图形进入草图绘制环境，选择【菜单】▶【插入】▶【草图曲线】▶【倒斜角】菜单命令，系统弹出【倒斜角】对话框后，在绘图区域中选择交点以创建倒斜角，如下图所示。

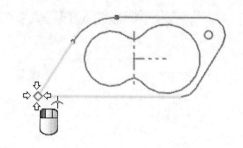

步骤 03 在绘图区域中指定倒斜角位置，创建倒斜角，结果如下图所示。

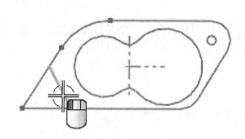

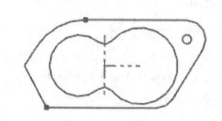

5.3 综合应用——创建零件草图

🌑 **本节视频教程时间：10分钟**

本节创建零件草图，创建过程中主要会应用到直线、圆弧、偏置曲线及约束功能。

步骤 01 进入草图绘制环境，选择【菜单】▶【插入】▶【草图曲线】▶【直线】菜单命令，系统弹出【直线】对话框后，在绘图区域中创建如下图所示的一条直线。

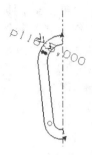

步骤02 进入草图绘制环境，选择【菜单】▶【工具】▶【草图约束】▶【转换至/自参考对象】菜单命令，系统弹出【转换至/自参考对象】对话框后，利用该对话框将直线转换为辅助参考对象（以双点画线形式显示），如下图所示。

步骤05 选择【菜单】▶【插入】▶【草图曲线】▶【圆弧】菜单命令，系统弹出【圆弧】对话框后，绘制如下图所示的圆弧图形。

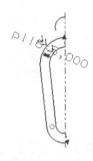

步骤03 分别单击【直接草图】工具条上的【直线】按钮和【圆弧】按钮，绘制如下图所示的直线和圆弧组成的形状。单击【草图约束】工具条中的【几何约束】按钮，弹出【几何约束】对话框后，利用该对话框设置圆弧和直线相交位置相切。

步骤06 利用【草图约束】工具条中的【尺寸约束】功能添加尺寸约束，如下图所示。

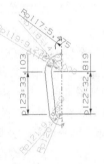

步骤07 选择【菜单】▶【插入】▶【草图曲线】▶【圆角】菜单命令，系统弹出【圆角】对话框后，创建圆角对象，如下图所示。

步骤04 选择【菜单】▶【插入】▶【草图曲线】▶【偏置曲线】菜单命令，系统弹出【偏置曲线】对话框后，对绘制的草图对象进行偏置距离为"5"的偏置操作，得到如下图所示的偏置曲线。

创建的圆角

步骤 **08** 选择【菜单】▶【插入】▶【草图曲线】▶【镜像曲线】菜单命令，系统弹出【镜像曲线】对话框后，在绘图区域中选取辅助参考直线为镜像中心线，选中左侧的全部曲线完成镜像操作，如下图所示。

步骤 **09** 选择【菜单】▶【插入】▶【草图曲线】▶【圆】菜单命令，绘制如下图所示的与顶部圆弧同心的圆。

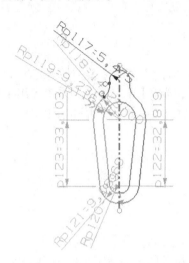

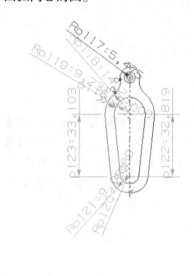

 疑难解答

⚫ **本节视频教程时间：2分钟**

⬤ 内部草图与外部草图有哪些区别

通过"拉伸""旋转"或"变化扫掠"等命令创建的草图是内部草图。当用户希望草图仅与一个特征相关联时，可以使用内部草图。

使用草图命令单独创建的草图是外部草图，可以从部件中的任意位置查看和访问。使用外部草图可以保持草图可见，并可用于多个特征。

内部草图和外部草图之间的区别如下。

（1）内部草图只能从它所属的特征进行访问。它们不在部件导航器中列出，并且不显示在图形窗口中。

（2）外部草图可以从部件导航器和图形窗口访问。

（3）除了草图所属的特征外，不能通过其他任何特征来使用内部草图，除非将其设为外部草图。一旦将草图设为外部草图，该草图原先所属的特征便无法控制它。

第**6**章

草图的编辑及约束

　　本章主要讲解草图编辑及约束等相关功能。在复杂零部件的设计中，熟练、灵活地应用好草图会给设计工作带来很大的方便。

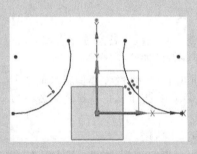
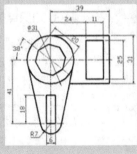
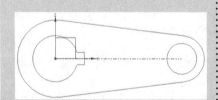

6.1 草图的编辑

🌐 本节视频教程时间：19分钟

UG NX 12.0提供的草图对象编辑功能包括偏置曲线、镜像曲线、阵列曲线及投影曲线等。

6.1.1 偏置曲线

偏置曲线是将草图中的曲线沿指定方向偏置一定的距离而产生的新曲线，同时在草图中会产生一个偏置约束。

● 1. 功能常见调用方法

进入草图绘制环境后，选择【菜单】▶【插入】▶【草图曲线】▶【偏置曲线】菜单命令即可，如下图所示。

● 2. 系统提示

系统会弹出【偏置曲线】对话框，如下图所示。

● 3. 知识点扩展

【偏置曲线】对话框中各选项含义如下。

（1）【要偏置的曲线】区域

• 【选择曲线】 ⌡ ：选择要偏置的曲线或曲线链。曲线链可以是开放的、封闭的或一段开放一段封闭。

（2）【偏置】区域

• 【距离】：指定偏置距离，只有正值才有效。

• 【反向】 ⊠：单击该按钮，使偏置链的方向反向。注意，在某些情况下，该对话框中的按钮和图形窗口中的方向手柄作用方式不同。

• 【创建尺寸】：勾选该复选项，在基链和偏置曲线链之间创建一个厚度尺寸。

●【对称偏置】：勾选该复选项，在基本链的两端各创建一个偏置链。对于完全或部分封闭的轮廓，只有当距离值小到足以对偏置链进行拟合时，系统才会创建内部链。

●【副本数】：指定要生成的偏置链的副本数。系统将偏置链的每个副本按照距离参数所指定的值进行偏置操作。

（3）【链连续性和终点约束】区域

●【显示拐角】：勾选该复选项，在链的每个拐角处都显示拐角手柄。要开放或封闭某个拐角，双击相应的手柄。

●【显示终点】：勾选该复选项，在链的每一端都显示一个端约束手柄。双击该手柄可添加或移除端约束。可以针对偏置链的每个副本单独添加或移除约束。要删除现有偏置的端点约束，用鼠标右键单击该端点约束符号并选择删除，但这不会删除偏置约束。它允许独立于基链移动偏置的一端。

（4）【设置】区域

●【输入曲线转换为参考】：勾选该复选项，将输入曲线转换为参考曲线。输入曲线必须位于活动草图上。

●【次数】：在偏置艺术样条时指定阶次。默认值为3。

●【公差】：在偏置艺术样条、二次曲线或椭圆时指定公差。默认情况下，该值与用户默认设置中的"建模"距离首选项相匹配。

● 4. 实战演练——偏置艺术样条

对样条曲线进行偏置距离为7mm的偏置操作，具体操作步骤如下。

步骤 01 进入草绘环境，选择【菜单】▶【插入】▶【草图曲线】▶【艺术样条】菜单命令，在绘图区域中绘制如下图所示的样条曲线，对尺寸无具体要求。

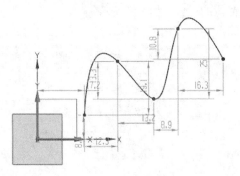

步骤 02 选择【菜单】▶【插入】▶【草图曲线】▶【偏置曲线】菜单命令，系统弹出【偏置曲线】对话框后，进行如下图所示的设置。

步骤 03 在绘图区域中单击选择刚才绘制的样条曲线作为要偏置的曲线，并指定要偏移的方向，如下图所示。

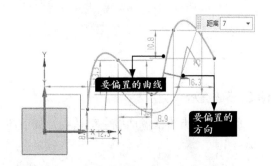

步骤 04 在【偏置曲线】对话框中单击【确定】按钮，结果如下图所示。

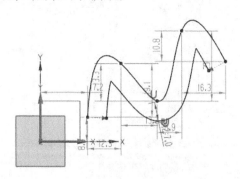

6.1.2 镜像曲线

镜像是以一条直线为中心线，对已经创建的一半部件进行对称复制的操作，生成的新对象与原对象构成一个整体，并且保持相关性，这样可以快速地绘制图形。

● 1. 功能常见调用方法

进入草图绘制环境后，选择【菜单】➤【插入】➤【草图曲线】➤【镜像曲线】菜单命令即可，如下图所示。

● 2. 系统提示

系统会弹出【镜像曲线】对话框，如下图所示。

● 3. 知识点扩展

【镜像曲线】对话框中各选项含义如下。

（1）【要镜像的曲线】区域

●【选择曲线】：指定一条或多条要镜像的草图曲线，创建镜像约束。

（2）【中心线】区域

●【选择中心线】：指定镜像中心线。可选择当前草图内部或外部的直线、边、基准轴。

（3）【设置】区域

●【中心线转换为参考】：勾选该复选项，将活动中心线转换为参考。如果中心线为基准轴，则沿该轴创建一条参考线。

●【显示终点】：勾选该复选项，显示端点约束，以便移除或添加它们。如果移除端点约束，然后编辑原先的曲线，则未约束的镜像曲线将不会更新。

● 4. 实战演练——镜像圆弧对象

利用"镜像曲线"功能镜像圆弧对象，具体操作步骤如下。

步骤01 打开随书资源中的"素材\CH06\镜像曲线.prt"文件，如下图所示。

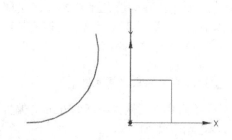

步骤02 双击绘图区域中的图形对象进入草图环境，选择【菜单】➤【插入】➤【草图曲线】➤【镜像曲线】菜单命令，系统弹出【镜像曲线】对话框后，在绘图区域中选择圆弧对象作为需要镜像的对象，如下图所示。

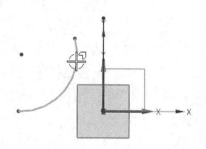

步骤03 在【镜像曲线】对话框中单击激活【选择中心线】选项，然后在绘图区域中选择竖直线作为中心线，如下图所示。

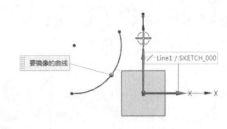

步骤04 在【镜像曲线】对话框中单击【确定】按钮后，结果如下图所示。

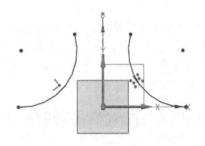

6.1.3 阵列曲线

使用"阵列曲线"命令可以对与草图平面平行的边、曲线和点设置阵列。

● 1. 功能常见调用方法

进入草图绘制环境后，选择【菜单】▶【插入】▶【草图曲线】▶【阵列曲线】菜单命令即可，如下图所示。

● 2. 系统提示

系统会弹出【阵列曲线】对话框，如下图所示。

● 3. 实战演练——创建曲线的相关阵列

通过一个实例介绍如何在 *x* 和 *y* 方向创建曲线阵列，具体操作步骤如下。

步骤01 打开随书资源中的"素材\CH06\阵列曲线.prt"文件，如下图所示。

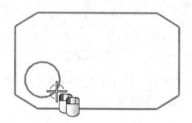

步骤02 双击绘图区域中的图形对象进入草图环境，选择【菜单】▶【插入】▶【草图曲线】▶【阵列曲线】菜单命令，打开【阵列曲线】对话框，如下图所示。

步骤03 选择圆形曲线作为需要阵列的曲线，如下图所示。

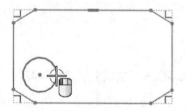

步骤04 单击鼠标中键以前进至下一步，使用【布局】下拉列表中默认的【线性】选项，选择线性对象以定义方向1，如下图所示。

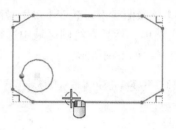

步骤05 如果方向矢量指向相反的方向，单击【反向】按钮，如下图所示。

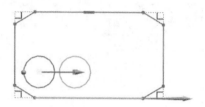

步骤06 从【间距】下拉列表中选择【数量和间隔】。在【数量】框中输入"3"，在【节距】框中输入"50"，结果如下图所示。

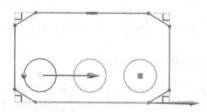

步骤07 在【方向2】组中，选中【使用方向2】复选项。选择线性对象以定义方向2，如下图所示。

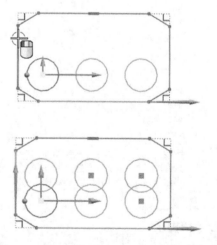

步骤08 从【间距】下拉列表中选择【数量和间隔】。在【数量】框中输入"2"，在【节距】框中输入"35"，结果如下图所示。

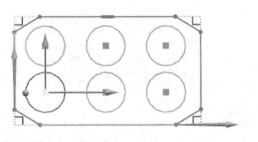

阵列，结果如下图所示。

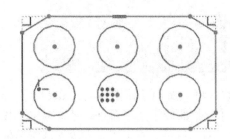

步骤09 选择另一个命令或单击应用以创建

6.1.4 投影曲线

该功能用于将投影对象按垂直于草图平面的方向投影到草图中，使其成为草图对象。

● 1. 功能常见调用方法

进入草图绘制环境后，选择【菜单】➤【插入】➤【草图曲线】➤【投影曲线】菜单命令即可，如下图所示。

● 2. 系统提示

系统会弹出【投影曲线】对话框，如下图所示。

● 3. 知识点扩展

【投影曲线】对话框中【设置】区域各个选项的含义如下。

（1）【关联】复选项

该选项用于设置在草图平面上产生的投影曲线与原曲线是否产生关联。如果选择该复选项，在原曲线发生变化时，产生的投影曲线也会发生相应的变化。

（2）【输出曲线类型】下拉列表

该下拉列表用于设置投影操作后的曲线在草图上所采用的类型，分别为"原先""样条段"和"单个样条"。

（3）【公差】文本框

该文本框所设置值的大小决定投影的多段曲线投影到草图平面后是否彼此连接。如果设定的公差值大于曲线之间的距离，产生的投影曲线将彼此连接。

● 4. 实战演练——创建模型投影边

通过一个实例介绍如何创建模型投影边，具体操作步骤如下。

步骤01 打开随书资源中的"素材\CH06\投影曲线.prt"文件，如下图所示。

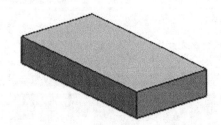

步骤02 选择【菜单】➤【插入】➤【草图】菜单命令，系统弹出【创建草图】对话框后，选择系统默认的草图平面，单击【确定】按钮，完成草图工作平面的创建，如下图所示。

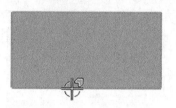

步骤 03 选择【菜单】▶【插入】▶【草图曲线】▶【投影曲线】菜单命令，系统弹出【投影曲线】对话框后，根据提示在绘图区域内依次单击如下图所示的曲线（或直接单击该表面）以指定要投影的曲线。

步骤 04 选择完成后单击【确定】按钮，然后单击【直接草图】工具条上的【完成草图】按钮，退出草图编辑状态，结果如下图所示。此时已将投影对象添加成为草图对象。

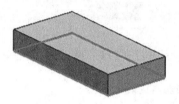

6.2 草图的约束

🔵 **本节视频教程时间：38 分钟**

UG NX 12.0提供的草图约束功能包括尺寸约束、几何约束及定位约束等。

6.2.1 尺寸约束

草图的尺寸约束功能用于限制草图对象的大小。

● 1. 功能常见调用方法

进入草图绘制环境后，选择【菜单】▶【插入】▶【草图约束】▶【尺寸】菜单命令中的任意子菜单命令即可，如下图所示。

● 2. 系统提示

在这里选择【线性】子菜单命令，系统会

弹出【线性尺寸】对话框，如下图所示。

3. 知识点扩展

在对草图进行尺寸约束时，UG NX 12.0提供了多种方式来约束草图图形。

（1）【自动判断】

选择该方式时，系统根据所选对象的类型、光标与所选对象的相对位置自动采用相应的标注方式。一般使用这种标注方式比较方便。

（2）【水平】

选择该方式时，系统对所选对象进行水平方向上的尺寸约束。标注的尺寸为绘图区域内所选两点连线在水平方向的投影长度，如下图所示。

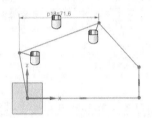

> **小提示**
>
> 当旋转工作坐标时，尺寸标注的方向也会随之改变。水平标注方式的尺寸约束限制的距离位于两点之间。

（3）【竖直】

选择该方式时，系统对所选对象进行竖直方向上的尺寸约束。标注的尺寸为绘图区域内所选两点连线在竖直方向的投影长度，如下图所示。

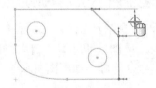

> **小提示**
>
> 当旋转工作坐标时，尺寸标注的方向也会随之改变。竖直标注方式的尺寸约束限制的距离位于两点之间。

（4）【点到点】

选择该方式时，系统对所选对象进行平行于对象的尺寸约束。标注的尺寸为平行于绘图区域内所选两点的连线，如下图所示。

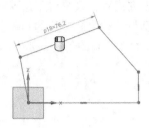

（5）【垂直】

选择该方式时，系统对所选的点到直线的距离进行尺寸约束。标注的尺寸为绘图区域内所选的点到所选直线的垂直距离的长度，如下图所示。

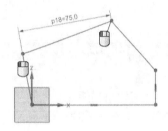

（6）【直径】

选择该方式时，系统对所选的圆弧对象进行直径尺寸约束。标注的尺寸为绘图区域内所选圆或圆弧的直径。

> **小提示**
>
> 使用该方式所选的圆或圆弧必须是在草图模式中创建的。

（7）【径向】

选择该方式时，系统对所选的圆弧对象进行半径尺寸约束。标注的尺寸为绘图区域内所选圆或圆弧的半径，如下图所示。

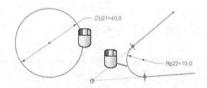

> **小提示**
>
> 使用该方式所选的圆或圆弧必须是在草图模式中创建的。

（8）【成角度】

选择该方式时，系统对所选两条直线的夹角进行角度尺寸约束。标注的角度为绘图区域内所选两条直线夹角的角度，如下图所示。

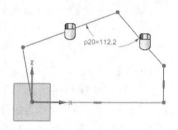

（9）【周长】

选择该方式时，系统对所选对象进行周长的尺寸约束。标注的尺寸为绘图区域内所选一段或多段曲线的总长度。

6.2.2 几何约束

草图的几何约束功能用于限制草图对象的形状和确定草图对象之间的相互位置关系。

UG NX 12.0提供了3种方式给草图对象添加几何约束，分别为手工约束、自动判断约束和自动约束。

● 1. 功能常见调用方法（手工约束）

进入草图绘制环境后，选择【菜单】▶【插入】▶【草图约束】▶【几何约束】菜单命令即可，如下图所示。

● 2. 系统提示（手工约束）

系统会弹出【几何约束】对话框，如下图所示。

● 3. 功能常见调用方法（自动判断约束）

进入草图绘制环境后，选择【菜单】▶【工具】▶【草图约束】▶【自动判断约束和尺寸】菜单命令即可，如下图所示。

● 4. 系统提示（自动判断约束）

系统会弹出【自动判断约束和尺寸】对话框，如下图所示。

5. 功能常见调用方法（自动约束）

进入草图绘制环境后，选择【菜单】▶【工具】▶【草图约束】▶【自动约束】菜单命令即可，如下图所示。

6. 系统提示（自动约束）

系统会弹出【自动约束】对话框，如下图所示。

7. 知识点扩展

在对草图进行约束时，UG NX 12.0提供以下类型的几何约束添加到草图对象上。

● 【固定】：选择该方式，会将草图对象固定在某个位置上。对于不同的对象，有不同的固定方法，如点一般为其所在位置，直线一般为其角度或端点，圆和椭圆一般为其圆心等。

● 【完全固定】：选择该方式，创建足够的约束，以便通过一个步骤来完全定义草图几何形状的位置和方向。

● 【水平】：选择该方式，会定义直线为水平直线。

● 【竖直】：选择该方式，会定义直线为竖直直线。

● 【相切】：选择该方式，会定义选取的两条曲线相切。

● 【平行】：选择该方式，会定义两条直线互相平行。

● 【垂直】：选择该方式，会定义两条直线相互垂直。

● 【共线】：选择该方式，会定义两条直线或多条直线共线。

● 【同心】：选择该方式，会定义两个（或多个）圆或椭圆同心。

● 【等长】：选择该方式，会定义两条或多条曲线的长度相等。

● 【等半径】：选择该方式，会定义两条或多条圆弧的半径相等。

● 【定长】：选择该方式，会定义选取的曲线为固定的长度。

● 【定角】：选择该方式，会定义选取的直线为固定的角度。

● 【点在曲线上】：选择该方式，会定义指定点在指定线上。

● 【重合】：选择该方式，会定义两个或多个点重合。

● 【中点】：选择该方式，会定义指定点位于曲线的中点。

● 【点在线串上】：选择该方式，会定义指定点在指定抽取的线串上。

● 【均匀比例】：选择该方式，在移动样条曲线的两个端点时，会使样条曲线的形状保持不变。

● 【非均匀比例】：选择该方式，在移动样条曲线的两个端点时，会使样条曲线沿水平方向缩放，且保证垂直方向的尺寸不变。

6.2.3 实战演练——创建几何约束

本小节讲解创建草图及添加几何约束，具体操作步骤如下。

步骤01 选择【菜单】➤【插入】➤【草图】菜单命令，根据提示选择基准坐标系的 xz 平面，如下图所示。

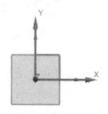

步骤02 选择【菜单】➤【工具】➤【草图约束】菜单命令，确保以下选项处于活动状态——【显示草图约束】⁄、【连续自动标注尺寸】、【创建自动判断约束】。

步骤03 选择【菜单】➤【插入】➤【草图曲线】➤【轮廓】菜单命令，绘制如下图所示的草图，不需要显示精确尺寸。

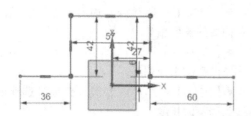

步骤04 选择【菜单】➤【插入】➤【草图曲线】➤【圆角】菜单命令，选择拐角附近的两条线，单击以定位圆角，如下图所示，不需要输入精确半径。

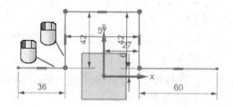

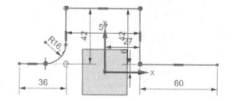

步骤05 对其他3个拐角处重复上述圆角操作，如下图所示。

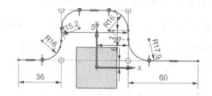

步骤06 选择【菜单】➤【插入】➤【草图约束】➤【几何约束】菜单命令，系统弹出【几何约束】对话框后，单击选择【共线】约束方式，并选择两条下部水平线，使其与基准轴共线，然后单击鼠标中键以进入下一个选择步骤，如下图所示。

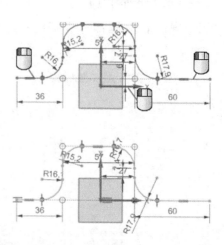

步骤07 单击选择【中点】—约束方式，并选择上部水平线，然后单击鼠标中键，选择基准坐标系的原点，使其保持在基准坐标系中的居

中位置，如下图所示。

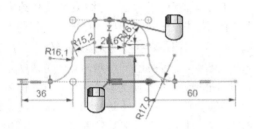

步骤08 约束4个圆弧，使它们的半径相同。单击选择【等半径】≈ 约束方式，选择前3个圆弧，然后单击鼠标中键，选择最后一条圆弧，如下图所示。

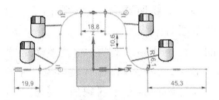

步骤09 约束草图的两条边，使它们的长度相同。单击选择【等长】= 约束方式，选择第一条下部水平线，然后单击鼠标中键，选择第

二条水平线。该草图被约束为位于 x 轴，且对称，有4个自动创建的尺寸，如下图所示。

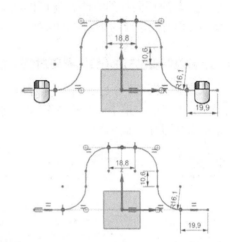

步骤10 单击【主页】选项卡➤【直接草图】组➤【完成草图】按钮，结果如下图所示。

6.2.4 约束操作

在对草图对象添加相关的约束条件后，UG NX 12.0还提供了相关的功能对所添加的约束进行编辑，以便进一步修改草图对象。

● **1. 功能常见调用方法（草图约束方式另解）**

进入草图绘制环境后，选择【菜单】➤【工具】➤【草图约束】➤【备选解】菜单命令即可，如下图所示。

● **2. 系统提示（草图约束方式另解）**

系统会弹出【备选解】对话框，如下图所示。

● **3. 知识点扩展（草图约束方式另解）**

对一个草图对象进行约束操作时，同一约束条件可能存在多种解决的方法。采用约束方式的替换操作可以从约束的一种解法转为另一种解法。系统弹出【备选解】对话框后，可以根据系统的提示选择操作对象，此时可以在绘

图区域内选取要进行替换操作的对象。选择对象后，所选对象则直接转换为同一约束的另一种约束方式。应用同样的方法，还可以继续选择其他的操作对象进行约束方式的转换。

● 4. 功能常见调用方法（转换参考对象）

进入草图绘制环境后，选择【菜单】▶【工具】▶【草图约束】▶【转换至/自参考对象】菜单命令即可，如下图所示。

● 5. 系统提示（转换参考对象）

系统会弹出【转换至/自参考对象】对话框，如下图所示。

● 6. 知识点扩展（转换参考对象）

在为草图对象添加几何约束和尺寸约束的过程中，有些草图对象和尺寸可能会引起约束冲突，这时可以使用转换参考对象的操作来解决这一冲突问题。【转换至/自参考对象】对话框用于将草图曲线或尺寸转换为参考对象，或者将参考对象转换为草图对象。【转换为】区域用来设置转换方式，其中包含以下两种方式。

（1）【参考曲线或尺寸】：选中该单选项，系统会将所选对象由草图对象或尺寸转换为参考对象。

（2）【活动曲线或驱动尺寸】：选中该单选项，系统会将所选的参考对象激活，转换为当前的草图对象或尺寸。

曲线转换成参考对象后，系统将以浅色双点画线显示，在实体拉伸和旋转操作中它不起作用。尺寸转换为参考对象后，它仍然在草图中显示，并且可以更新，但其尺寸表达式在表达式列表框中消失，它不再对原来的几何对象产生约束。

> **小提示**
>
> 也可以在选中草图对象后单击鼠标右键，在弹出的快捷菜单中选择【转换至/自参考对象】命令，系统自动将草图对象转换为参考对象。

6.2.5 实战演练——绘制机械基座草图

本小节创建机械基座草图，创建过程中主要会应用到草图的绘制及编辑功能，具体操作步骤如下。

步骤 01 创建一个新的模型文件，然后选择【菜单】▶【插入】▶【草图】菜单命令，系统弹出【创建草图】对话框，在【草图类型】下拉列表中选择【在平面上】选项，然后选择坐标平面 *YC-ZC*作为草图平面，并单击【确定】按钮，如下图所示。

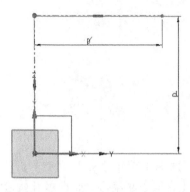

步骤 02 进入草图绘制环境后，选择【菜单】▶
【插入】▶【草图曲线】▶【直线】菜单命令，
系统弹出【直线】对话框后，选择【参数模
式】，将光标移至基准 CSYS 原点上方，并
且在看到【捕捉到点】图标时，单击以开始绘
制第1条直线。向上移动光标，以便查看竖直约
束辅助线，然后输入【长度】为 "41"、【角
度】为 "90"，单击以完成第1条直线的绘制。
接着向右绘制长度为39的直线，结果如下图所
示。

步骤 04 选择【菜单】▶【插入】▶【草图曲
线】▶【圆】菜单命令，系统弹出【圆】对话
框后，选择【参数模式】，捕捉基准 CSYS
原点，输入【直径】为 "14"，绘制一个圆，
然后以两条直线交点为圆心分别绘制直径为31
和20的两个圆，如下图所示。

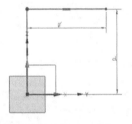

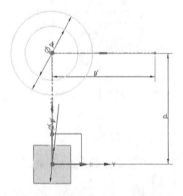

步骤 03 选择绘制的直线，单击鼠标右键，在
弹出的快捷菜单中选择【编辑显示】菜单命
令，系统弹出【编辑对象显示】对话框后，将
线型设置为【双点长画线】，颜色设置为【红
色】，将该直线作为辅助中心线，单击【确
定】按钮完成设置，如下图所示。

步骤 05 选择【菜单】▶【插入】▶【草图曲
线】▶【多边形】菜单命令，在打开的对话框
中将【中心点】捕捉两条直线的交点，然后将
大小设置为【外接圆半径】，选择为圆创建多
边形，如下图所示。

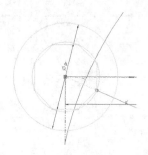

线，捕捉相应的点，绘制水平距离为6、垂直距离为18的直线，如下图所示。

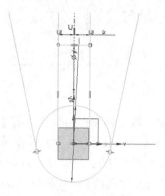

步骤06 选择【菜单】▶【插入】▶【草图曲线】▶【直线】菜单命令，即可开始绘制相切直线，系统会自动捕捉相切点，如下图所示。

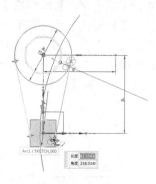

步骤09 捕捉相应的点，继续进行相应直线的绘制，如下图所示。

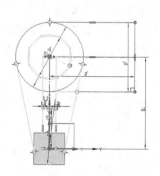

步骤07 选择【菜单】▶【插入】▶【草图曲线】▶【偏置曲线】菜单命令，将中心线分别向左和向右偏置3mm的距离，如下图所示。

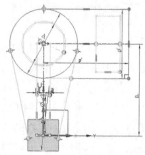

步骤10 单击【曲线】选项卡▶【直接草图】组▶【快速修剪】按钮，修剪图形结果如下图所示。

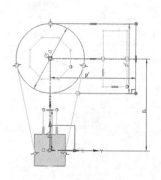

步骤08 选择【菜单】▶【插入】▶【草图曲线】▶【直线】菜单命令，即可开始绘制直

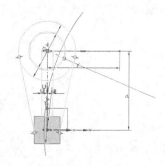

第6章
草图的编辑及约束

步骤⑪ 将不需要的线条删除，单击【完成草图】按钮退出草图，如下图所示。

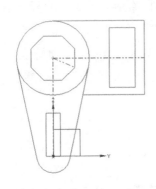
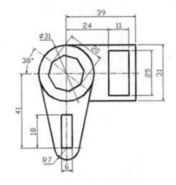

6.3 综合应用——绘制连接件草图

本节视频教程时间：9分钟

本节使用草图相关命令在草图模式下创建一个连接件草图，具体操作步骤如下。绘制过程中主要会应用到草图的绘制及编辑功能。

步骤01 创建一个新的模型文件，选择【菜单】▶【插入】▶【草图】菜单命令，系统弹出【创建草图】对话框后，在【平面方法】下拉列表中选择【在平面上】选项，然后选择坐标平面YC-ZC作为草图平面，单击【确定】按钮，如下图所示。

步骤02 选择【菜单】▶【插入】▶【草图曲线】▶【直线】菜单命令，系统弹出【直线】对话框后，选择【参数模式】，将光标移至基准CSYS原点上方，并且在看到【捕捉到点】图标时，单击以开始绘制第1条直线。向右移动光标，以便查看竖直约束辅助线，然后输入【长度】为"85"、【角度】为"0"，单击以完成第1条直线的绘制，如下图所示。

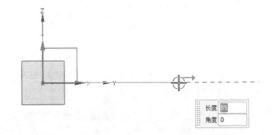

步骤03 选择绘制的直线，单击鼠标右键，在弹出的快捷菜单中选择【编辑显示】命令，如下图所示。

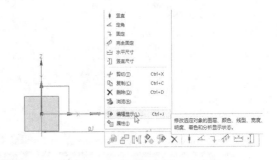

步骤04 系统打开【编辑对象显示】对话框，将线型设置为【双点长画线】，颜色设置为【红色】，将该线作为辅助中心线，单击【确定】按钮完成设置，如下图所示。

111

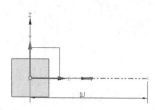

步骤 05 单击【曲线】选项卡➤【直接草图】组➤【圆】按钮即可开始绘制圆形，在【圆】对话框中选择【参数模式】，捕捉基准 CSYS 原点，输入【直径】为"30"，绘制一个圆，再绘制一个直径为50的圆，如下图所示。

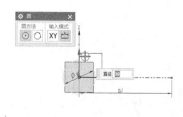

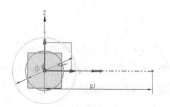

步骤 06 使用相同的方法，以中心线右侧的点为圆心绘制两个圆，直径分别为30和20，如下图所示。

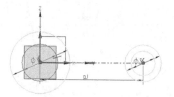

步骤 07 打开【相切】约束，单击【曲线】选项卡➤【直接草图】组➤【几何约束】按钮，打开【几何约束】对话框，单击【相切】约束按钮，如下图所示。

步骤 08 单击【曲线】选项卡➤【直接草图】组➤【直线】按钮即可开始绘制相切直线，系统会自动捕捉相切点，如下图所示。

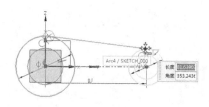

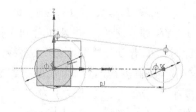

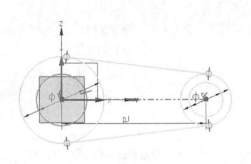

步骤 09 单击【曲线】选项卡➤【直接草图】组➤【快速修剪】按钮，修剪图形效果如下图所示。

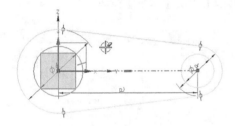

步骤 10 单击【曲线】选项卡➤【直接草图】组➤【偏置曲线】按钮 ，将中心线分别向上和向下偏置4mm的距离，如下图所示。

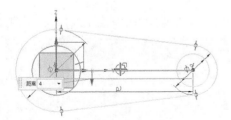

步骤 11 单击【曲线】选项卡➤【直接草图】组➤【快速修剪】按钮，修剪图形效果如下图所示。

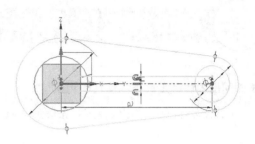

步骤 12 单击【曲线】选项卡➤【直接草图】组➤【直线】按钮即可开始绘制直线，捕捉修剪后的点，绘制水平距离为5的直线，如下图所示。

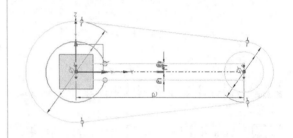

捕捉此点，水平绘制长度为5的线

步骤 13 将偏置出来的线条删除，单击【完成草图】按钮退出草图，结果如下图所示。

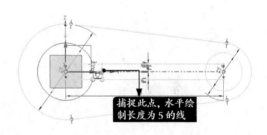

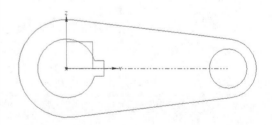

疑难解答

本节视频教程时间：4分钟

如何使用快捷工具条创建几何约束

下面来讲解如何使用快捷工具条添加几何约束，如下图所示。

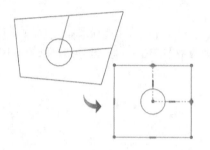

步骤 01 确保【显示草图约束】处于活动状态。

步骤 02 选择如下图所示的3条线，然后在快捷工具条上单击【竖直】按钮。

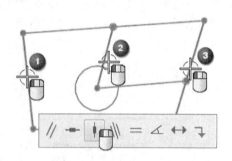

> **小提示**
>
> 要显示快捷工具条（如果未看到它），用鼠标右键单击选定的对象之一。

步骤 03 选择如下图所示的3条线，然后在快捷工具条上单击【水平】按钮。

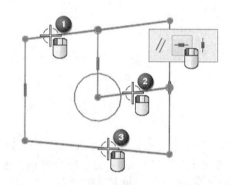

步骤 04 单击【主页】选项卡▶【直接草图】组▶【完成草图】按钮，退出操作。

第 **7** 章

曲线的绘制

学习目标

　　本章主要讲解UG NX 12.0的曲线绘制功能。在学习的过程中应重点掌握直线、圆弧、圆、倒圆角等几何图形的绘制方法及技巧，这将会提高三维模型的设计效率。

学习效果

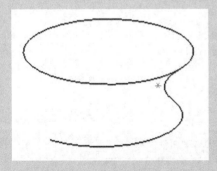
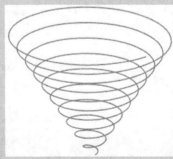
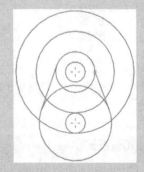

7.1 工作平面预设

本节将对工作平面预设功能进行介绍。

● 1. 功能常见调用方法

选择【菜单】➤【首选项】➤【栅格】菜单命令即可，如下图所示。

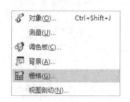

● 2. 系统提示

系统会弹出【栅格首选项】对话框，如下图所示。

● 3. 知识点扩展

【栅格首选项】对话框中的【类型】区域主要包括【矩形均匀】、【矩形非均匀】和【极坐标】3个选项，如下图所示。选择不同的类型，【栅格】对话框中【栅格大小】区域的内容也会不同。

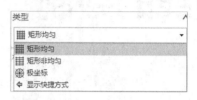

（1）【矩形均匀】类型

选择【矩形均匀】类型时，【栅格大小】区域的选项含义如下。

● 【主栅格间隔】文本框：设置栅格大小为多少个栅格单位。

● 【主线间的辅线数】文本框：设置着重线的密度，例如输入3，表示每隔3个栅格有一条着重线。

● 【辅线间的捕捉点数】文本框：设置辅线间的捕捉点数量。

（2）【矩形非均匀】类型

选择【矩形非均匀】类型时，【栅格大小】区域包含的选项如下图所示。

xc、*yc*为设置栅格线的位置，具体的栅格单位、栅格线间隔和着重线间隔表示分别在该位置的栅格单位、栅格线间隔和着重线间隔。

（3）【极坐标】类型

选择【极坐标】类型时，【栅格大小】区域包含的选项如下图所示。

【栅格首选项】对话框中的【栅格大小】区域主要是对栅格进行相应的设置。

7.2 可视化参数预设

 本节视频教程时间：11 分钟

 该功能用于设置影响可视化的首选项，包括显示、颜色、线、着色、性能、屏幕、透视和特殊效果等。

● 1. 功能常见调用方法

选择【菜单】▶【首选项】▶【可视化】菜单命令即可，如下图所示。

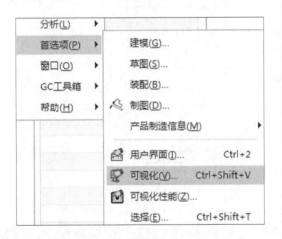

● 2. 系统提示

系统会弹出【可视化首选项】对话框，如右图所示。

● 3. 知识点扩展

【可视化首选项】对话框的常用选项卡介绍如下。

（1）【名称/边界】选项卡

用于指定对象名称的显示属性，并控制视图名和边界的显示。通过该选项卡可以打开、关闭和更改对象名称的参数，以及启用视图的名称和边界，如下图所示。

（2）【直线】选项卡

用于设置在显示时，当前视图中的非实线线型的尺寸、公差是否按线型宽度显示对象等参数，如下图所示。

（3）【特殊效果】选项卡

用于设置是否用特殊效果显示对象。选用该选项卡，可以控制雾化效果或启用工作视图的立体视图，如下图所示。

选中【雾】复选项，可以单击【雾设置】按钮，弹出【雾】对话框，从中设置雾效显示，如下图所示。

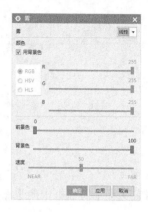

【雾】下拉列表中有【线性】、【浅色】和【深色】3个选项。选中【用背景色】复选项时则使用背景颜色。当需要自定义雾效颜色时，不能选中【用背景色】复选项，而应通过颜色系统选项选择合适的颜色系统，通过滑块设置自定义的雾效颜色。

（4）【视图/屏幕】选项卡

用于设置视图拟合比例和校准屏幕的物理尺寸，如下图所示。

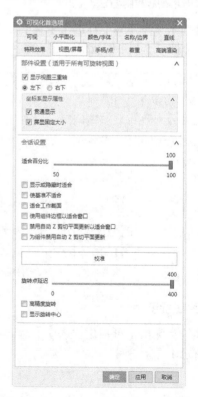

（5）【可视】选项卡

用于设置视图的显示效果，如下图所示。

【常规显示设置】区域的选项如下。

①【渲染样式】下拉列表：用于控制视图中曲面对象的外观。【渲染样式】下拉列表中主要包括的选项如下图所示。

②【着色边颜色】下拉列表：该选项用于设置着色边颜色参数，单击该选项旁边的颜色按钮可以从调色板中设置颜色。主要有如下图所示的几种参数。

③【隐藏边样式】下拉列表：选中该选项后设置隐藏边的显示模式，如下图所示。

④【光亮度】滑块：通过滑块设置着色的亮度。

⑤【两侧光】复选项：控制照亮选中边两侧光的方向。滑块条指示光的强度。

⑥【透明度】复选项：设置对象在着色显示时是否进行透明处理。

⑦【线条反锯齿】复选项：设置是否消除线条显示时的失真现象。

⑧【全景反锯齿】复选项：设置是否消除全景显示时的失真现象。

⑨【着重边】复选项：设置是否在对象显示时突出对象边缘。

⑩【高级艺术外观显示】复选项：控制实现改善的艺术外观渲染样式。

【边显示设置】区域的选项如下图所示。

①【隐藏边】下拉列表：确定隐藏边在选中视图中是如何显示的。

②【轮廓线】复选项：设置是否显示圆锥、圆柱和球等实体的轮廓线，选中时显示。

③【光顺边】复选项：控制是否显示相切的面所共有的边。

（6）【小平面化】选项卡

用于指定公差和其他通过模型数据计算小平面几何体的选项，如下图所示。

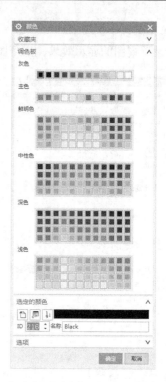

【着色视图】区域的【分辨率】下拉列表中有【粗糙】、【标准】、【精细】、【特精细】、【极精细】和【用户定义】6个选项，用户可以根据硬件条件和需要选择合适的选项，如下图所示。

当选择【用户定义】选项时，用户可以在其中设置分辨率公差值，如下图所示。

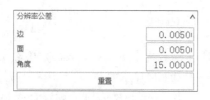

（7）【颜色/字体】选项卡

用于设置部件在操作的过程中的颜色属性，以及进程中的颜色属性和在图纸中显示部件的颜色属性。可以根据需要单击颜色块进入【颜色】对话框，然后从中选择合适的颜色。

选择【菜单】➤【首选项】➤【调色板】菜单命令，弹出【颜色】对话框，如下图所示。用于创建或导入颜色文件，对颜色进行编辑和改变背景颜色。

单击【编辑背景】按钮，弹出【编辑背景】对话框，用户可以在其中设置视图背景的颜色等。单击对话框中的色块进入【颜色】对话框，从中可以编辑需要的颜色，如下图所示。

单击【调色板】选项卡中的【编辑颜色】按钮，弹出【颜色】对话框，用户从中可以自定义颜色，如下图所示。

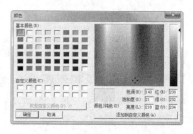

7.3 简单曲线的绘制

◎ 本节视频教程时间：67分钟

简单曲线绘制功能包括点和点集、直线、圆弧、圆、圆角和倒斜角等的绘制。

7.3.1 点和点集

创建点的操作具体可以通过"点"对话框和在其他操作功能对话框中以"点方法"选项来实现。

● 1. 功能常见调用方法（点的创建）

选择【菜单】➤【插入】➤【基准/点】➤
【点】菜单命令即可，如下图所示。

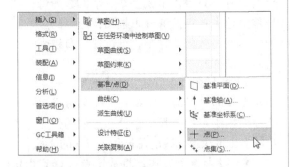

● 2. 系统提示（点的创建）

系统会弹出【点】对话框，如下图所示。

● 3. 实战演练——创建点

步骤 01 选择【菜单】➤【插入】➤【基准/点】➤
【点】菜单命令，系统弹出【点】对话框后，
进行如下图所示的设置。

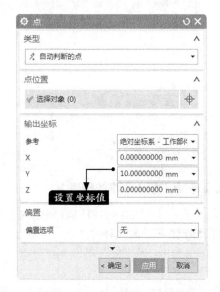

步骤 02 在【点】对话框中单击【确定】按钮，
结果如下图所示。

创建结果

● 4. 功能常见调用方法（点集的创建）

选择【菜单】➤【插入】➤【基准/点】➤
【点集】菜单命令即可，如下图所示。

5. 系统提示（点集的创建）

系统会弹出【点集】对话框，如下图所示。

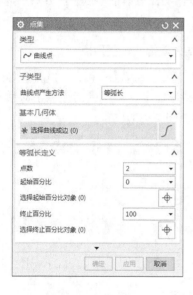

6. 知识点扩展（点集的创建）

从【点集】对话框中可以看到创建点集的方式有如下图所示的几种方式。

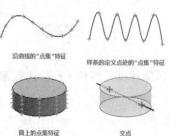

沿曲线的"点集"特征　　样条的定义点处的"点集"特征

面上的点集特征　　　　交点

（1）【曲线点】方式

沿现有曲线创建一组点。选择【曲线点】类型，即可设置相关参数。其中【曲线点产生方法】下拉列表中提供了5种方式，下面逐一讲解。

● 【等弧长】方式：在点集的起始点和结束点之间，按点间等弧长的方法创建指定个数的点集。

● 【等参数】方式：用【等参数】方式创建点集的步骤与用【等弧长】方式创建的步骤相同。

● 【几何级数】方式：用【几何级数】方式创建点集需要指定比率，以确定点集中彼此相邻后两点之间的距离与彼此相邻前两点之间距离的倍数。

● 【弦公差】方式：用【弦公差】方式创建点集时，只需指定弦公差一个参数即可。弦公差值越大，点位置分布越稀，产生的点数越少；相反，弦公差越小，点位置分布越密，产生的点数越多。

● 【增量弧长】方式：用【增量弧长】方式创建点集时，只需指定弧长一个参数即可，系统会根据给定的弧长值来分布点群的位置，点数的多少取决于曲线的总长和两点间的弧长。

● 【投影点】方式：将选定点投影到指定的曲线，并在该位置创建一个点。如果投影点未投影在选定曲线上，就要在最靠近投影点可能落下的曲线末端处创建一个点。如果选择了多条曲线，就要在每条曲线上创建一个点。如果选择了多个点，就要将每个点投影到曲线。投影到同一位置的多个点创建重叠点。

● 【曲线百分比】方式：以表示指定百分比的距离在每条曲线上创建点。例如，如果选择3条曲线并将曲线百分比指定为10%，则将在每条曲线上10%的曲线长度位置上创建点。

（2）【样条点】方式

在样条的节点、极点或定义点处创建一组点，如下图所示。

● 【定义点】：允许用户在样条的定义点处创建一组点。样条必须是一个通过点样条，过极点样条没有定义点。

● 【结点】：允许用户在现有样条的结点处创建一组点。用户可以在任意多的样条上创建点集，每次选择一个样条，都会在它的结点处创建一点，如下图所示。

● 【极点】：用于在任意样条的极点处创建点。这些点可用于创建相邻的样条，并保持两条曲线相连处的斜率的连续性。选择样条时，会在曲线的各个极点处创建点，包括端点，如下图所示。

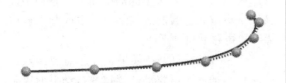

（3）【面的点】方式

在现有面上创建一组点。在整个面上创建点，忽略修剪面的方式，如下图所示。

● 【阵列】：在整个面上创建点，忽略修剪面的方式，如下图所示。

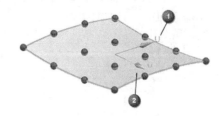

① u 向 ② v 向

● 【面百分比】：以指定的 u 和 v 百分比值在一个或多个面上添加点，如下图所示。

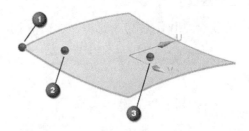

① 在选定面上的 $u = 0\%$, $v = 0\%$ 位置上创建的点。

② 在选定面上的 $u = 20\%$, $v = 20\%$ 位置上创建的点。

③ 在选定面上的 $u = 60\%$, $v = 60\%$ 位置上创建的点。

【B 曲面极点】：允许在任意面的极点处创建点。这些点可用于创建相连的片体，同时面的底层 B 曲面在两体相接处保持切向连续性。在选择面时，将在曲面的每个极点处创建点，这些点包括沿着面边缘的点，如下图所示。

（4）【交点】方式

创建一组相交点作为一个特征。它们可以与隔离特征的对象结合使用，如右图所示。

7.3.2 直线

使用"直线"命令可创建直线段。

1. 功能常见调用方法

选择【菜单】➤【插入】➤【曲线】➤【直线】菜单命令即可，如下图所示。

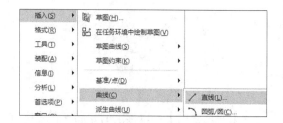

2. 系统提示

系统会弹出【直线】对话框，如下图所示。

3. 知识点扩展

【直线】对话框中的相关选项含义如下。

（1）开始和结束直线的选项

【起点选项】/【终点选项】：用于定义直线的起点与终点选项。

● 🦋【自动判断】：根据选择的对象来确定要使用的最佳起点与终点选项。

● ┼【点】：用于通过一个或多个点来创建直线。

● ⌇【相切】：用于创建与弯曲对象相切的直线。

（2）公共选项

① 【平面选项】：使用【支持平面】组中的【平面选项】可指定要构建直线的平面。

从以下选项中选择。

● 【自动平面】：软件会根据指定的直线起点与终点来自动判断临时自动平面。如果指定的终点与起点处于不同的平面上，自动平面会发生更改以包含起点与终点。更改起点或终点时也可移动自动平面。

● 【锁定平面】：如果更改起点或终点，则使自动平面不可移动。锁定的自动平面以基准平面对象的颜色显示。用户可以通过双击自动平面或选择此选项锁定自动平面及对自动平面解锁。

● 【选择平面】：启用指定平面选项，可定义用于构建直线的平面。

② 【起始限制】/【终止限制】：使用

【支持平面】组中的【起始限制】与【终止限制】选项，可以指定限制直线开始与结束位置的点、对象或距离值。

- 【值】：用于为直线的起始或终止限制指定数值。

- 【在点上】：用于通过【捕捉点】选项为直线的起始或终止限制指定点。

- 【直至选定】：用于在所选对象的限制处开始或结束直线。

- ⊕【选择对象】：用于选择对象，以定义直线的起始或终止限制（曲线、面、边或基准对象）。

- 【距离】：在【起始限制】或【终止限制】设置为【值】或【在点上】时可用。用于输入数值，以指定从起始和终止限制到直线起点的距离，以及从直线起点的距离。

（3）【设置】

- 【关联】：使直线成为关联特征。关联的直线显示在部件导航器中，名称为 LINE。它们自动更新，并可通过【直线】命令进行编辑。

7.3.3 实战演练——通过多种方式创建直线

本小节将分别通过"直线"菜单命令、"基本曲线（原有）"菜单命令及"直线和圆弧"菜单命令等多种方式创建直线，具体操作步骤如下。

● 1.通过【直线】命令绘制直线

步骤01 选择【菜单】▶【插入】▶【曲线】▶【直线】菜单命令，系统弹出【直线】对话框后，在绘图区域内单击以指定直线的起点，如下图所示。

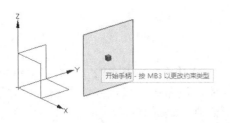

步骤02 沿 y 轴平移光标到另一点处单击以指定直线的终点，如下图所示。或在【长度】文本框中输入长度"71"，按【Enter】键确认。

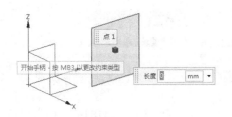

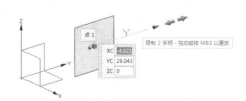

步骤03 单击【确定】按钮后，完成直线的绘制，结果如下图所示。

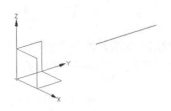

小提示

在绘制直线的过程中，绘图区域会伴随着显示直线长度、点坐标的文本框出现。

● 2.通过【基本曲线（原有）】命令绘制直线

步骤01 选择【菜单】▶【插入】▶【曲线】▶【基本曲线（原有）】菜单命令，打开【基本

曲线】对话框，选中【线串模式】复选项，如
下图所示。

步骤 02 在【点方法】下拉列表中选择【点构造器】选项，弹出【点】对话框，如下图所示。

步骤 03 利用点构造器指定多个点，系统将自动绘制通过各点且首尾连接的连续直线，如下图所示。

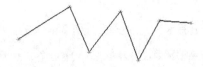

● 3.通过【直线和圆弧】命令绘制直线

通过【直线和圆弧】菜单命令中的子菜单命令可以使用多种方法来绘制直线。

（1）【直线（点-点）】 ✐ 子菜单命令
使用该命令可以创建一条简单直线。

步骤 01 选择【菜单】▶【插入】▶【曲线】▶【直线和圆弧】▶【直线（点-点）】菜单命令，打开【直线（点-点）】对话框和点坐标文本框，如下图所示。

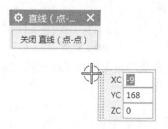

步骤 02 在绘图区域内单击以指定第一点，如下图所示。

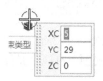

步骤 03 平移光标到另一点处单击，按【Esc】键、单击【直线（点-点）】对话框上的【关闭】按钮或【关闭直线（点-点）】按钮退出操作，结果如下图所示。

（2）【直线（点-XYZ）】 ✐ 子菜单命令
使用该命令可以创建从一点出发并沿xc轴、yc轴和zc轴的直线。

步骤 01 选择【菜单】▶【插入】▶【曲线】▶【直线和圆弧】▶【直线（点-XYZ）】菜单命令，打开【直线（点-XYZ）】对话框和点坐标文本框，如下图所示。

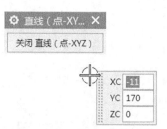

步骤 02 在绘图区域内单击以指定第一点，打开【长度】文本框，如下图所示。

曲线的绘制

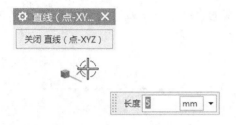

步骤 03 沿y轴方向平移光标到另一点处单击，或在【长度】文本框中输入长度"33"，按【Enter】键确认，如下图所示。

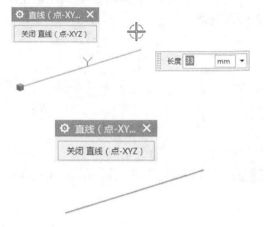

步骤 04 在绘制的第一条直线的终点处单击以指定第二条直线的起点，并沿x轴平移光标到一点处单击，如下图所示。

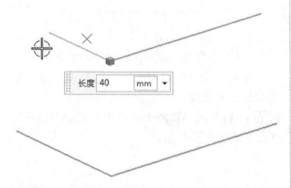

步骤 05 重复以上操作，绘制沿z轴且长度为28mm的直线，如下图所示。

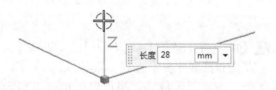

步骤 06 按【Esc】键退出操作，结果如下图所示。

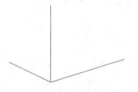

（3）【直线（点-平行）】 ✏ 子菜单命令

使用该命令可以创建从一点出发并平行于另一条直线的直线。

步骤 01 选择【菜单】➤【插入】➤【曲线】➤【直线和圆弧】➤【直线（点-点）】菜单命令，绘制一条直线，如下图所示。

步骤 02 选择【菜单】➤【插入】➤【曲线】➤【直线和圆弧】➤【直线（点-平行）】菜单命令，在 **步骤 01** 绘制的直线下方适当位置上单击以指定起点，如下图所示。

步骤 03 根据提示栏的提示，单击在 **步骤 01** 绘制的直线来选择平行约束的直线，如下图所示。

步骤 04 在【长度】文本框中输入长度"40"，按【Enter】键确认，如下图所示。此时平移光标，长度值不变。

步骤 05 按【Esc】键退出操作，结果如下图所示。

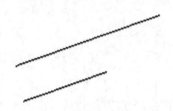

（4）【直线（点-垂直）】 ✎ 子菜单命令

使用该命令可以创建从一点出发并垂直于另一条直线的直线。

步骤 01 在绘图区域的空白位置上单击鼠标右键，在弹出的快捷菜单中选择【定向视图】▶【俯视图】菜单命令，切换视图方式到俯视图，如下图所示。

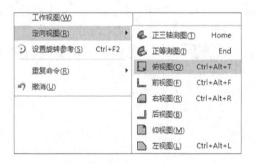

步骤 02 选择【菜单】▶【插入】▶【曲线】▶【直线和圆弧】▶【直线（点-点）】菜单命令，绘制一条直线，如下图所示。

步骤 03 选择【菜单】▶【插入】▶【曲线】▶【直线和圆弧】▶【直线（点-垂直）】菜单命令，在 步骤 02 绘制的直线下方适当位置处单击以指定起点，如下图所示。

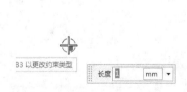

步骤 04 根据提示栏的提示，单击在 步骤 02

绘制的直线来选择垂直约束的直线，如下图所示。

步骤 05 在【长度】文本框中输入长度"35"，如下图所示，按【Enter】键确认。此时平移光标，长度值不变。

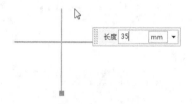

步骤 06 按【Esc】键退出操作，结果如下图所示。

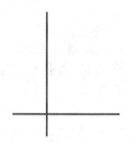

（5）【直线（点-相切）】 ✎ 子菜单命令

使用该命令可以创建从一点出发并与一条曲线相切的直线。

步骤 01 打开随书资源中的"素材\CH07\1.prt"文件，如下图所示。

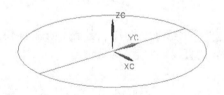

步骤 02 选择【菜单】▶【插入】▶【曲线】▶【直线和圆弧】▶【直线（点-相切）】菜单命令，在绘图区域的适当位置上单击以指定起点，如下图所示。

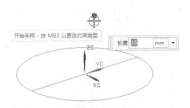

步骤03 根据提示栏的提示，单击图示曲线以选择末尾相切约束的曲线，如下图所示。

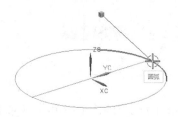

步骤04 按【Esc】键退出操作，结果如下图所示。

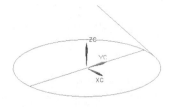

（6）【直线（相切-相切）】 子菜单命令

使用该命令可以创建与两条曲线相切的直线。

步骤01 打开随书资源中的"素材\CH07\2.prt"

文件，如下图所示。

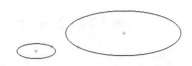

步骤02 选择【菜单】▶【插入】▶【曲线】▶【直线和圆弧】▶【直线（相切-相切）】菜单命令，根据提示栏的提示，在绘图区域内单击左边的小圆，以选择起始相切约束的曲线，如下图所示。

步骤03 根据提示栏的提示，单击右边的大圆，以选择末尾相切约束的曲线，如下图所示。

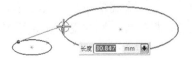

步骤04 按【Esc】键退出操作，结果如下图所示。

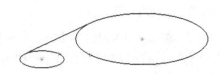

7.3.4 矩形

● **1. 功能常见调用方法**

选择【菜单】▶【插入】▶【曲线】▶【矩形（原有）】菜单命令即可，如右图所示。

● 2. 系统提示

系统会弹出【点】对话框，如下图所示。

● 3. 实战演练——创建矩形

步骤 01 选择【菜单】▶【插入】▶【曲线】▶【矩形（原有）】菜单命令，系统弹出【点】对话框后，根据提示栏的提示，在绘图区域的

适当位置上分别单击，以指定矩形的第一个角点和第二个角点，如下图所示。

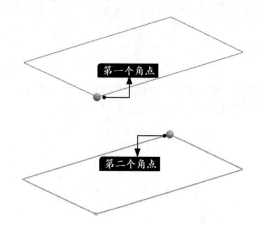

步骤 02 在【点】对话框中单击【返回】按钮，结果如下图所示。

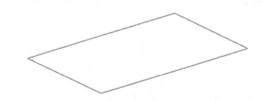

7.3.5 正多边形

● 1. 功能常见调用方法

选择【菜单】▶【插入】▶【曲线】▶【多边形（原有）】菜单命令即可，如下图所示。

● 2. 系统提示

系统会弹出【多边形】对话框，如下图所示。

指定正多边形的边数并单击【确定】按钮后，打开下一层级的【多边形】对话框，如下图所示。

● 3. 知识点扩展

【多边形】对话框中的相关选项含义如下。

● 【内切圆半径】：单击该按钮，可以通过输入内切圆的半径定义多边形的尺寸。内切圆半径是原点到多边形边的中点的距离，如下图所示。

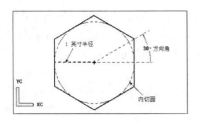

● 【多边形边 】：单击该按钮，可以输入多边形一边的边长值。该长度将应用到所有边。

● 【外接圆半径】：单击该按钮，可以通过指定外接圆半径定义多边形的尺寸。外接圆半径是原点到多边形顶点的距离，如下图所示。

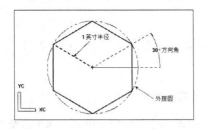

4. 实战演练——通过多种方式创建正多边形

通过"内切圆半径""多边形边"和"外接圆半径"3种方式绘制正多边形，具体操作步骤如下。

（1）通过指定内切圆半径的方式绘制

步骤01 选择【菜单】▶【插入】▶【曲线】▶【多边形（原有）】菜单命令，系统弹出【多边形】对话框后，指定多边形边数为"6"，并单击【确定】按钮，如下图所示。

步骤02 系统弹出【多边形】对话框后，单击【内切圆半径】按钮，打开下一层级的【多边形】对话框。根据提示栏的提示，在【内切圆半径】文本框和【方位角】文本框中分别输入参数"20"和"45"，如下图所示。

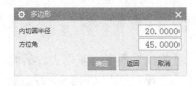

步骤03 单击【确定】按钮，弹出【点】对话框后，利用点构造器在绘图区域内单击以指定多边形的中心，结果如下图所示。

（2）通过指定多边形边的方式绘制

步骤01 选择【菜单】▶【插入】▶【曲线】▶【多边形（原有）】菜单命令，系统弹出【多边形】对话框后，指定多边形边数为"6"，并单击【确定】按钮，如下图所示。

步骤02 系统弹出【多边形】对话框后，单击【多边形边】按钮，打开下一层级的【多边形】对话框。根据提示栏的提示，在【侧】文本框（边长）和【方位角】文本框中分别输入参数"10"和"30"，如下图所示。

步骤03 单击【确定】按钮，弹出【点】对话框后，利用点构造器在绘图区域内单击以指定多边形的中心，结果如下图所示。

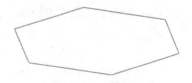

（3）通过指定外接圆半径的方式绘制

步骤01 选择【菜单】▶【插入】▶【曲线】▶【多边形（原有）】菜单命令，系统弹出【多边形】对话框后，指定多边形边数为"6"，并单击【确定】按钮，如下图所示。

步骤 **02** 系统弹出【多边形】对话框后,单击【外接圆半径】按钮,打开下一层级的【多边形】对话框。根据提示栏的提示,在【圆半径】文本框和【方位角】文本框中分别输入参数"20"和"60",如下图所示。

步骤 **03** 单击【确定】按钮,弹出【点】对话框后,利用点构造器在绘图区域内单击以指定多边形的中心,结果如下图所示。

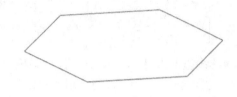

7.3.6 圆弧和圆

使用此指令可创建关联的圆弧及圆特征。所获取的圆弧类型取决于组合的约束类型,通过组合不同类型的约束,用户可以创建多种类型的圆弧。

1. 功能常见调用方法

选择【菜单】▶【插入】▶【曲线】▶【圆弧/圆】菜单命令即可,如下图所示。

2. 系统提示

系统会弹出【圆弧/圆】对话框,如下图所示。

3. 知识点扩展

【圆弧/圆】对话框中的相关选项含义如下。

（1）【类型】区域

【类型】:设置要用于创建圆弧或圆的创建方法类型。

- 【三点画圆弧】:在指定圆弧必须通过的三个点或指定两个点和半径时创建圆弧。

- 【从中心开始的圆弧/圆】:在指定圆弧中心及第二个点或半径时创建圆弧。

（2）【起点】区域

在圆弧或圆的类型设置为【三点画圆弧】时显示。

① 【起点选项】:用于指定起点约束。

- 【自动判断】: 确定用于指定圆弧起点的最佳选项及约束类型。

- 【点】: 用于指定圆弧的起点。点约束显示为带点标签的立方体状手柄。点 1 是起点,点 2 是终点,点 3 是中点

- 【相切】: 用于选择曲线对象（如线、圆弧、二次曲线或样条）,以从其派生与所选对象相切的起点。显示带相切标签的相切球状手柄。

如果支持平面是用户定义的,选定的参考对象会投影到该平面上。

② 【选择对象】:用于选择圆弧的起点。

- 【点构造器】: 显示点对话框。

- 【选择对象】:用于选择起点。

③【点参考】：用于相对于 WCS、绝对坐标系或 CSYS 坐标系的起点定义圆弧或圆。

● 【WCS】：定义相对于工作坐标系的点。出现一个屏显输入框，其中包含 XC、YC 及 ZC 字段。移动光标时，这些字段会更新，以显示相对于 WCS 的当前距离。

● 【绝对】：定义相对于绝对坐标系的点。出现一个屏显输入框，其中包含 X、Y 及 Z 字段。移动光标时，这些字段会更新，以显示相对于 ACS 的当前距离。

● 【CSYS】：使用选择 CSYS 来定义相对于参考坐标系的点。选择参考坐标系后，出现一个屏显输入框，其中包含 D-X、D-Y 及 D-Z 字段。移动光标时，这些字段会更新，以显示相对于所选 CSYS 的当前距离。

④ 📌🖊【选择点】：用于指定要用作参考的点。捕捉点选项显示在上边框条上，有助于选择对象。可以使用以下选择点选项指定点。

● 📌【点构造器】：显示点对话框。

● 🖊【指定点】：用于指定起点。

（3）【端点】区域

在圆弧或圆的类型设置为【三点画圆弧】时显示。

①【终点选项】：用于指定终点约束。终点约束的自动判断、点和相切选项的作用方式与起点选项约束相同。

【半径】：通过在半径屏显输入框中或圆弧/圆对话框的半径框中输入一个值，可以指定终点或中点的半径约束。可以在指定第一个约束后输入半径值。

② 📌➕【选择对象】：用于选择圆弧或圆的终点。

● 📌【点构造器】：显示点对话框。

● ➕【选择对象】：用于选择终点。

③【指定半径】：在终点选项设置为【半径】时显示，用于指定圆弧或圆的半径值。

（4）【中点】区域

在圆弧或圆的类型设置为【三点画圆弧】时显示。

①【中点选项】：用于指定中点的约束。

中点约束的自动判断、点、相切和半径选项的作用与终点选项约束相同。

② 📌➕【选择对象】：用于选择圆弧/圆的中点，与起点选择对象选项的作用方式相同。

③【指定半径】：在中点选项设置为【半径】时可用，用于指定半径的值。

（5）【中心-点】区域

在圆弧或圆的类型设置为【从中心开始的圆弧/圆】时显示。

📌🖊【指定点】：用于为圆弧中心选择一个点或位置。除捕捉点选项之外，还可以使用 XC、YC、ZC 屏显输入框来指定圆弧中心的坐标。

● 📌【点构造器】：显示点对话框。

● 🖊【指定点】：用于指定起点。

（6）【通过点】区域

仅针对从中心开始的圆弧/圆类型的圆弧/圆显示。

①【终点选项】：用于将圆弧或圆起始角的点指定为约束。

中点约束的自动判断、点、相切和半径选项的作用方式与三点画圆弧类型的圆弧/圆的终点选项约束相同。

②【点参考】：用于为点类型的终点约束指定点。

（7）【大小】区域

在圆弧或圆的类型设置为【从中心开始的圆弧/圆】时显示。

【半径】：用于为圆弧终点或中点的半径约束输入一个值，也可以在半径屏显输入框中输入半径值。

（8）【支持平面】区域

①【平面选项】：用于指定平面以在其上构建圆弧或圆。可以在直线创建过程中更改不同点处的平面约束，除非锁定该平面，否则更改约束后它可能发生更改。

- 【自动平面】：根据圆弧或圆的起点与终点自动判断一个临时平面，以出现一个自动平面。

如果指定的终点约束与起点约束不在同一平面上，自动平面将移动以支持两者的公共面。更改起点或终点约束时也可移动该自动平面。

- 【锁定平面】：使自动平面不可移动，从而在更改起点或终点约束时不会自动移动。

也可以双击以锁定和解锁自动平面。

- 【选择平面】：用于选择现有平面，或创建新平面。

②🗔🗹【指定平面】：在平面选项类型设置为【选择平面】时显示。

用于指定平面。

- 🗔【平面构造器】：显示平面对话框。
- 🗹【自动判断的平面】：在单击▼后列出可用的平面方法。

（9）【限制】区域

①【起始限制】：用于指定圆弧或圆的起点。要定义起始限制，可以在对话框中输入起始限制值、拖动限制手柄，或是在屏显输入框中键入值。

- 【值】：用于键入圆弧的起点值。
- 【在点上】：设置起点和/或终点处的圆弧限制。
- 【直至选定对象】：用于选择曲线、面、边、基准或体，以定义圆弧的起点。

用户可通过双击限制手柄来使当前圆弧限制反向并显示补弧。

②【角度】：将值或在点上类型的起始限制设置为指定的值。

③【选择对象】：在起始限制设置为【直至选定对象】时可用，用于选择对象。

④【终止限制】：用于指定圆弧或圆的终点位置。终止限制选项的作用方式与起始限制选项相同。

⑤【整圆】：用于将圆弧指定为完整的圆。

⑥🔄【补弧】：用于创建圆弧的补弧。

7.3.7 实战演练——绘制圆弧和圆

本小节通过"圆弧/圆"对话框分别进行圆弧及圆形的绘制，具体操作步骤如下。

● 1. 绘制圆弧

步骤 01 选择【菜单】▶【插入】▶【曲线】▶【圆弧/圆】菜单命令，系统弹出【圆弧/圆】对话框后，选择【三点画圆弧】类型，然后在绘图区域中分别单击指定圆弧的起点、终点及经过点，如下图所示。

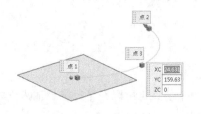

步骤 02 在【圆弧/圆】对话框中单击【确定】按钮，圆弧创建结果如下图所示。

● 2. 绘制圆形

步骤 01 选择【菜单】▶【插入】▶【曲线】▶【圆弧/圆】菜单命令，系统弹出【圆弧/圆】对话框后，选择【从中心开始的圆弧/圆】类型，然后在【限制】区域中勾选【整圆】复选项，如下图所示。

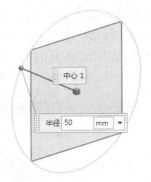

步骤 03 在【圆弧/圆】对话框中单击【确定】按钮，圆形创建结果如下图所示。

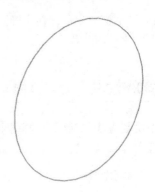

步骤 02 在绘图区域中单击指定圆形的中心点并指定圆的半径值为"50"，如下图所示。

7.3.8 椭圆

利用"点"构造器可以进行椭圆形的创建。

● 1. 功能常见调用方法

选择【菜单】▶【插入】▶【曲线】▶【椭圆（原有）】菜单命令即可，如下图所示。

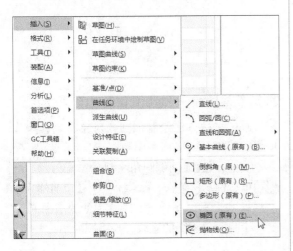

● 2. 系统提示

系统会弹出【点】对话框，如下图所示。

● 3. 实战演练——绘制椭圆形

步骤 01 选择【菜单】▶【插入】▶【曲线】▶

【椭圆（原有）】菜单命令，系统弹出【点】对话框后，根据提示栏的提示，在绘图区域的适当位置上单击以指定椭圆的中心点，确定中心点后打开【椭圆】对话框，如下图所示。

步骤02 根据提示栏的提示，在【椭圆】对话框中输入如下图所示的参数值。

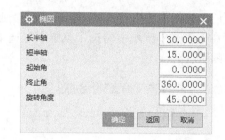

步骤03 单击【确定】按钮，完成椭圆形的绘制，结果如下图所示。

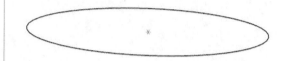

7.3.9 倒圆角

倒圆角绘制方法包括两直线间倒圆角、两曲线间倒圆角、三曲线间倒圆角、两点间倒圆角及三点间倒圆角等绘制方法。

● 1. 功能常见调用方法

选择【菜单】▶【插入】▶【曲线】▶【基本曲线（原有）】菜单命令即可，如下图所示。

● 2. 系统提示

系统会弹出【基本曲线】对话框，如下图所示。

单击【圆角】按钮，打开【曲线倒圆】对话框，如下图所示。

● 3. 实战演练——绘制倒圆角对象

通过多种方法绘制倒圆角对象，具体操作步骤如下。

（1）两直线间倒圆角绘制

步骤01 选择【菜单】▶【插入】▶【曲线】▶【直线和圆弧】▶【直线（点-点）】菜单命令，绘制两条相交的直线，如下图所示。

步骤02 选择【菜单】▶【插入】▶【曲线】▶【基本曲线（原有）】菜单命令，在【基本曲线】对话框中单击【圆角】按钮，系统弹出【曲线倒圆】对话框后，单击【简单圆角】图标⌐，在【半径】文本框中输入圆角半径值"20"，如下图所示。

步骤03 移动光标至两条直线交点处并单击，如下图所示。

步骤04 按【Esc】键或单击【取消】按钮退出操作，结果如下图所示。

小提示

光标选取的位置不同，得出的圆角结果是不一样的。

（2）两曲线间倒圆角绘制

步骤01 打开随书资源中的"素材\CH07\4.prt"文件，如下图所示。

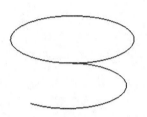

步骤02 选择【菜单】▶【插入】▶【曲线】▶【基本曲线（原有）】菜单命令，在【基本曲线】对话框中单击【圆角】按钮，系统弹出【曲线倒圆】对话框后，单击【2曲线圆角】图标⌐，在【半径】文本框中输入圆角半径值"80"，选中【修剪第二条曲线】复选项，如下图所示。

步骤03 在绘图区域内单击第一条曲线，如下图所示。

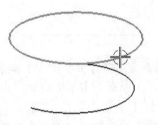

步骤04 在绘图区域内单击第二条曲线，如下图所示。

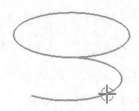

步骤 05 平移光标到圆角中心处并单击，如下图所示。

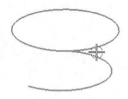

步骤 06 按【Esc】键或单击【取消】按钮退出操作，结果如下图所示。

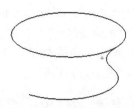

小提示

如果输入的圆角半径值小于两条曲线间的距离，则操作无效。

（3）三曲线间倒圆角绘制

步骤 01 打开随书资源中的"素材\CH07\5.prt"文件，如下图所示。

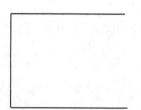

步骤 02 选择【菜单】▶【插入】▶【曲线】▶【基本曲线（原有）】菜单命令，在【基本曲线】对话框中单击【圆角】按钮，系统弹出【曲线倒圆】对话框后，单击【3 曲线圆角】图标⌒，选中【修剪选项】区域的所有复选项，如下图所示。

步骤 03 在绘图区域内单击第一条曲线，如下图所示。

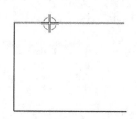

步骤 04 在绘图区域内单击第二条曲线，如下图所示。

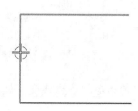

步骤 05 在绘图区域内单击第三条曲线，如下图所示。

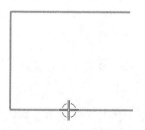

步骤 06 平移光标到圆角中心处并单击，如下图所示。

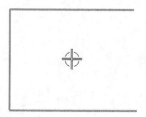

步骤 07 按【Esc】键或单击【取消】按钮退出操作，结果如下图所示。

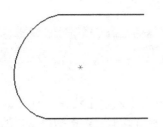

小提示

如果3条曲线的选取顺序不同，则得到的结果也不同。

（4）两点间倒圆角绘制

通过指定两点、半径值，即可绘制逆时针显示的两点间倒圆角（即圆弧）。

步骤 01 选择【菜单】▶【插入】▶【曲线】▶【基本曲线（原有）】菜单命令，在【基本曲线】对话框中单击【圆角】按钮，系统弹出【曲线倒圆】对话框后，单击【2 曲线圆角】图标⌐，在【半径】文本框中输入圆角半径值"300"，如下图所示。

步骤 02 单击【曲线倒圆】对话框中的【点构造器】按钮，弹出【点】对话框后，依次在绘图区域内单击以指定第一点和第二点，并单击指定第三点作为圆角中心位置，如下图所示。

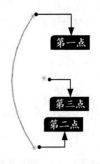

步骤 03 按【Esc】键退出操作，结果如下图所示。

（5）三点间倒圆角绘制

三点间倒圆角和两点间倒圆角相似，只需利用点构造器依次指定三点，即可绘制逆时针显示的圆弧，如下图所示。

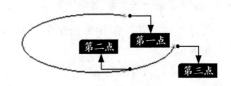

7.3.10 倒斜角

该功能用于在两条共面直线或曲线间创建斜角。

1.功能常见调用方法

选择【菜单】▶【插入】▶【曲线】▶【倒斜角（原有）】菜单命令即可，如下图所示。

2. 系统提示

系统会弹出【倒斜角】对话框，如下图所示。

3. 知识点扩展

【倒斜角】对话框中各选项含义如下。

- 【简单倒斜角】：在两条共面直线之间创建斜角。
- 【用户定义倒斜角】：在两条共面曲线（包括直线、圆弧、样条和二次曲线）之间创建斜角。与创建简单倒斜角相比，该选项还提供了更多对修剪的控制。

4. 实战演练——绘制倒斜角对象

通过多种方法绘制倒斜角对象，具体操作步骤如下。

（1）简单倒斜角绘制

步骤01 选择【菜单】➤【插入】➤【曲线】➤【直线和圆弧】➤【直线（点-点）】菜单命令，绘制两条相交的直线，如下图所示。

步骤02 选择【菜单】➤【插入】➤【曲线】➤【倒斜角（原有）】菜单命令，系统弹出【倒斜角】对话框后，单击【简单倒斜角】按钮，

打开下一层级的【倒斜角】对话框。在【偏置】文本框中输入偏置量"5"来指定倒角值，如下图所示。

步骤03 单击【确定】按钮，打开下一层级的【倒斜角】对话框后，根据提示栏的提示单击倒斜角的角。如果不继续执行倒斜角任务，单击【取消】按钮即可退出操作，如下图所示。

步骤04 将光标平移至两条直线相交处，单击即可完成一次倒斜角操作，如下图所示。

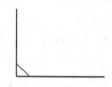

步骤05 此时系统会弹出【倒斜角】对话框，询问下一步做什么。根据需要，可以继续选择直线进行倒斜角操作，也可以单击【后退】按钮退回到先前的步骤，还可以单击【撤销】按钮恢复刚才的倒斜角操作，或单击【取消】按钮结束倒斜角操作。

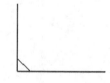

（2）用户自定义倒斜角绘制

步骤01 选择【菜单】➤【插入】➤【曲线】➤【直线和圆弧】➤【直线（点-点）】菜单命令，绘制两条相交的直线，如下图所示。

步骤 02 选择【菜单】➤【插入】➤【曲线】➤【倒斜角（原有）】菜单命令，系统弹出【倒斜角】对话框后，单击【用户定义倒斜角】按钮，打开下一层级的【倒斜角】对话框，如下图所示。

步骤 03 单击【自动修剪】按钮，弹出【倒斜角】对话框后，在【偏置】文本框中输入偏置量"8"，在【角度】文本框中输入"50"，如下图所示。

步骤 04 单击【确定】按钮，打开【倒斜角】对话框，如下图所示。

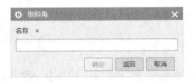

步骤 05 根据提示栏的提示，指定要倒斜角的第一条线，如下图所示。

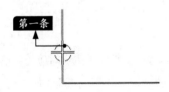

步骤 06 指定要倒斜角的第二条线，如下图所示。

步骤 07 选择曲线2后弹出【倒斜角】对话框，如下图所示。

步骤 08 根据提示栏的提示，在绘图区内如下图所示的位置上单击以指定大概的相交点。

步骤 09 此时系统会弹出【倒斜角】对话框，询问下一步做什么。根据需要，可以继续选择直线进行倒斜角，也可以单击【后退】按钮退回到先前的步骤，还可以单击【撤销】按钮恢复刚才的倒斜角操作，或单击【取消】按钮结束倒斜角操作，如下图所示。

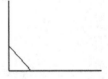

小提示

　　如果在 步骤 02 中单击【手工修剪】按钮，会打开如下图所示的对话框。单击【是】按钮，表示需要修剪倒斜角边；单击【否】按钮，表示继续创建其他倒斜角。

7.4 复杂曲线的绘制

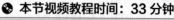

本节视频教程时间：33分钟

 复杂曲线的绘制功能用于样条曲线、表面上的曲线、双曲线、螺旋线及抛物线等的绘制。

7.4.1 样条曲线

1. 功能常见调用方法

选择【菜单】▶【插入】▶【曲线】▶【艺术样条】菜单命令即可，如下图所示。

2. 系统提示

系统会弹出【艺术样条】对话框，如下图所示。

3. 实战演练——创建样条曲线

用多种方法创建样条曲线对象，具体操作步骤如下。

（1）根据极点

步骤01 选择【菜单】▶【插入】▶【曲线】▶

【艺术样条】菜单命令，系统弹出【艺术样条】对话框后，选择【根据极点】类型，进行如下图所示的设置。

步骤02 参数设置完成后，根据提示栏的提示，指定控制点，如下图所示。

步骤03 单击【确定】按钮则生成对应的样条曲线，结果如下图所示。

（2）通过点

步骤01 选择【菜单】▶【插入】▶【曲线】▶【艺术样条】菜单命令，系统弹出【艺术样条】对话框后，选择【通过点】类型，进行如下图所示的设置。

步骤 02 参数设置完成后，根据提示栏的提示，指定控制点，如下图所示。

步骤 03 单击【确定】按钮则生成对应的样条曲线，结果如下图所示。

7.4.2 曲面上的曲线

使用"曲面上的曲线"命令可以直接在一个或多个曲面的表面上创建曲线样条。用户可以创建一条"曲面上的曲线"样条，而不必将曲线投影到曲面上。

● 1. 功能常见调用方法

选择【菜单】▶【插入】▶【曲线】▶【曲面上的曲线】菜单命令即可，如下图所示。

● 2. 系统提示

系统会弹出【曲面上的曲线】对话框，如下图所示。

● 3. 实战演练——创建圆柱体表面上的曲线

创建圆柱体表面上的曲线，具体操作步骤如下。

步骤 01 打开随书资源中的"素材\CH07\6.prt"文件，如下图所示。

步骤 02 选择【菜单】▶【插入】▶【曲线】▶
【曲面上的曲线】菜单命令，系统弹出【曲面
上的曲线】对话框后，在绘图区域内单击要
创建曲线的面，并单击鼠标中键确认，如下图
所示。

步骤 03 在选定的表面上依次单击以指定曲线要
通过的点，如下左图所示。

步骤 04 单击【曲面上的曲线】对话框中的【确
定】按钮或【应用】按钮，完成圆柱体表面上曲
线的绘制，结果如下右图所示。

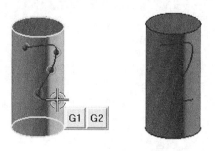

步骤 05 按【Esc】键退出操作。

7.4.3 双曲线

双曲线包含两条曲线，分别位于中心的两侧。在UG NX 12.0中，只会构造其中的一条曲线。其中心在渐近线的交点处，对称轴通过该交点。双曲线从xc轴的正向绕中心旋转而来，位于平行于XC-YC平面的某一个平面上。

● **1. 功能常见调用方法**

选择【菜单】▶【插入】▶【曲线】▶【双
曲线】菜单命令即可，如下图所示。

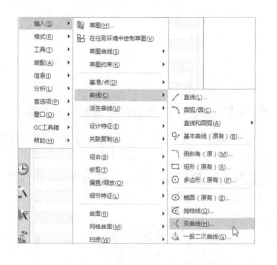

● **2. 系统提示**

系统会弹出【点】对话框，如下图所示。

● 3. 实战演练——创建双曲线对象

创建双曲线对象，具体操作步骤如下。

步骤 01 选择【菜单】➤【插入】➤【曲线】➤【双曲线】菜单命令，系统弹出【点】对话框后，在绘图区域适当位置上单击以指定双曲线的中心，弹出【双曲线】对话框，进行如下图所示的参数设置。

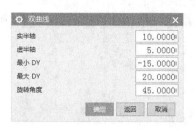

步骤 02 单击【确定】按钮，完成双曲线的绘制，并按【Esc】键退出操作，结果如下图所示。

7.4.4 抛物线

抛物线是与一个点（焦点）的距离和与一条直线（准线）的距离相等的点的集合，位于平行于工作平面的某一个平面内。构造出的默认抛物线的对称轴平行于*xc*轴。

● 1. 功能常见调用方法

选择【菜单】➤【插入】➤【曲线】➤【抛物线】菜单命令即可，如下图所示。

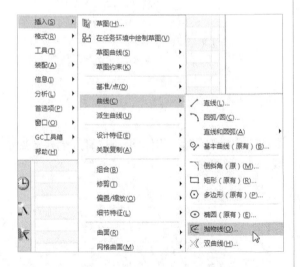

● 2. 系统提示

系统会弹出【点】对话框，如右图所示。

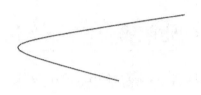

● 3. 实战演练——创建抛物线对象

创建抛物线对象，具体操作步骤如下。

步骤 01 选择【菜单】➤【插入】➤【曲线】➤【抛物线】菜单命令，系统弹出【点】对话框后，在绘图区域适当位置上单击以指定抛物线的顶点，打开【抛物线】对话框，进行如下图所示的参数设置。

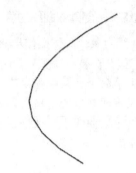

步骤02 单击【确定】按钮，完成抛物线的绘制，并按【Esc】键退出操作，结果如右图所示。

7.4.5 螺旋线

通过定义圈数、螺距、半径方法（规律或恒定）、旋转方向和适当的方位，可以创建螺旋线。

● 1. 功能常见调用方法

选择【菜单】▶【插入】▶【曲线】▶【螺旋】菜单命令即可，如下图所示。

● 2. 系统提示

系统会弹出【螺旋】对话框，如下图所示。

● 3. 知识点扩展

【螺旋线】对话框中的相关选项含义如下。

（1）【类型】区域

↑【沿矢量】：用于沿指定矢量创建直螺旋线，如下图所示。

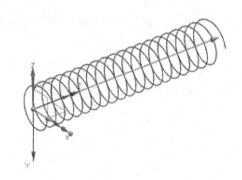

【沿脊线】：用于沿所选脊线创建螺旋线，如下图所示。

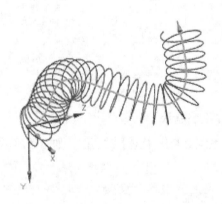

（2）【方位】区域

① 【指定坐标系】：将类型设置为

【沿矢量】或将类型设置为【沿脊线】及将方位设置为指定的时可用。用于指定 CSYS，以定向螺旋线。创建的螺旋线与 CSYS 的方向关联。

● 螺旋线的方向与指定 CSYS 的 z 轴平行。

● 用户可以选择现有 CSYS，也可以使用其中一个 CSYS 选项，或使用 CSYS 对话框来定义 CSYS。

② 【自动判断】：将类型设置为【沿脊线】时可用。从脊线自动判断 CSYS，如果脊线已更新，则也将更新从脊线自动判断的 CSYS。

③ 【指定的】：将类型设置为【沿脊线】时可用。显示指定 CSYS 选项，用于将螺旋线定向到指定坐标系。

④ 【角度】：用于指定螺旋线的起始角。零起始角将与指定 CSYS 的 x 轴对齐。

屏幕上的角度手柄可用于在对话框外输入角度，如下图所示。

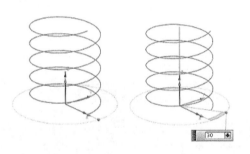

角度 = 0　　　　　　　角度 = 30

（3）【大小】

① 【直径】/【半径】按钮：用于定义螺旋线的直径值或半径值。

② 【规律类型】：用户可以指定用于指定大小的规律类型。

（4）【螺距】

沿螺旋轴或脊线指定螺旋线各圈之间的距离。

【规律类型】：用户可以指定用于指定螺距的规律类型。

（5）【长度】

按照圈数或起始/终止限制来指定螺旋线长度。

① 【方法】：其中两个选项如下。

● 【限制】：用于根据弧长或弧长百分比指定起点和终点位置。

● 【圈数】：用于指定圈数。

② 【圈数】：将方法设置为【圈数】时可用。用于指定螺旋线中的圈数。

● 值 1 等于一个螺旋圈

● 值必须大于 0。

2圈螺旋线和4圈螺旋线如下图所示。

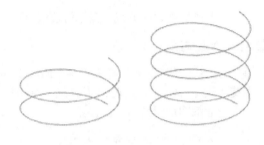

2圈螺旋线　　　　　　　4圈螺旋线

③ 【位置】：将方法设置为【限制】时可用。

● 【弧长】：按沿曲线的距离定义位置。

● 【弧长百分比】：将位置定义为曲线长度的百分比。

④ 【起始限制】/【终止限制】：将方法设置为【限制】时可用。

例如下图显示的弧长百分比。

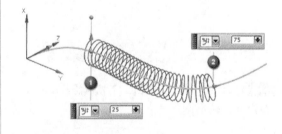

❶ 开始于脊线的 25 % 弧长处。

❷ 终止于脊线的 75 % 弧长处。

（6）【设置】

① 【旋转方向】：用于指定绕螺旋轴旋转的方向。螺旋线起始于基点，然后转到右侧（逆时针）或左侧（顺时针）如下图所示。

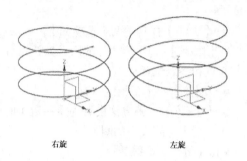

右旋　　　　　　　　左旋

② 【距离公差】：控制螺旋线距真正理论螺旋线（无偏差）的偏差。

● 减小该值可降低偏差，值越小，描述样条所需控制顶点的数量就越多。

● 默认值取自距离公差建模首选项。

③ 【角度公差】：控制沿螺旋线的对应点处法向之间的最大许用夹角角度。

7.4.6 实战演练——创建普通螺旋线和盘形螺旋线

本小节讲解普通螺旋线和盘形螺旋线这两种常见螺旋线的绘制方法，具体操作步骤如下。

● 1. 普通螺旋线

步骤01 选择【菜单】▶【插入】▶【曲线】▶【螺旋】菜单命令，系统弹出【螺旋】对话框后，进行如下图所示的参数设置。

步骤02 单击【确定】按钮，完成螺旋线的绘制，结果如下图所示。

● 2. 盘形螺旋线

步骤01 选择【菜单】▶【插入】▶【曲线】▶【螺旋】菜单命令，系统弹出【螺旋】对话框后，根据提示栏的提示，在绘图区域内单击以指定一点作为螺旋线的基点，如下图所示。

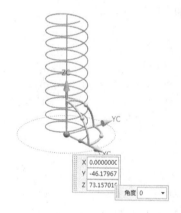

步骤02 指定基点后，系统自动返回【螺旋】对话框。在【大小】区域内将规律类型选为【线性】，如下图所示。

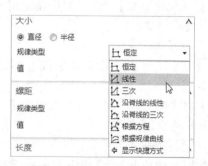

步骤03 在【起始值】文本框和【终止值】文本框中分别输入"1"和"20"，如下图所示。

步骤 04 单击【确定】按钮，即可完成盘形螺旋线的绘制，结果如右图所示。

7.4.7 文本曲线

使用"文本"命令可根据本地 Windows 字体库中的 Truetype 字体生成文本曲线。

● 1. 功能常见调用方法

选择【菜单】►【插入】►【曲线】►【文本】菜单命令即可，如下图所示。

● 2. 系统提示

系统会弹出【文本】对话框，如下图所示。

● 3. 知识点扩展

【文本】对话框中的相关选项含义如下。

（1）【类型】区域

【类型】：用于指定文本类型。从以下选项选择。

● 【平面副】：用于在平面上创建文本，如下图所示。

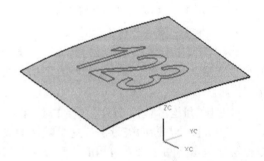

● 【曲线上】：用于沿相连曲线串创建文本，如下图所示。每个文本字符后面都跟有曲线串的曲率。可以指定所需的字符方向，如果曲线是直线，则必须指定字符方向。

● 【面上】：用于在一个或多个相连面上创建文本，如下图所示。

（2）【文本放置曲线】

仅针对在曲线上类型的文本显示。

【选择曲线】：用于选择文本要跟随的曲线。

（3）【文本放置面】

仅针对在面上类型的文本显示。

【选择面】：用于选择相连面以放置文本。

（4）【竖直方向】

仅针对在曲线上类型的文本显示。

① 【定位方法】：用于指定文本的竖直定位方法。

●【自然】：文本方位是自然方位。

●【矢量】：文本方位沿指定矢量。

②【指定矢量】：仅可用于矢量类型的定位方法。用于为矢量类型的竖直定位方法指定矢量。

●【矢量构造器】：打开【矢量】对话框。

●【自动判断的矢量】：这是默认的矢量方法。单击可以查看可用的矢量方法，然后选择该方法支持的对象，可以随时更改矢量方法并选择新对象。

③【反向】：仅可用于矢量类型的定位方法，使选定的矢量方向反向。

（5）【面上的位置】

仅针对在面上类型的文本显示。

① 【放置方法】：用于指定文本的放置方法。

●【面上的曲线】：文本以曲线形式放置在选定面上。

●【剖切平面】：通过定义剖切平面并生成相交曲线，在面上沿相交曲线对齐文本。

②【选择曲线】：仅可用于面上的曲线类型的放置方法。用于为面上的曲线类型的放置方法选择曲线。

③【指定平面】：仅可用于剖切平面类型的放置方法。用于为剖切平面类型的放置方法指定平面。

●【自动判断】：这是默认平面方法。单击可以查看可用的平面方法，然后选择该方法支持的对象，可以随时更改平面方法并选择新对象。

●【平面构造器】：打开【平面】对话框。

（6）【文本属性】区域

① 【文本】：用于输入没有换行符的单行文本。

小提示

要将双引号作为文本输入，请按住【Shift】键并按波浪号（~）和双引号（" "）。

---

② 【选择表达式】：在选中【参考文本】复选项时可用。单击【选择表达式】时，会显示【关系】对话框，可在其中选择现有表达式以同文本字符串相关联，或是为文本字符串定义表达式。

③ 【参考文本】：选中该复选框时，生成的任何文本都创建为文本字符串表达式。【选择表达式】选项也变得可用。

④ 【线型】：用于选择本地 Windows 字体库中可用的 Truetype 字体。字体示例不显示，但如果选择另一种字体，则预览将反映字体更改。

⑤ 【脚本】：用于选择文本字符串的字母表（例如Western、Hebrew、Cyrillic）。

⑥ 【字型】：用于选择字型。可以从以下选项中选择。

●【常规】：创建常规字体属性的文本。

●【加粗】：创建加粗字体属性的文本。

●【倾斜】：创建倾斜字体属性的文本。

●【加粗倾斜】：创建加粗且倾斜字体属性的文本。

⑦ 【使用字距调整】：选中此复选项可增加或减少字符间距。

小提示

字距调整减少相邻字符对之间的间距，并且仅当所用字体具有内置的字距调整数据时才可用。并非所有字体都具有字距调整数据。

---

⑧【创建边框曲线】：选中此复选项可在生成几何体时围绕几何体创建框架；否则，几何体将只包括字符轮廓。底部框架线为印刷基准线，顶部框架线接近文本高度，两侧的框架线代表轮廓曲线的最左侧和最右侧的边界。此框架并不是边框。

（7）【文本框】区域

①【锚点位置】：仅可用于平面文本类型，指定文本的锚点位置。该下拉列表中包括【左上】、【中上】、【右上】、【左中】、【中心】、【右中】、【左下】、【中下】、【右下】等选项可供选择。

②【参数 (%)】：指定剪切参数的值。

③ ⊞∕【指定点】：仅可用于平面文本类型。在选定的平面上指定一个点以定位文本几何体。

●⊞【点构造器】：单击该按钮，打开【点】对话框。

●∕【原点】：这是默认点方法。单击 ▼可以查看可用的点方法，然后选择该方法支持的对象，可以随时更改平面方法并选择新对象。

（8）【尺寸】区域

①【长度】：将文本轮廓框的长度值设置为指定的值。

②【宽度】：将文本轮廓框的宽度值设置为指定的值。

③【高度】：将文本轮廓框的高度值设置指定的值。

④【W 比例】：将用户指定的宽度与给定字体高度的自然字体宽度之比设置为指定的值。

（9）【设置】区域

①【关联】：创建关联的文本特征。此复选项，默认情况下处于选中状态。

②【连结曲线】：将组成一个环的所有曲线连结成一个样条。文本几何体由首尾相连的直线和三次贝赛尔曲线样条组成，这会减少每个文本特征的输出曲线数量。

③【投影曲线】：仅可用于在面上文本类型。投影放置文本的父面上的文本曲线。投影按法向方向进行。

7.4.8 实战演练——创建平面文本曲线

本小节利用"文本曲线"功能创建平面文本曲线，具体操作步骤如下。

步骤01 选择【菜单】▶【插入】▶【曲线】▶【文本】菜单命令，系统弹出【文本】对话框后，从【类型】下拉列表中选择【平面副】，如下图所示。

步骤02 指定要在平面上的何处放置文本。文本

的轮廓会跟随光标，直到用户单击指定一点为止。选择位置后，预览会显示手柄。

步骤03 在【文本属性】下的第一个框中，输入要转换为曲线的文本字符串，如下图所示。

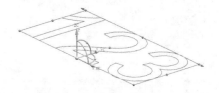

步骤04 选择合适的线型、脚本、字型，然后单击【确定】按钮，以创建平面文本，结果如下图所示。

7.5 综合应用——挂钩基本曲线的绘制

◐ 本节视频教程时间：6分钟

 本节绘制挂钩基本曲线，绘制过程中主要会应用到圆形和直线的绘制。

步骤01 创建一个新的模型文件，然后在绘图区域的空白位置上单击鼠标右键，在弹出的快捷菜单中选择【定向视图】▶【俯视图】菜单命令，设置视图模式为XY平面的俯视图，如下图所示。

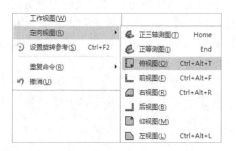

步骤02 选择【菜单】▶【插入】▶【曲线】▶【基本曲线(原有)】菜单命令，系统弹出【基本曲线】对话框后，单击【圆】图标○进入绘制圆模式，在【点方法】下拉列表中选择【点构造器】⤵方式，系统会自动弹出【点】对话框，如下图所示。

步骤03 在【点】对话框的【x】文本框、【y】

文本框和【z】文本框中输入（0，0，0）作为圆心坐标值，单击【确定】按钮确认。再次输入（0，10，0）坐标作为圆上一点的坐标值，单击【确定】按钮确认。创建的一个以（0，0，0）为圆心、半径为10的圆，如下图所示。

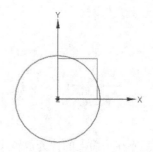

步骤 04 输入坐标（0，0，0）作为圆心，单击
【确定】按钮确认。输入坐标（0，20，0）作
为圆上一点，单击【确定】按钮确认。完成以
原点为圆心、半径为20的圆绘制，结果如下图
所示。

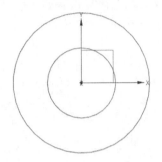

步骤 05 重复以上操作，创建两个以原点为
圆心、半径分别为40和60的两个圆，如下图
所示。

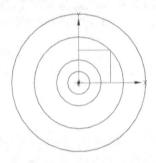

步骤 06 输入坐标（0，-50，0）作为圆心，单
击【确定】按钮确认。输入坐标（10，-50，
0）作为圆上一点，单击【确定】按钮确认。
完成以（0，-50，0）为圆心、半径为10的圆绘
制，如下图所示。

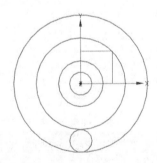

步骤 07 重复以上操作，创建一个以（0，-50，
0）为圆心、半径为37的圆，如下图所示。

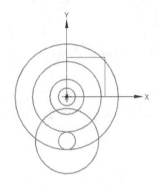

步骤 08 单击【点】对话框中的【返回】按钮，
返回【基本曲线】对话框，如下图所示。单击
【直线】图标 ✏ 进入绘制直线模式。

步骤 09 在工作区域内依次选择半径为20和37
的两个圆，从而绘制出与两个圆相切的两条直
线，结果如下图所示。

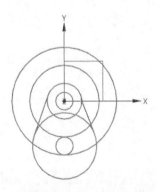

步骤 10 单击【视图】工具条上的【显示和隐
藏】按钮 🔲，弹出【显示和隐藏】对话框后，
单击【类型】区域下【坐标系】右侧的【隐
藏】按钮来隐藏位于绘图区域中间的坐标系，

如下图所示。

单击【关闭】按钮，完成坐标系的隐藏，这样可以更好地观察绘制的图形，如下图所示。

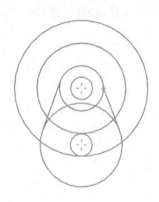

 疑难解答

● 基本曲线点方法创建选项有哪些

基本曲线点方法创建选项菜单用于相对于现有的几何体指定点，或通过指定光标位置、使用点构造器来指定。该菜单上的选项（如下表所示），除了"自动判断的点"及"选择面"之外，与点构造器中的选项功能类似。

自动判断的点类型	交点类型
光标位置	圆弧中心/椭圆中心/球心
现有点	象限点
终点	选择面
控制点	点构造器

第 **8** 章

曲线的操作与编辑

本章主要讲解对曲线进行偏置、修剪、拉长、分割及编辑曲线参数等的操作方法，使用户更加熟悉曲线的基本功能。在进行曲线的编辑与操作的时候，要注意光标的放置位置。光标放置在不同的位置，最后得到的结果可能不相同，特别是在进行修剪和圆角操作的时候。

学习效果

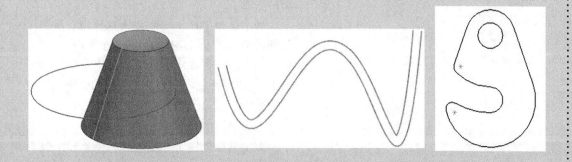

8.1 曲线的操作

曲线操作包括截面、桥接、连结、投影及相交等操作。

8.1.1 截面

使用"截面"命令可以在指定的平面与体、面、平面和/或曲线之间创建相交几何体，平面与曲线相交将创建一个或多个点。

● 1. 功能常见调用方法

选择【菜单】▶【插入】▶【派生曲线】▶【截面】菜单命令即可，如下图所示。

● 2. 系统提示

系统会弹出【截面曲线】对话框，如下图所示。

● 3. 知识点扩展

【截面曲线】对话框的【类型】下拉列表提供了4种类型，包括选定的平面、平行平面、径向平面和垂直于曲线的平面。

选择不同的截面类型，可以通过不同的方法生成截面曲线。

（1）选定的平面

①【剖切平面】：用于选择或定义用于剖切的平面。

②【选择平面】▭：用于选择现有平面作为剖切平面。可以选择一个或多个平面。

③【指定平面】：用于通过【完整平面工具】▭或平面选项列表来定义要用作剖切平面的新平面。

（2）平行平面

①【基本平面】：用于定义一系列平行平面的基本平面。

②【指定平面】：用于指定基本平面。可以单击【完整平面工具】▭或使用平面选项列表来指定基本平面。

③【平面位置】：用于定义一系列平行平面。

④【开始】：从基本平面到系列中第一个平面的距离。

⑤【结束】：从基本平面到系列中最后一个平面的距离。

⑥【步长】：系列中各平面之间的距离。

（3）径向平面

①【径向轴】：用于指定一个矢量，径向平面将绕其旋转。

②【指定矢量】：可以单击【矢量构造器】🔩或使用选项列表来定义矢量。

③【反向】✗：用于反转指定矢量的方向。

④【参考平面上的点】：用于指定某个点来定义径向系列的基本平面。为此，可以单击【点构造器】⊞或使用选项列表。

⑤【平面位置】：用于指定径向系列。

⑥【开始】：从基本平面到系列中第一个平面的角度。

⑦【结束】：从基本平面到系列中最后一个平面的角度。

⑧【步长】：系列中各平面之间的角度。

（4）垂直于曲线的平面

①【曲线或边】：用于选择曲线或边以沿其计算垂直平面。

②【平面位置】：用于指定平面的数量及间距。

③【间距】：用于通过列表中的以下方法之一，沿选定的曲线或边设置平面间隔。

● 【等弧长】：平面沿曲线的弧长相等。

● 【等参数】：平面基于参数化的曲线，间距相等。

● 【几何级数】：沿曲线的平面间距基于几何比率。

● 【弦公差】：平面间距基于弦公差（所选曲线与平面之间一条直线之间的距离）。

● 【增量弧长】：平面沿曲线的增量是指定的。

④ 等弧长、等参数与几何级数的公共选项如下。

● 【开始】：指定第一个平面的位置，沿曲线作为百分比值测量。

● 【结束】：指定终止平面的位置，沿曲线作为百分比值测量。

● 【副本数】：显示沿曲线的平面的数量。

⑤ 几何级数的独特选项如下。

【比率】：平面之间的间距（沿所选曲线的弧长方向测量）会变化，每个后续间距都等于前一个间距乘以该比率。

⑥ 弦公差的独特选项如下。

【弦公差】：用于根据指定的最大弦公差来指定平面的间距。

⑦ 增量弧长的独特选项如下。

【弧长】：显示平面之间的指定弧长距离。

8.1.2　实战演练——创建圆锥截面

本小节通过"截面"命令创建圆锥截面曲线，具体操作步骤如下。

步骤01 打开随书资源中的"素材\CH08\圆锥截面.prt"文件，如下图所示。

步骤 02 选择【菜单】▶【插入】▶【派生曲线】▶【截面】菜单命令，系统弹出【截面曲线】对话框后，进行如下图所示的参数设置。

步骤 03 根据提示，在绘图区域内选择圆锥体以指定要剖切的对象，如下图所示。

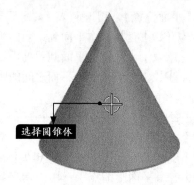

步骤 04 单击【曲线或边】区域的【选择曲线或边】按钮 ，在绘图区域内选择圆锥体的底面曲线，如下图所示。

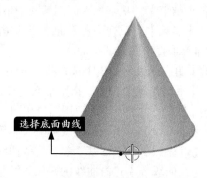

步骤 05 单击【截面曲线】对话框中的【确定】按钮，完成截面曲线的操作，结果如下图所示。

8.1.3 相交

该操作可用于在两组对象之间创建相交曲线。相交曲线是关联的，会根据其定义对象的更改而更新。

⬤ 1. 功能常见调用方法

选择【菜单】▶【插入】▶【派生曲线】▶【相交】菜单命令即可，如下图所示。

2. 系统提示

系统会弹出【相交曲线】对话框，如下图所示。

3. 知识点扩展

【相交曲线】对话框中的选项含义如下。

（1）特定于选择的选项

【第一组】及【第二组】中的选项如下。

①【选择面】：用于选择一个或多个面和/或基准平面进行求交。

②【指定平面】：用于定义基准平面以包含在一组要求交的对象中。

③【保持选定】：选定时，用于在创建此相交曲线之后重用为后续相交曲线特征而选定的一组对象。

（2）公共选项

【设置】中的选项如下。

①【关联】：创建关联的截面曲线。选择关联时，如果要剖切的对象是面，则生成的截面曲线无法连结。

②【高级曲线拟合】：用于指定方法、阶次和段数。

③【方法】：控制输出曲线的参数设置。可用的选项如下。

●【次数和段数】：显式控制输出曲线的参数设置。

●【次数和公差】：使用指定的最高次数达到指定的公差值。

●【自动拟合】：可以指定最低次数、最高次数、最大段数和公差值，以控制输出曲线的参数设置。此选项替换了之前版本中可用的高级选项。

④【阶次】：用于指定曲线的次数。当方法为【次数和段数】或【次数和公差】时可用。

⑤【段数】：用于指定曲线的段数。当方法为【次数和段数】时可用。

⑥【最低次数】：用于指定曲线的最低次数。当方法为【自动拟合】时可用。

⑦【最高次数】：用于指定曲线的最高次数。当方法为【自动拟合】时可用。

⑧【最大段数】：用于指定曲线的最大段数。当方法为【自动拟合】时可用。

⑨【距离公差】：设置距离公差值。默认值是在【建模首选项】对话框中设置的距离公差值。

8.1.4 实战演练——创建相交曲线特征

本小节通过"相交"命令创建相交曲线特征，具体操作步骤如下。

步骤01 打开随书资源中的"素材\CH08\相交曲线.prt"文件，如下图所示。

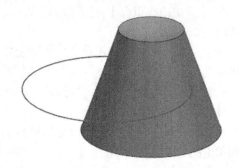

步骤02 选择【菜单】▶【插入】▶【派生曲线】▶【相交】菜单命令，系统弹出【相交曲线】对话框后，根据提示，在绘图区域内选择要相交的第一组面，如下图所示。

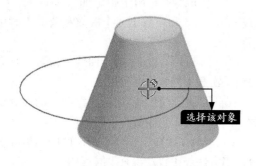

步骤03 在【相交曲线】对话框中单击【第二组】区域的【指定平面】右侧的下拉三角按钮，在弹出的菜单中选择【曲线上】选项，如下图所示。

步骤04 根据提示在绘图区域中选择如下图所示的曲线。

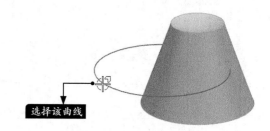

步骤05 在【相交曲线】对话框中单击【确定】按钮，结果如下图所示。

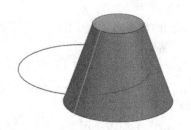

8.1.5 连结

该命令的作用是将一串首尾相连的曲线连结成一条具有共同性质的样条曲线。

1. 功能常见调用方法

选择【菜单】▶【插入】▶【派生曲线】▶【连结（即将失效）】菜单命令即可，如下图所示。

2. 系统提示

系统会弹出【连结曲线（即将失效）】对话框，如下图所示。

3. 知识点扩展

【连结曲线（即将失效）】对话框中的选项含义如下。

（1）【曲线】区域

【选择曲线】：用于选择一连串曲线、边及草图曲线。

（2）【设置】区域

①【关联】：使输出样条与输入曲线关联。

②【输入曲线】：用于指定对输入曲线的处理。它包含：【保留】、【隐藏】、【删除】、【替换】4个选项。

③【输出曲线类型】：用于指定样条类型。它包含：【常规】、【三次】、【五次】、【高阶】4个选项。

4. 实战演练——创建连接直线

通过"连结（即将失效）"命令创建相连直线特征，具体操作步骤如下。

步骤01 打开随书资源中的"素材\CH08\连接直线.prt"文件，如下图所示。

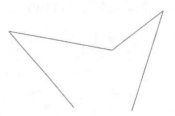

步骤02 选择【菜单】▶【插入】▶【派生曲线】▶【连结（即将失效）】菜单命令，系统弹出【连结曲线（即将失效）】对话框后，根据提示，在绘图区域内依次选择要连结的曲线，如下图所示。

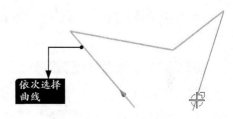

步骤03 在【连结曲线】对话框中单击【确定】按钮，系统弹出【连结曲线】询问对话框后，单击【是】按钮，如下图所示。

步骤04 此时选择某一段曲线时即选择整个曲线，如下图所示。

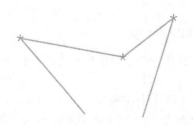

8.1.6 桥接

利用该命令可以创建一条过渡曲线，把已经存在的两条曲线连接起来，并保证过渡曲线与已存在的两条曲线之间相切连续或曲率半径连续。

● 1. 功能常见调用方法

选择【菜单】▶【插入】▶【派生曲线】▶【桥接】菜单命令即可，如下图所示。

● 2. 系统提示

系统会弹出【桥接曲线】对话框，如下图所示。

● 3. 知识点扩展

【桥接曲线】对话框中【形状控制】区域的选项含义如下。

【方法】下拉列表用于以交互方式变换桥接曲线的形状。该下拉列表中包括【相切幅值】、【深度和歪斜度】和【模板曲线】等多种选项，如下图所示。

在该区域的【方法】下拉列表中选择不同的选项，【方法】下面的选项将随着发生变化。

（1）【相切幅值】：通过使用手柄拖动起点对象和终点对象的一个或两个端点，或通过在文本框中输入值，来调整桥接曲线。【开始】和【结束】值表示相切百分比，并且最初设置为1。要获得反向相切桥接曲线，可单击【反向】按钮，如下图所示。

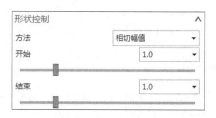

（2）【深度和歪斜度】：选择该选项时，【方法】下面的【开始】和【结束】选项变为【深度】和【歪斜度】选项，如下图所示。

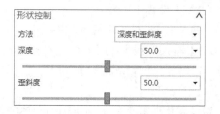

【深度】控制曲线的曲率对桥的影响大小，其值表示曲率影响的百分比。

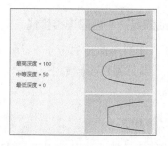

【歪斜度】控制最大曲率的位置（如果选择【反向】选项，则控制曲率的反向），其值表示沿桥从起点到终点的距离百分比，如下图所示。

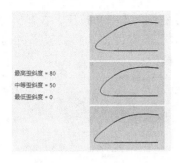

最高歪斜度 = 80
中等歪斜度 = 50
最低歪斜度 = 0

● 4. 实战演练——创建桥接曲线

通过"桥接"命令在两条曲线之间创建桥接特征，具体操作步骤如下。

步骤 01 打开随书资源中的"素材\CH08\桥接曲线.prt"文件，如下图所示。

步骤 02 选择【菜单】▶【插入】▶【派生曲线】▶【桥接】菜单命令，系统弹出【桥接曲线】对话框后，选择【起始对象】区域中的【选择曲线】选项，然后在绘图区域中选择如下图所示的曲线。

选择该曲线

步骤 03 在【桥接曲线】对话框中选择【终止对象】区域中的【选择曲线】选项，然后在绘图区域中选择如下图所示的曲线。

起始截面

选择该曲线

步骤 04 在【桥接曲线】对话框中单击【确定】按钮，结果如下图所示。

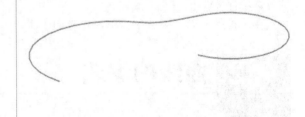

8.1.7 投影

该命令的作用是将一组曲线沿指定方向向指定表面投影，在投影表面上生成一条或多条新的曲线。

● 1. 功能常见调用方法

选择【菜单】▶【插入】▶【派生曲线】▶【投影】菜单命令即可，如下图所示。

● 2. 系统提示

系统会弹出【投影曲线】对话框，如下图所示。

● 3. 知识点扩展

【投影曲线】对话框中【投影方向】区域的各选项含义如下。

在【投影方向】区域中，单击【方向】下拉列表框右侧的下三角按钮，在弹出的下拉列表中显示了所有可以选择的投影方向设定方式，如下图所示。

（1）【沿面的法向】

过要投影的曲线上的每一点向指定表面做垂线，由所有垂足构成的曲线即为投影曲线。

（2）【朝向点】

过要投影的曲线上的每一点向指定点连线，连接直线同指定表面有一个交点，由所有交点构成的曲线即为投影曲线。

（3）【朝向直线】

过要投影的曲线上的每一点向指定直线做垂线，该垂线同指定表面有一个交点，由所有交点构成的曲线即为投影曲线。

（4）【沿矢量】

过要投影的曲线上的每一点做与指定矢量相平行的直线，该直线同指定表面有一个或多个交点，由所有交点构成的曲线即为投影曲线。

（5）【与矢量成角度】

过要投影的曲线上的每一点做与指定矢量呈一定角度的直线，该直线同指定表面有一个或多个交点，由所有交点构成的曲线即为投影曲线。

> **小提示**
>
> 角度的使用规则：内向为负，外向为正。

8.2 曲线的编辑

◎ 本节视频教程时间：21 分钟

 曲线编辑操作主要包括偏置、修剪及延长、修剪拐角、拉长（移动）、分割、编辑曲线参数及弧长等操作。

8.2.1 偏置

使用"偏置"命令可偏置直线、圆弧、二次曲线、样条、边和草图等。

1. 功能常见调用方法

选择【菜单】▶【插入】▶【派生曲线】▶【偏置】菜单命令即可，如下图所示。

2. 系统提示

系统会弹出【偏置曲线】对话框，如下图所示。

3. 知识点扩展

【偏置曲线】对话框的【偏置类型】下拉列表提供了【距离】、【拔模】、【规律控制】和【3D轴向】4种偏置方式。

下面将分别进行介绍，如下图所示。

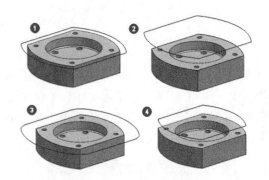

❶—【距离】类型偏置曲线。❷—【拔模】类型偏置曲线。❸—【规律控制】类型偏置曲线。❹—【3D轴向】类型偏置曲线

（1）【距离】类型偏置曲线

在输入曲线的平面上的恒定距离处创建偏置曲线。

（2）【拔模】类型偏置曲线

在与输入曲线平面平行的平面上创建指定角度的偏置曲线。一个平面符号标记出偏置曲线所在的平面。

> **小提示**
>
> 具有"拔模"类型的偏置平面应置于平面法向的方向上。平面法向取决于各种因素，例如曲线截面的循环方向和选择曲线时选取点的位置。因此，在不同位置进行选择将对偏置平面的放置造成影响，从而使其发生变化。

（3）【规律控制】类型偏置曲线

在输入曲线的平面上，在规律类型指定的规律所定义的距离处创建偏置曲线。

（4）【3D轴向】类型偏置曲线

创建共面或非共面3D曲线的偏置曲线，必须指定距离和方向。zc轴是初始默认值，生成的偏置曲线总是一条样条。

4. 实战演练——偏置艺术样条曲线

通过"偏置"命令偏置艺术样条曲线，具体操作步骤如下。

步骤 01 打开随书资源中的"素材\CH08\艺术样条曲线.prt"文件，如下图所示。

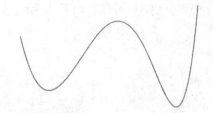

步骤02 选择【菜单】➤【插入】➤【派生曲线】➤【偏置】菜单命令，系统弹出【偏置曲线】对话框后，进行如下图所示的设置。

步骤03 在绘图区域中选择如下图所示的艺术样条曲线。

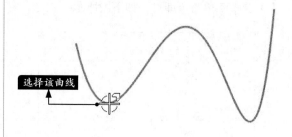

步骤04 在【偏置曲线】对话框中单击【确定】按钮，结果如下图所示。

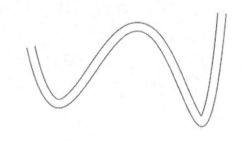

8.2.2 拉长（移动）

● 1. 功能常见调用方法

选择【菜单】➤【编辑】➤【曲线】➤【拉长（即将失效）】菜单命令即可，如下图所示。

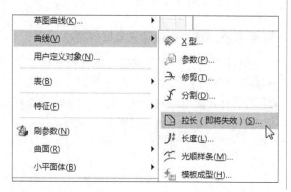

● 2. 系统提示

系统会弹出【拉长曲线（即将失效）】对话框，如下图所示。

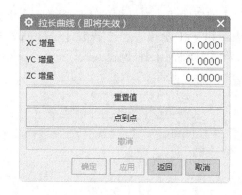

3. 实战演练——曲线移动操作

利用"拉长"命令对矩形曲线进行移动操作，具体操作步骤如下。

步骤 01 打开随书资源中的"素材\CH08\拉长（移动）.prt"文件，如下图所示。

步骤 02 选择【菜单】▶【编辑】▶【曲线】▶【拉长（即将失效）】菜单命令，系统弹出【拉长曲线（即将失效）】对话框后，进行如下图所示的设置。

步骤 03 在绘图区域中选择如下图所示的曲线对象。

选择该曲线

步骤 04 将其移动到相应的位置，在【拉长曲线】对话框中单击【确定】按钮，结果如下图所示。

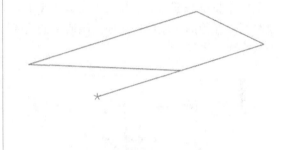

8.2.3 修剪及延长

使用"修剪"命令，根据选定用于修剪的边界实体和曲线分段来调整曲线的端点。它可以修剪（或延伸）直线、圆弧、二次曲线、样条，可以修剪到（或延伸到）曲线、边缘、平面、曲面、点、光标位置，也可以指定修剪过的曲线与其输入参数相关联。当修剪曲线时，可以使用体、面、点、曲线、边缘、基准平面和基准轴作为边界对象。

1. 功能常见调用方法

选择【菜单】▶【编辑】▶【曲线】▶【修剪】菜单命令即可，如下图所示。

2. 系统提示

系统会弹出【修剪曲线】对话框，如右图所示。

● 3. 实战演练——曲线修剪及延长操作

利用"修剪"命令对曲线进行修剪及延长操作，具体操作步骤如下。

步骤 01 打开随书资源中的"素材\CH08\修剪及延长.prt"文件，如下图所示。

步骤 02 选择【菜单】▶【编辑】▶【曲线】▶【修剪】菜单命令，系统弹出【修剪曲线】对话框后，在绘图区域中选择如下图所示的曲线对象作为要修剪的曲线。

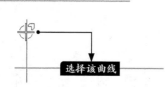

步骤 03 在绘图区域中选择如下图所示的曲线对象作为边界对象。

步骤 04 在【修剪曲线】对话框中单击【确定】

按钮，结果如下图所示。

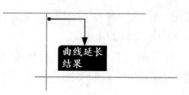

步骤 05 继续调用【修剪曲线】对话框，在绘图区域中选择如下图所示的曲线对象作为要修剪的曲线。

步骤 06 在绘图区域中选择如下图所示的曲线对象作为边界对象。

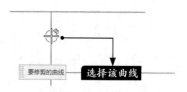

步骤 07 在【修剪曲线】对话框中单击【确定】按钮，结果如下图所示。

8.2.4 修剪拐角

使用"修剪拐角（原有）"命令可以对两条曲线进行修剪，将其交点前的部分修剪掉，从而形成一个拐角。

● 1. 功能常见调用方法

选择【菜单】▶【编辑】▶【曲线】▶【修剪拐角（原有）】菜单命令即可，如下图所示。

● 2. 系统提示

系统会弹出【修剪拐角】对话框，如下图所示。

3. 实战演练——修剪拐角操作

利用"修剪拐角（原有）"命令对曲线进行编辑操作，具体操作步骤如下。

步骤01 打开随书资源中的"素材\CH08\修剪拐角.prt"文件，如下图所示。

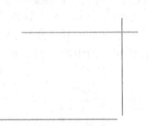

步骤02 选择【菜单】▶【编辑】▶【曲线】▶【修剪拐角（原有）】菜单命令，系统弹出【修剪拐角】对话框后，在绘图区域中选择如下图所示的拐角。

步骤03 在系统弹出的【修剪拐角】对话框中，单击【是】按钮，如下图所示。

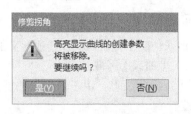

步骤04 继续在绘图区域中选择如下图所示的拐角。

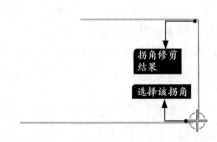

步骤05 在系统弹出的【修剪拐角】对话框中单击【是】按钮，然后单击【关闭 修剪拐角】按钮，结果如下图所示。

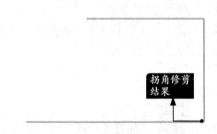

8.2.5 长度

使用"长度"命令可以改变曲线的长度。

1. 功能常见调用方法

选择【菜单】▶【编辑】▶【曲线】▶【长度】菜单命令即可，如下图所示。

2. 系统提示

系统会弹出【曲线长度】对话框，如右图所示。

3. 知识点扩展

【曲线长度】对话框中各选项含义如下。

（1）【曲线】区域

【选择曲线】：用于选择要修剪或拉伸的曲线。

（2）【延伸】区域

① 【长度】：用于将曲线拉伸或修剪所选的曲线长度。它包含【增量】、【总数】2个选项。

② 【侧】：用于从曲线的起点、终点或同时从这两个方向修剪/延伸曲线。它包含【起点】和【终点】、【起点】、【终点】及【对称】4个选项。

③ 【方法】：用于选择要修剪或延伸曲线的方向/形状。它包含【自然】、【线性】和【圆形】3个选项。

（3）【限制】区域

① 【开始】：用于指定要从曲线的起点将曲线修剪或延伸的长度值。

② 【结束】：用于指定要从曲线的终点将曲线修剪或延伸的长度值。

③ 【总数】：用于指定将曲线延伸或修剪的总长度值。

（4）【设置】区域

① 【关联】：如果选中此选项，将使延伸或修剪的曲线关联。如果输入参数发生更改，则关联的修剪过的曲线会自动更新。

② 【输入曲线】：用于指定所选曲线的输出选项。对于关联曲线，它包含【保留】、【隐藏】、【删除】和【替换】4个选项。

③ 【公差】：用于指定公差值以修剪或延伸曲线。默认值取自建模首选项中的公差设置。

4. 实战演练——以增量延伸创建曲线长度特征

利用"长度"命令对曲线进行编辑操作，具体操作步骤如下。

步骤01 打开随书资源中的"素材\CH08\曲线长度.prt"文件，如下图所示。

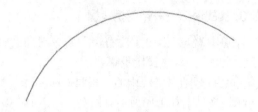

步骤02 选择【菜单】▶【编辑】▶【曲线】▶【长度】菜单命令，系统弹出【曲线长度】对话框后，在绘图区域中选择如下图所示的曲线。

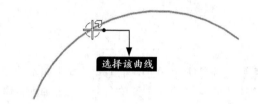

选择该曲线

步骤03 在【曲线长度】对话框中进行如下图所示的设置。

步骤04 在【曲线长度】对话框中单击【确定】按钮，结果如下图所示。

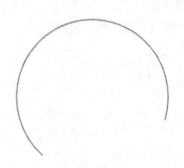

8.2.6 分割

使用"分割"命令可以将指定曲线分割成多个曲线段，使每一段新的曲线成为新的独立曲线对象。

● 1. 功能常见调用方法

选择【菜单】▶【编辑】▶【曲线】▶【分割】菜单命令即可，如下图所示。

● 2. 系统提示

系统会弹出【分割曲线】对话框，如下图所示。

● 3. 知识点扩展

【分割曲线】对话框中各选项含义如下。

（1）【类型】区域

设置用于分割曲线的方法，主要包含【等分段】、【按边界对象】、【弧长段数】、【在结点处】和【在拐角上】5个选项。

（2）【曲线】区域

∫【选择曲线】：用于选择要分割的曲线。

（3）【段数】区域

仅当选中【等分段】类型时才显示，包含段长度及段数等参数可设置。

（4）【弧长段数】区域

仅当选中【弧长段数】类型时才显示，包含弧长、段数、部分长度等参数可设置。

（5）【边界对象】区域

仅当选中按【边界对象】类型时才显示，包含对象、选择对象、列表等参数可设置。

（6）【结点】区域

仅当选中【在结点处】类型时才显示，包含方法、结点号、选择点等参数可设置。

（7）【拐角】区域

仅当选中【在拐角上】类型时才显示，包含方法、拐角号、选择点等参数可设置。

● 4. 实战演练——以等分段方式分割曲线

利用"分割"命令对曲线进行编辑操作，具体操作步骤如下。

步骤 01 打开随书资源中的"素材\CH08\分割曲线.prt"文件，如下图所示。

步骤 02 选择【菜单】▶【编辑】▶【曲线】▶【分割】菜单命令，系统弹出【分割曲线】对话框后，对其进行如下图所示的设置。

步骤 03 在绘图区域中选择如下图所示的曲线。

选择该曲线

步骤 04 系统弹出【分割曲线】询问对话框后，单击【是】按钮，如下图所示。

步骤 05 在【分割曲线】对话框中单击【确定】按钮，结果如下图所示，圆弧被等分成了三段。

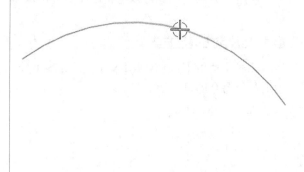

8.2.7 参数

● **1. 功能常见调用方法**

选择【菜单】▶【编辑】▶【曲线】▶【参数】菜单命令即可，如下图所示。

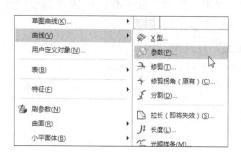

● **2. 系统提示**

系统会弹出【编辑曲线参数】对话框，如下图所示。

● **3. 实战演练——圆弧曲线编辑操作**

利用"参数"命令对圆弧曲线进行编辑操作，具体操作步骤如下。

步骤 01 打开随书资源中的"素材\CH08\圆弧曲线.prt"文件，如下图所示。

步骤 02 选择【菜单】▶【编辑】▶【曲线】▶【参数】菜单命令，系统弹出【编辑曲线参数】对话框后，在绘图区域中选择如下图所示的曲线。

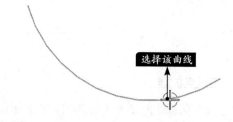

选择该曲线

步骤 03 系统弹出【圆弧/圆】对话框后，在绘图区域中单击选择如下图所示的端点，并进行适当拖动。

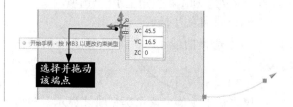

选择并拖动该端点

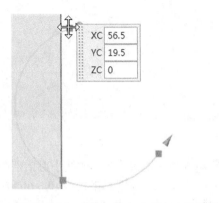

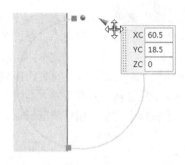

步骤05 在【圆弧/圆】对话框中单击【确定】按钮，然后在【编辑曲线参数】对话框中单击【关闭】按钮，结果如下图所示。

步骤04 继续在绘图区域中单击选择如下图所示的端点，并进行适当拖动。

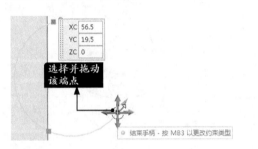

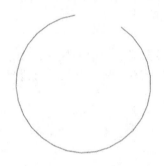

8.3 综合应用——挂钩轮廓曲线的绘制

🔊 **本节视频教程时间：5分钟**

　　本节综合利用曲线的编辑功能绘制挂钩轮廓曲线，绘制过程中主要会应用到曲线的修剪及倒圆角功能，具体操作步骤如下。

　　第1步：修剪曲线

步骤01 打开随书资源中的"素材\CH08\挂钩曲线.prt"文件，如下图所示。

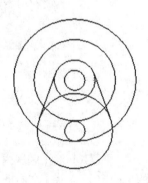

步骤 02 选择【菜单】➤【插入】➤【曲线】➤【基本曲线（原有）】菜单命令，系统弹出【基本曲线】对话框后，单击【修剪】图标 ⤚，打开【修剪曲线】对话框。在【设置】区域内取消勾选【关联】复选项，并在【输入曲线】下拉列表中选择【删除】选项，如下图所示。

步骤 03 根据提示栏中的提示，在绘图区域内选择半径为20的圆并对其进行修剪，如下图所示。

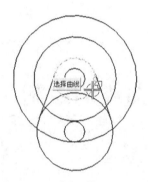

步骤 04 根据提示，在绘图区域内依次选择边界对象1和边界对象2，如下图所示。

步骤 05 单击【修剪曲线】对话框中的【确定】按钮，完成半径为20的圆修剪，结果如下图所示。

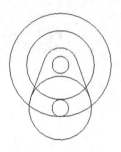

步骤 06 再次单击【基本曲线】对话框中的【修剪】图标 ⤚，分别对半径为40、60和37的3个圆进行修剪，如下图所示。

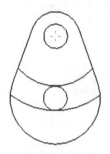

步骤 07 重复以上操作，对剩余需要裁剪的曲线进行裁剪，结果如下图所示。

> **小提示**
>
> 修剪曲线时，要注意光标的位置。因为选取要修剪的曲线时，光标的位置不同，最后修剪的结果也不相同。

第2步：倒圆曲线

步骤 01 单击【基本曲线】对话框中的【圆角】图标 ⌐，弹出【曲线倒圆】对话框后，在【方法】区域内单击【2 曲线倒圆】图标 ⌐，在【半径】文本框中输入半径为"5"，如下图所示。

步骤 02 设置完成后，在绘图区域内依次单击要倒圆的第一个对象和第二个对象，如下图所示。

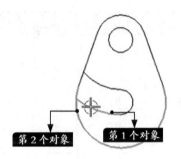

步骤 03 根据提示，在绘图区域内圆心角中心位置上单击，完成第一个倒圆角的操作，结果如下图所示。

步骤 04 重复前面步骤的操作，对第二个倒圆角进行操作，如下图所示。

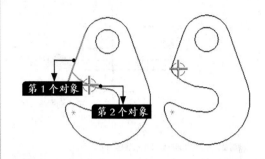

步骤 05 操作完成后，按【Esc】键退出操作，结果如下图所示。

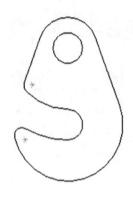

小提示

在绘图区域内选择大概中心角位置时要注意光标的位置，因为光标选取的位置不同，得出的圆角结果是不一样的。

 疑难解答

⊙ 本节视频教程时间：1分钟

● 如何快速修剪多条曲线

用户可以一次修剪多条曲线，但是，当在【修剪曲线】对话框中选中【关联】复选项时，修剪多条曲线功能不可用。

在修剪多个线串时，会忽略【修剪边界对象】复选项的设置。如果边界对象和要修剪的线串之间存在多个交点，则会看见意外结果，或者可能出现错误。

下图显示了将多条曲线修剪到一个边界对象的示例。修剪的直线在被修剪掉的一端显示一个椭圆。用户可以选择直线反转要修剪掉的一端。

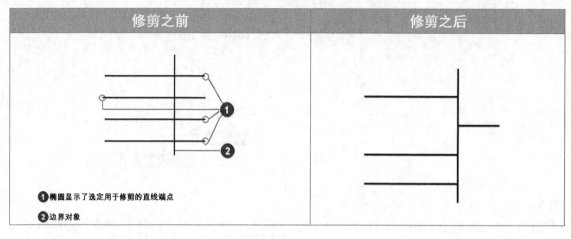

下图显示了将多条线串修剪到两个边界对象的示例。

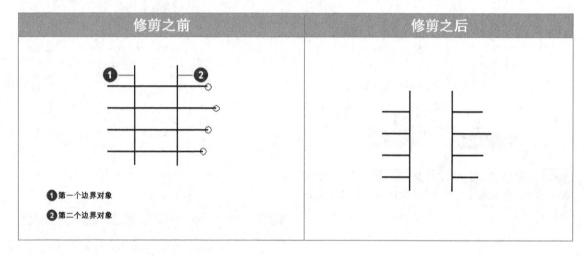

第<big>9</big>章

曲面的绘制

学习目标

　　本章主要讲解了自由曲面创建的方法。在创建自由曲面的过程中既可以通过点、从极点和从四点创建，也可以通过曲线进行直纹面曲面、扫掠曲面及截面曲面等的创建。

学习效果

 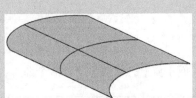 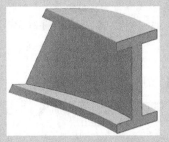

9.1 自由曲面概述

◎ 本节视频教程时间：3分钟

自由形状特征用于构建用标准建模方法无法创建的复杂形状，既可以生成曲面，也可以生成实体。可以通过点、线、片或实体的边界和表面来定义自由形状特征。

实体特征的造型方法比较适合于较规则3D零件的造型，不能胜任较复杂且难度高的零件造型，而自由曲面造型功能则提供了强大的弹性化设计方式，成为三维造型技术的重要组成部分。因此，对于复杂的零件，可以采用自由形状特征直接生成零件实体的方式，也可以采用将自由形状特征与实体特征相结合的方式完成创建。目前，自由曲面造型功能在日常用品、汽车、轮船和飞机等工业产品的壳体造型设计中应用十分广泛。

在曲面特征设计过程中，应当遵循以下原则。

（1）模型应尽量简单，且使用尽可能少的特征。

（2）用于构造曲面的曲线应尽量简单，曲线阶次数小于等于3。

（3）构造曲面的曲线要保证光顺、连续，避免造成加工困难的问题。

（4）为了使后面的加工简单、方便，曲面的曲率半径应尽可能大。

（5）面之间的圆角过渡要尽可能在实体上进行操作。

9.2 由点创建曲面

◎ 本节视频教程时间：9分钟

由点创建曲面是通过在空间中的多个点创建曲面，这些点是按照线、不规则面或平面等方式规则排列的。

9.2.1 通过点创建曲面

通过点创建曲面是通过定义曲面的控制点来创建曲面，创建的曲面必定通过所指定的控制点。

● 1. 功能常见调用方法

选择【菜单】▶【插入】▶【曲面】▶【通过点】菜单命令即可，如下图所示。

2. 系统提示

系统会弹出【通过点】对话框，如下图所示。

3. 实战演练——通过点创建曲面

利用"通过点创建曲面"的方法创建曲面特征，具体操作步骤如下。

步骤01 打开随书资源中的"素材\CH09\01.prt"文件，如下图所示。

步骤02 选择【菜单】➤【插入】➤【曲面】➤【通过点】菜单命令，系统弹出【通过点】对话框后，进行如下图所示的参数设置。

步骤03 单击【确定】按钮，打开【过点】对话框，如下图所示。

步骤04 单击【全部成链】按钮后，打开【指定点】对话框，如下图所示。

步骤05 根据提示，在绘图区域内依次选取链的起点和终点。阶次为3的情况下需要定义4个链，依次单击如下图所示的8个点，此时将形成4条曲线链。

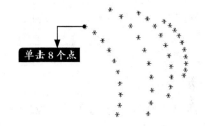

单击8个点

步骤06 完成4条曲线链的指定后，弹出下一层级的【过点】对话框，单击【所有指定的点】按钮，如下图所示。

步骤07 系统自动完成曲面的创建，如下图所示。在【通过点】对话框中单击【取消】按钮退出操作。

9.2.2 从极点创建曲面

从极点创建曲面的方法和通过点创建曲面的方法类似，不同点在于，选取的点将成为曲面的控制极点。

1. 功能常见调用方法

选择【菜单】➤【插入】➤【曲面】➤【从极点】菜单命令即可，如下图所示。

2. 系统提示

系统会弹出【从极点】对话框，如下图所示。

3. 实战演练——从极点创建曲面

利用"从极点创建曲面"的方法创建曲面特征，具体操作步骤如下。

步骤01 打开随书资源中的"素材\CH09\01.prt"文件，如下图所示。

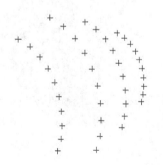

步骤02 选择【菜单】➤【插入】➤【曲面】➤【从极点】菜单命令，系统弹出【从极点】对话框后，进行如下图所示的参数设置。

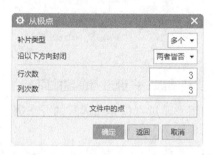

步骤03 单击【确定】按钮，系统弹出【点】对话框后，根据提示，在绘图区域内依次单击选择要成为第一条链上的点，如下图所示。

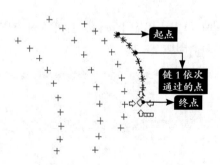

步骤 04 选取完成后单击【点】对话框中的【确定】按钮，弹出的【指定点】对话框会询问是否确定指定点，如下图所示。

步骤 05 单击【是】按钮，打开【点】对话框。重复上述操作，在绘图区域内依次指定链2、链3和链4通过的点，如下图所示。

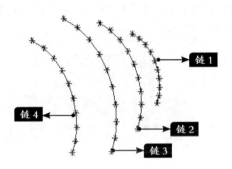

步骤 06 完成4条曲线链的指定后，打开【从极点】对话框，如下图所示。

步骤 07 单击【所有指定的点】按钮后，系统自动完成曲面的创建，在【从极点】对话框中单击【取消】按钮退出操作，结果如下图所示。

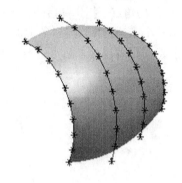

9.2.3 四点创建曲面

使用"四点曲面"命令可以通过指定4个点来创建一个曲面。

● 1. 功能常见调用方法

选择【菜单】▶【插入】▶【曲面】▶【四点曲面】菜单命令即可，如下图所示。

● 2. 系统提示

系统会弹出【四点曲面】对话框，如右图所示。

● 3. 知识点扩展

四点曲面在创建支持基于曲面的 A 类工作流的基本曲面时很有用。可以提高阶次及补片来得到更复杂的具有期望形状的曲面，通过这种方法用户可以很容易地修改这种曲面。

用户必须遵循下列这些点指定条件。

（1）在同一条直线上不能存在3个选定点。

（2）不能存在两个相同的或在空间中处于完全相同位置的选定点。

（3）必须指定4点才能创建曲面。如果指定3个点或不到3个点，则会显示出错消息。

4. 实战演练——创建四点曲面

利用"四点创建曲面"的方法创建四点曲面特征，具体操作步骤如下。

步骤01 新建一个模型文件，然后选择【菜单】➤【插入】➤【曲面】➤【四点曲面】菜单命令，系统弹出【四点曲面】对话框后，在图形窗口中选择4个曲面拐角点，指定随后的几个点将在屏幕上显示一个多边形的预览。在最后确定曲面的形状前，用户可以对任意点进行修改，如下图所示。

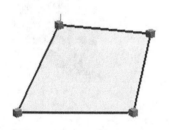

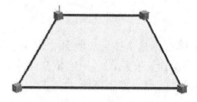

小提示

希望指定特定曲线或曲面上的现有点时，"捕捉点"选项很有用。

步骤02 根据需要，更改点的位置，如下图所示。

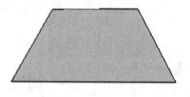

步骤03 单击【确定】按钮，系统自动完成曲面的创建，结果如下图所示。

9.3 由曲线创建曲面

本节视频教程时间：44分钟

利用曲线构造曲面的方法在工程上的应用非常广泛，例如飞机的机身、机翼等模型的绘制。由曲线创建曲面是通过空间中已有的曲线来创建曲面，曲线可以是曲面、片体的边界线、实体表面的边或多边形的边等。

9.3.1 直纹面曲面

直纹面曲面是通过两条截面线串而生成的曲面。截面线串可以由一个对象或多个对象组成，并且每个对象既可以是曲线、实体边，也可以是实体面。

1. 功能常见调用方法

选择【菜单】➤【插入】➤【网格曲面】➤【直纹】菜单命令即可，如右图所示。

2. 系统提示

系统会弹出【直纹】对话框，如下图所示。

3. 知识点扩展

使用"直纹"命令可以在两个截面之间创建体，其中直纹形状是截面之间的线性过渡，如下图所示。截面可以由单个或多个对象组成，且每个对象可以是曲线、实体边或实体面。

输入曲线和
输出直纹面

直纹面可用于创建曲面，该曲面无须拉伸或撕裂便可展平在平面上。这些曲面用于造船和管道业，以通过钣金加工对象。

【直纹】对话框中的相关选项含义如下。

（1）【截面线串1】区域和【截面线串2】区域

① 🔲【选择曲线或点】：用于选择截面线串。

② ⌒【指定原始曲线】：用于指定所选截面线串的原始曲线。

（2）【对齐】区域

通过定义沿截面隔开新曲面等参数曲线的方式，可以控制特征的形状。沿面的 U 与 V 参数生成等参数曲线。

全部或部分垂直于定义截面的脊线是无效的，因为剖切平面与定义曲线之间的相交不存在或定义不当。

（3）【设置】区域

①【体类型】：用于为直纹特征指定片体或实体。

② G0（位置）：可以指定输入几何体与得到的体之间的最大距离。

4. 实战演练——创建直纹曲面

利用"直纹创建曲面"的方法创建曲面特征，具体操作步骤如下。

步骤01 打开随书资源中的"素材\CH09\02.prt"文件，如下图所示。

步骤02 选择【菜单】▶【插入】▶【网格曲面】▶【直纹】菜单命令，系统弹出【直纹】对话框后，此时【截面线串1】区域的【选择曲线或点】按钮可用，在绘图区域内单击选择截面线串1。曲线被选取后，将显示曲线的方向，如下图所示。

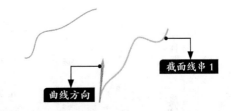

截面线串1

曲线方向

步骤03 单击【截面线串2】区域中的【选择曲线】按钮，在绘图区域内单击选择截面线串2，如下图所示。

截面线串1

截面线串2

步骤04 单击【确定】按钮，系统自动完成曲面的创建，如下图所示。

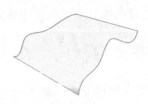

9.3.2 扫掠曲面

扫掠曲面通过将曲线轮廓沿一条、两条或三条引导线串且穿过空间中的一条路径进行扫掠来创建曲面。扫掠非常适用于当引导线串由脊线或一个螺旋组成时，创建一个特征。

● 1. 功能常见调用方法

选择【菜单】▶【插入】▶【扫掠】▶【扫掠】菜单命令即可，如下图所示。

● 2. 系统提示

系统会弹出【扫掠】对话框，如下图所示。

● 3. 知识点扩展

【扫掠】对话框中的参数含义如下。

（1）【截面】区域

① 【选择曲线】：用于选择多达 150 条的截面线串来引导扫掠操作。

② 【指定原始曲线】：用于更改闭环中的原始曲线。

③ 【添加新集】：将当前选择添加到【截面】组的列表框中，并创建新的空截面。

（2）【引导线（最多 3 条）】区域

① 【选择曲线】：用于选择多达3条的线串来引导扫掠操作。

② 【指定原始曲线】：用于更改闭环中的原始曲线。

（3）【脊线】区域

【选择曲线】：用于选择脊线。使用脊线可以控制截面线串的方位，并避免在导线上不均匀分布参数导致的变形，如下图所示。当脊线串处于截面线串的法向时，该线串状态最佳。

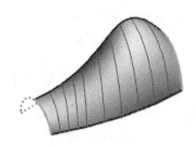

未使用脊线

非均匀的等参数曲线

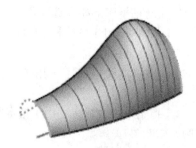

已使用脊线

均匀的等参数曲线

（4）【截面选项】区域

① 【截面位置】：选择单个截面时可用。

② 【插值】：选择多个截面时可用。

③ 【对齐】：可定义在定义曲线之间的等参数曲线的对齐。

④ 【定向方法】中的选项含义如下。

【方向】：使用单个引导线串时可用，在

截面沿引导线移动时控制该截面的方位。

⑤【缩放方法】中的选项含义如下。

【缩放】：在截面沿引导线进行扫掠时，可以增大或减小该截面的大小。

【比例因子】：在【缩放】设置为【恒定】时可用，用于指定值以在扫掠截面线串之前缩放它。

【倒圆功能】：在【缩放】设置为【倒圆功能】时可用，用于将截面之间的倒圆设置为【线性】或【三次】，为【倒圆功能】的【起点】与【终点】指定值。

（5）【设置】区域

①【体类型】：用于为扫掠特征指定片体或实体。要获取实体，截面线串必须形成闭环。

②【沿引导线输出多片曲面】：为与引导线串的段匹配的扫掠特征创建单独的面。如果未选择此选项，则扫掠特征将始终为单个面，而不管段数如何。仅适用于具有单个引导线串的单个截面。

③【重新构建】：所有【重新构建】选项都可用于截面线串及引导线串。单击【设置】组中的【引导线】或【截面】，以分别为【引导线】或【线串】选择【重新构建】选项。

● 4. 实战演练——使用两条引导线创建扫掠特征

利用"扫掠创建曲面"的方法创建曲面特征，具体操作步骤如下。

步骤 01 打开随书资源中的"素材\CH09\03.prt"文件，如下图所示。

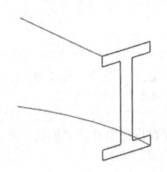

步骤 02 选择【菜单】▶【插入】▶【扫掠】▶【扫掠】菜单命令，系统弹出【扫掠】对话框后，在【截面选项】区域内进行如下图所示的参数设置。

步骤 03 在【截面】区域内选择【选择曲线】选项，然后在绘图区域内单击选择如下图所示的截面曲线。

选择截面曲线

步骤 04 在【引导线（最多3条）】区域内选择【选择曲线】选项，然后在绘图区域内单击选择如下图所示的引导线。

引导线

步骤 05 在【定向方法】区域内选择【选择曲线】选项，然后在绘图区域内单击选择如下图所示的曲线。

选择曲线

完成曲面的创建，如下图所示。

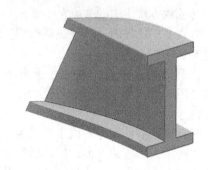

步骤 06 在【扫掠】对话框中单击【确定】按钮

9.3.3 截面曲面

可以使用"截面"命令构造通过定义截面的体，该截面使用二次曲线构造方法定义。

● 1. 功能常见调用方法

选择【菜单】▶【插入】▶【扫掠】▶【截面】菜单命令即可，如下图所示。

● 2. 系统提示

系统会弹出【截面曲面】对话框，如下图所示。

● 3. 知识点扩展

下面对截面曲面的常见类型进行介绍。

（1）【二次】曲线类型，使用【肩线】模式和顶线

创建一个截面曲面，其起始于第一条引导曲线，穿过内部肩曲线并终止于终止引导曲线，如下图所示。

每个端点的斜率由顶线定义。

脊线决定已计算剖切平面的方位。

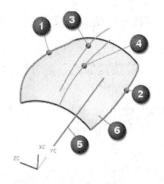

❶ 起始引导线 ❷ 终止引导线 ❸ 顶线 ❹ 肩曲线 ❺ 脊线 ❻ 预览曲面

（2）【二次】曲线类型，使用【肩线】模式和两条斜率曲线

创建一个截面曲面，其起始于第一条引导曲线，穿过内部肩曲线并终止于终止引导曲线，如下图所示。

斜率在起点和终点由两个不相关的斜率控制曲线定义。

脊线决定已计算截面平面的方位。

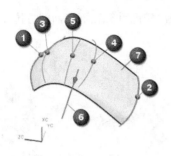

❶起始引导线 ❷终止引导线 ❸起始斜率曲线 ❹终止斜率曲线

❺肩曲线 ❻脊线 ❼预览曲面

（3） 【二次】曲线类型，使用 【肩线】模式和两个斜率面

创建截面曲面，它可以分别在位于两个体的两条曲线之间形成光顺圆角。该曲面开始于第一条引导曲线，并与第一个体相切。它终止于第二条引导曲线，与第二个体相切，并穿过肩曲线，如下图所示。

脊线决定已计算截面平面的方位。

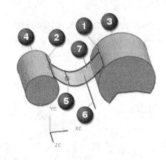

❶起始引导线 ❷终止引导线 ❸起始面 ❹终止面 ❺肩曲线

❻脊线 ❼预览曲面

（4） 【二次】曲线类型，使用 【Rho】模式和顶线

创建一个截面曲面，其起始于起始引导曲线，终止于终止引导曲线，如下图所示。

每个端点的斜率由选定顶线定义，每个二次剖面的丰满度由 Rho 值控制。

脊线确定计算的截面平面的方位。

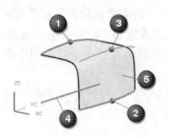

❶起始引导线 ❷终止引导线 ❸顶线 ❹脊线 ❺预览曲面

（5） 【二次】曲线类型，使用 【Rho】模式和两条斜率曲线

创建一个截面曲面，其起始于起始引导曲线，终止于终止引导曲线，如下图所示。

斜率在起点和终点由两个不相关的斜率控制曲线定义。每个二次曲线截面的丰满度由相应的 Rho 值控制。

脊线决定已计算截面平面的方位。

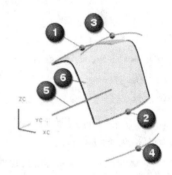

❶起始引导线 ❷终止引导线 ❸起始斜率曲线 ❹终止斜率曲线

❺脊线 ❻预览曲面

（6） 【二次】曲线类型，使用 【Rho】模式和两个斜率面

创建截面曲面，它可以分别在位于两个体的两条曲线之间形成光顺圆角，如下图所示。

每个二次曲线截面的丰满度由相应的 Rho 值控制。

脊线确定计算的截面平面的方位。

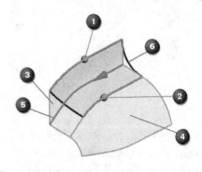

❶起始引导线 ❷终止引导线 ❸起始面 ❹终止面 ❺脊线

❻预览曲面

（7） 【二次】曲线类型，使用 【高亮】显示模式和顶线

创建一个截面曲面，其起始于起始引导曲线，终止于终止引导曲线，且与根据高亮显示曲线而计算的曲面相切，如下图所示。

每个端点的斜率由顶线定义。

脊线决定已计算截面平面的方位。

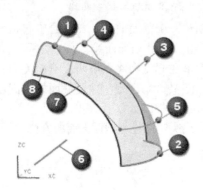

① 起始引导线 ② 终止引导线 ③ 顶线 ④ 开始高亮显示曲线

⑤ 结束高亮显示曲线 ⑥ 脊线

⑦ 已计算的相切线和高亮显示曲线端点 ⑧ 预览曲面

（8）🔺【二次】曲线类型，使用🔷【高亮】显示模式和两条斜率曲线

创建一个截面曲面，其起始于起始引导曲线，终止于终止引导曲线，且与根据高亮显示曲线而计算的曲面相切，如下图所示。

斜率在起点和终点由两个不相关的斜率控制曲线定义。

脊线决定已计算截面平面的方位。

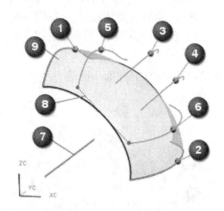

① 起始引导线 ② 终止引导线 ③ 起始斜率曲线 ④ 终止斜率曲线

⑤ 开始高亮显示曲线 ⑥ 结束高亮显示曲线 ⑦ 脊线

⑧ 已计算的相切线和高亮显示曲线端点 ⑨ 预览曲面

（9）🔺【二次】曲线类型，使用🔷【高亮】显示模式和两个斜率面

创建截面曲面，它可以在分别位于两个体上（并与使用高亮显示曲线计算的线相切）的起始与终止引导曲线之间形成光顺倒圆，如下图所示。

脊线决定已计算截面平面的方位。

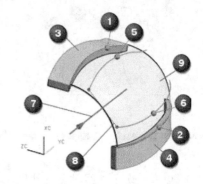

① 起始引导线 ② 终止引导线 ③ 起始面 ④ 终止面

⑤ 开始高亮显示曲线 ⑥ 结束高亮显示曲线 ⑦ 脊线

⑧ 已计算的相切线和高亮显示曲线端点 ⑨ 预览曲面

（10）🔺【二次】曲线类型，使用🔶【四点-斜率】模式和一条斜率曲线

创建在起始引导曲线上开始、穿过两条内部曲线，并在终止引导曲线上终止的截面曲面，如下图所示。

一条斜率控制曲线定义起始斜率。

脊线确定计算的截面平面的方位。

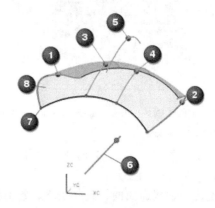

① 起始引导线 ② 终止引导线 ③ 内部引导线1 ④ 内部引导线2

⑤ 起始斜率曲线 ⑥ 脊线 ⑦ 曲线端点（典型） ⑧ 预览曲面

（11）🔺【二次】曲线类型，使用🔶【五点】模式

使用5条现有曲线作为控制曲线来创建截面曲面。该曲面起始于第一条引导曲线，穿过3条内部引导曲线，并终止于终止引导曲线，如下图所示。

脊线决定已计算截面平面的方位。

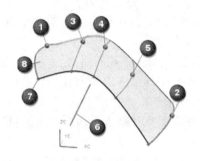

❶起始引导线 ❷终止引导线 ❸内部引导线1 ❹内部引导线2

❺内部引导线3 ❻脊线 ❼曲线端点（典型）❽预览曲面

（12）○【圆形】类型，使用◇【三点】模式

创建从起始引导曲线开始、穿过内部引导曲线，并在终止引导曲线上终止的截面曲面，如下图所示。

脊线决定已计算截面平面的方位。

截面曲面的截面是圆弧。

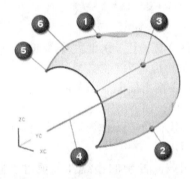

❶起始引导线 ❷终止引导线 ❸内部引导线1 ❹脊线

❺曲线端点（典型）❻预览曲面

（13）○【圆形】类型，使用▱【两点-半径】模式

创建带有指定半径的圆形截面的曲面。该曲面根据起始引导曲线到终止引导曲线（相对于脊线方向），以逆时针方向进行创建，如下图所示。

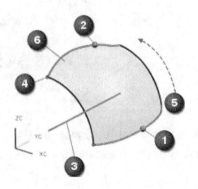

❶起始引导线 ❷终止引导线 ❸脊线 ❹曲线端点（典型）

❺逆时针旋转方向 ❻预览曲面

（14）○【圆形】类型，使用◓【两点-斜率】模式

创建一个截面曲面，其起始于起始引导曲线，终止于终止引导曲线，如下图所示。

斜率在起始处由选定的控制曲线来确定。

脊线决定已计算截面平面的方位。

片体的截面是圆弧。

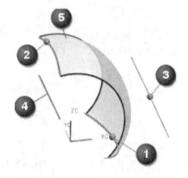

❶起始引导线 ❷终止引导线 ❸起始斜率曲线

❹脊线 ❺预览曲面

（15）○【圆形】类型，使用◹【半径-角度-圆弧】模式

通过在相切面上定义一条起始引导曲线，以及关于曲率半径和曲面所跨角度的规律，可以创建一个截面曲面，如下图所示。

脊线决定已计算截面平面的方位。

曲面的默认位置的方向为面法向，可以将该曲面更改到相切面的另一侧。

角度可以从-179°到-1°，或从1°到179°进行变化，但不得过零。半径必须大于0。

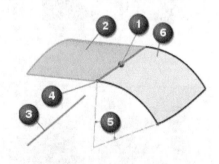

❶起始引导线 ❷起始面 ❸脊线 ❹端点（典型）

❺半径和角度规律 ❻预览曲面

（16）○【圆形】类型，使用◉【中心半径】模式

通过起始引导曲线创建完整圆形剖切曲面，如下图所示。半径是由某一规律定义的，而脊线决定计算的剖切平面的方位。也可以指定可选的第二条方位曲线。

在曲面的某一端或两端，半径可以为0，但其他地方不能为0。

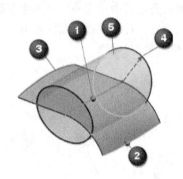

❶ 起始引导线 ❷ 方位引导线（可选） ❸ 脊线

❹ 半径规律 ❺ 预览曲面

（17）〇【圆形】类型，使用🖉【相切半径】模式

使用起始引导曲线、相切面及规律来创建与面相切的圆形截面曲面，以定义曲面的半径，如下图所示。

可以选择多个面。可以在凹圆弧或凸圆弧方向创建曲面。

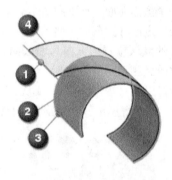

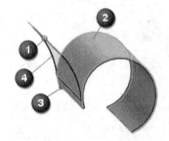

❶ 起始引导线 ❷ 起始面（斜率控制的起始的相切面） ❸ 脊线

❹ 预览曲面

（18）🖉【三次曲线】类型，使用🖉【两个斜率】模式

创建一个 S 形截面曲面，其在起始引导曲线与终止引导曲线之间形成一个光顺三次圆角，如下图所示。

斜率在起点和终点由两个不相关的斜率控制曲线定义。

脊线决定已计算截面平面的方位。

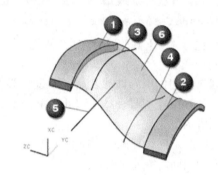

❶ 起始引导线 ❷ 终止引导线 ❸ 起始斜率曲线

❹ 终止斜率曲线 ❺ 脊线 ❻ 预览曲面

（19）🖉【三次曲线】类型，使用🖉【圆角桥接】

创建在两组面上的两条曲线之间形成桥接的截面曲面，如下图所示。

通过执行以下操作，可以控制圆角－桥接曲面的形状。

使用截面控制的连续性选项可以通过匹配圆角－桥接截面处的切线（G1）、曲率（G2）或流（G3）来更改外形。您还可以使用深度和歪斜选项对外形进行进一步调整，直到获得所要的外形。

选择一条脊线，它的一般形状决定圆角－桥接曲面的外形。

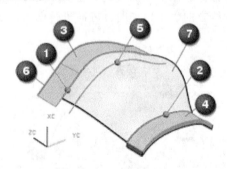

❶ 起始引导线 ❷ 终止引导线 ❸ 起始面 ❹ 终止面

❺ 起始形状曲线（适用于继承形状剖切方法） ❻ 脊线 ❼ 预览曲面

（20）／【线性】

创建与一个或多个面相切（或呈某一角度）的线性截面曲面。此曲面是通过选择起始曲线、面并有选择地指定角度，然后选择样条来创建的，如右图所示。

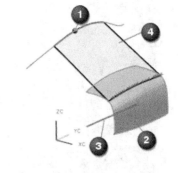

❶ 起始曲线 ❷ 参考面 ❸ 样条曲线 ❹ 预览曲面

9.3.4 通过曲线组创建曲面

该功能通过选取曲线组创建曲面，曲线组中曲线的数量至少为两条。

◉ 1. 功能常见调用方法

选择【菜单】➤【插入】➤【网格曲面】➤【通过曲线组】菜单命令即可，如下图所示。

◉ 2. 系统提示

系统会弹出【通过曲线组】对话框，如下图所示。

◉ 3. 知识点扩展

【通过曲线组】对话框中各选项含义如下。

（1）【截面】区域

该区域主要用来选取截面线串或添加截面创建新集等。其中，选取的截面线串可以由一个对象或多个对象组成，并且每个对象既可以是曲线、实体边，也可以是实体面。截面线串最多可选取150个。

（2）【连续性】区域

选择第一个和/或结束曲线截面处的约束面，然后指定连续性。

① 【全部应用】：将为一个截面选定的连续性约束施加于第一个和最后一个截面。

② 【第一个截面】/【最后一个截面】：用于选择约束面并指定所选截面的连续性。可以指定【G0（位置）】、【G1（相切）】或【G2（曲率）】连续性。【选择面】🔲可用于【G1（相切）】与【G2（曲率）】，以供选择一个或多个连续性约束面。不受约束的"通过曲线组"曲面（绿色），两组面的 G2 约束"通过曲线组"曲面效果如下图所示。

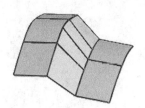

③【流向】：所有【连续性】选项均设置为【G0（位置）】时不可用，此选项仅适用于使用约束曲面的模型。

（3）【对齐】区域

该区域通过定义如何沿截面线串隔开新曲面的等参数曲线来控制特征的形状。

（4）【输出曲面选项】区域

该区域包括【补片类型】下拉列表、【V向封闭】复选项、【垂直于终止截面】复选项和【构造】下拉列表。

①【补片类型】下拉列表：通过该选项可以选择补片的类型为单侧、多个或匹配线串，如下图所示。

只有在选择【多个】选项时，【V向封闭】复选项和【垂直于终止截面】复选项才会被激活。

②【V向封闭】复选项：对于多个补片来说，行方向（U向）的体的封闭状态取决于截面线串的封闭状态。如果选择的线串全部封闭，则生成的体将在U向上封闭，当【V向封闭】被选中时，片体沿列（V向）方向封闭。

③【垂直于终止截面】复选项：使输出曲面垂直于两个终止截面。

④【构造】下拉列表：该下拉列表包括【法向】、【样条点】和【简单】3个选项，如

下图所示。

构造	法向 ▼
设置	法向
	样条点
预览	简单

【法向】：选择该选项时，使用标准步骤建立曲线网格曲面，和其他的【构造】选项相比，将使用更多数量的补片来创建体或曲面，如下图所示。

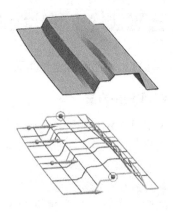

【样条点】：通过为输入曲线使用点和这些点处的斜率值来创建体。选择的曲线必须是有相同数量定义点的单根B曲线。

【简单】：创建尽可能简单的曲线网格曲面，使曲面中的补片数和边界杂质最小化，如下图所示。

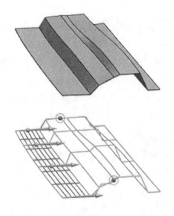

● 4. 实战演练——创建通过曲线组的曲面

利用"通过曲线组创建曲面"的方法创建曲面特征，具体操作步骤如下。

步骤01 打开随书资源中的"素材\CH09\04.prt"文件，如下图所示。

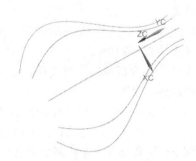

步骤02 选择【菜单】▶【插入】▶【网格曲面】▶【通过曲线组】菜单命令，系统弹出【通过曲线组】对话框后，进行如下图所示的参数设置。

步骤03 根据提示，在绘图区域内单击选择要剖切的曲线，并按鼠标中键确认。此时选择的曲线显示方向箭头，如下图所示。

步骤04 依次单击选择要剖切的曲线，并按鼠标中键确认。单击曲线时，注意保持单击的位置在同一侧，以便保证方向箭头能指向同一侧，如下图所示。

步骤05 在【通过曲线组】对话框中单击【确定】按钮完成曲面的创建，如下图所示。

9.3.5 通过曲线网格创建曲面

该功能通过选取网格形状曲线创建曲面，选取曲线时要在选择主曲线和交叉曲线后才能定义曲面。

1. 功能常见调用方法

选择【菜单】▶【插入】▶【网格曲面】▶【通过曲线网格】菜单命令即可，如右图所示。

● 2. 系统提示

系统会弹出【通过曲线网格】对话框，如下图所示。

● 3. 知识点扩展

【通过曲线网格】对话框中各选项含义如下。

（1）【主曲线】区域

① ⤴ ⌐▯【选择曲线或点】：用于选择包含曲线、边或点的主截面集。

② ⌐▯【指定原始曲线】：选择封闭曲线环时，用于更改原点曲线。

（2）【交叉曲线】区域

⌐▯【选择曲线】：用于选择包含曲线或边的横截面集。如果所有选定的主截面都是闭环，则可以为第一组和最后一组横截面选择相同的曲线，以创建封闭体。

（3）【连续性】区域

该区域用于在第一主截面和/或最后主截面，以及第一横截面与最后横截面处选择约束面，并指定连续性。可以沿公共边或在面的内部约束网格曲面。

① 【全部应用】：将相同的连续性设置应用于第一个及最后一个截面。

② 【第一主线串】、【最后主线串】、【第一交叉线串】、【最后交叉线串】中的选项如下。

【G0（位置）】：位置连续公差，距离公差的默认值。

【G1（相切）】：相切连续公差，角度公差的默认值。

【G2（曲率）】：曲率连续公差，默认值为相对公差的 0.1 或10%。

如果选中【全部应用】复选项，则选择一个便可更新所有设置。

③ ⬜【选择面】：将任何截面的连续性设置为【G1（相切）】或【G2（曲率）】时显示。用于按需要选择一个或多个约束面。

（4）【脊线】区域

【选择曲线】：仅当第一个与最后一个主截面是平的面时可用。用于选择脊线来控制横截面的参数化。脊线通过强制 U 参数线垂直于该脊线，可以提高曲面光顺度。

（5）【输出曲面选项】区域

① 【着重】：指定曲面穿过主曲线、交叉曲线或这两条曲线的平均线。

② 【构造】：用于指定创建曲面的构造方法。

③ ✕ 【选择主模板】/【选择交叉模板】：仅当构造设置为【简单】时才可用。用于为主截面与横截面选择模板曲线，可以为两个方向选择相同的曲线。选择模板后，系统会尝试整修用于生成的曲线以反映模板的阶次与分段，并直接根据整修过的曲线构建曲面。

（6）【设置】区域

① 【体类型】：用于为"通过曲线网格"特征指定片体或实体。

② 【重新构建】：仅当【输出曲面选项】组中的构造设置为【法向】时才可用。通过重新定义主截面与横截面的阶次和/或段数，构造高质量的曲面。如果这些截面的节点放置不当，或它们之间存在阶次差异，则输出曲面可能比所需的更为复杂或等参数线可能过度弯曲，这会使高亮显示不正确，并妨碍曲面之间的连续性。使用【重新构建】选项，可以进行必要的更改并再次构建曲面。

③ 【公差】：指定相交与连续选项的公差值，以控制有关输入曲线的、重新构建曲面的精度。

4. 实战演练——创建通过曲线网格的曲面

利用"通过曲线网格创建曲面"的方法创建曲面特征，具体操作步骤如下。

步骤 01 打开随书资源中的"素材\CH09\05.prt"文件，如下图所示。

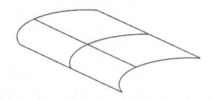

步骤 02 选择【菜单】➤【插入】➤【网格曲面】➤【通过曲线网格】菜单命令，系统弹出【通过曲线网格】对话框后，进行如下图所示的参数设置。

步骤 03 根据提示，在绘图区域内单击选择主曲线，并按鼠标中键确认。此时选择的曲线显示方向箭头，如下图所示。

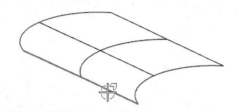

步骤 04 依次单击选择主曲线，并按鼠标中键确认。单击曲线时，注意保持单击的位置在同一侧，以便保证方向箭头能指向同一侧，如下图所示。

步骤 05 单击【交叉曲线】区域的【选择曲线】按钮，依次单击选择交叉曲线，并按鼠标中键确认。单击曲线时，注意保持单击的位置在同一侧，如下图所示。

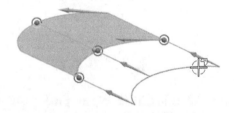

步骤 06 单击【确定】按钮完成曲面的创建，如下图所示。

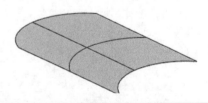

9.4 综合应用——创建座椅垫的轮廓曲面

本节视频教程时间：8 分钟

本节创建座椅垫的轮廓曲面，创建过程中首先创建样条曲线，然后通过曲线创建曲面特征，具体操作步骤如下。

第1步：创建曲线

步骤 01 打开随书资源中的"素材\CH09\06.prt"文件，如下图所示。

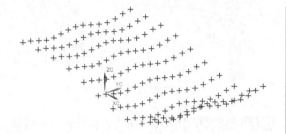

步骤02 选择【菜单】▶【插入】▶【曲线】▶【艺术样条】菜单命令，系统弹出【艺术样条】对话框后，进行如下图所示的参数设置。

步骤03 在绘图区域内依次单击选择作为第一条曲线上的点，如下图所示。

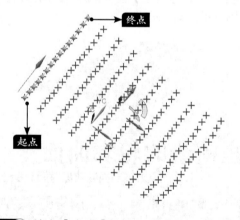

步骤04 单击【应用】按钮，完成第一条曲线的创建，如下图所示。

步骤05 重复上述操作，完成其他曲线的创建，如下图所示。

步骤06 使用同样的方法创建部分阵列曲线，如下图所示。

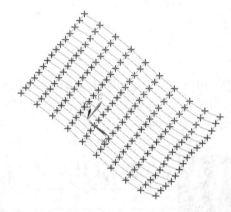

步骤07 选择【菜单】▶【编辑】▶【显示和隐藏】▶【显示和隐藏】菜单命令，系统弹出【显示和隐藏】对话框后，单击【点】类型后面的隐藏符号将全部点隐藏起来，然后单击【关闭】按钮即可得到网格曲线，如下图所示。

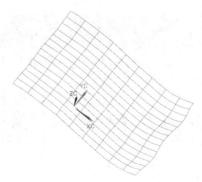

第2步：创建曲面

步骤01 选择【菜单】▶【插入】▶【网格曲面】▶【通过曲线网格】菜单命令，系统弹出【通过曲线网格】对话框后，进行如下图所示的参数设置。

步骤02 根据提示，在绘图区域内单击选择主曲线，并按鼠标中键确认。此时选择的曲线显示

方向箭头，如下图所示。

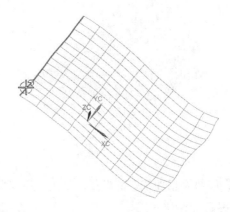

步骤03 依次单击选择主曲线，并按鼠标中键确认。单击曲线时，注意保持单击的位置在同一侧，以便保证方向箭头能指向同一侧，如下图所示。

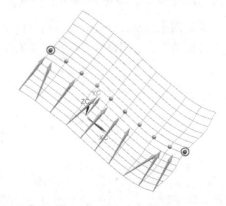

步骤04 单击【交叉曲线】区域的【选择曲线】按钮，依次单击选择交叉曲线，并按鼠标中键确认。单击曲线时，注意保持单击的位置在同一侧，如下图所示。

步骤05 在【通过曲线网格】对话框中单击【确定】按钮完成曲面的创建，如下图所示。

曲面，结果如下图所示。

步骤 06 将网格曲线全部隐藏，以便得到需要的

 疑难解答

🔘 本节视频教程时间：1分钟

🔘 **由点创建曲面时，点应该如何正确选择**

　　当指定创建点或极点时，应该用有近似相同顺序的行选择它们，否则可能会得到不需要的结果。下图显示了不同的对象选择顺序和所得到的体。

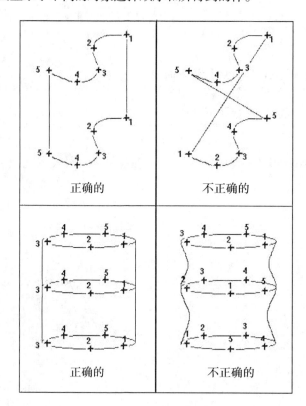

第10章

曲面的操作与编辑

学习目标

　　本章主要讲解UG NX 12.0曲面的操作与编辑。在学习的过程中应重点掌握各种曲面操作与编辑方法的结合使用，以便更容易地创建出需要的曲面特征。

学习效果

 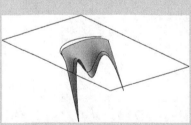 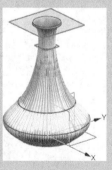

10.1 曲面的操作

● **本节视频教程时间：16分钟**

曲面的操作主要包括桥接曲面、N边曲面、偏置曲面及修剪片体等的操作。

10.1.1 桥接曲面

桥接曲面是在两个主曲面之间构造一个新曲面的操作。

● **1. 功能常见调用方法**

选择【菜单】▶【插入】▶【细节特征】▶
【桥接】菜单命令即可，如下图所示。

● **2. 系统提示**

系统会弹出【桥接曲面】对话框，如下图
所示。

● **3. 知识点扩展**

【桥接曲面】对话框的【约束】区域中各
相关选项含义如下。

（1）【连续性】
边1或边2的选择。
● G0（位置），如下图所示。

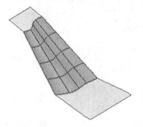

● G1（相切），如下图所示

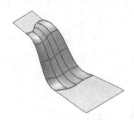

● G2（曲率），如下图所示

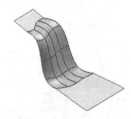

（2）【相切幅值】
边1或边2的选择。
● 相切幅值=1.0，如下图所示

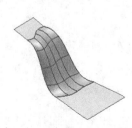

● 相切幅值=2.0，如下图所示

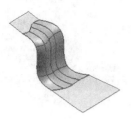

（3）【流向】

边 1 和 边2的选择。

● 未指定，如下图所示

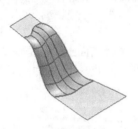

● 等参数，如下图所示

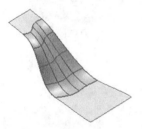

● 垂直，如下图所示

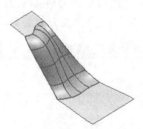

（4）【边限制】

边 1 或 边2的选择。

● 起点 0%、终点 100%，如下图所示

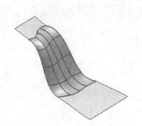

● 起点 25%、终点 75%，如下图所示

● 偏置=0%，如下图所示

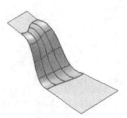

● 偏置=50%，如下图所示

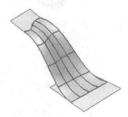

● 4. 实战演练——在两个面之间创建桥接

利用"桥接曲面"的方法在两个面之间创建桥接特征，具体操作步骤如下。

步骤 01 打开随书资源中的"素材\CH10\1.prt"文件，如下图所示。

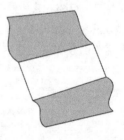

步骤 02 选择【菜单】▶【插入】▶【细节特征】▶【桥接】菜单命令，系统弹出【桥接曲面】对话框后，在【连续性】区域内选中【G1（相切）】选项，如下图所示。

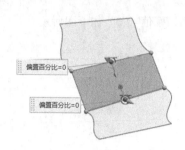

小提示

选择两个边时，要注意单击每个主面时光标的位置，光标的位置要靠近桥接的边，否则会得不到桥接的结果。

步骤 03 根据提示，在绘图区域内选择两个边，如下图所示。

步骤 04 在【桥接曲面】对话框中单击【确定】按钮后，系统自动完成曲面的桥接，如下图所示。

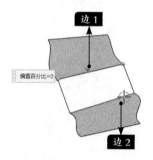

10.1.2　N边曲面

N边曲面用于通过使用不限数量的曲线或边创建一个曲面，并指定其与外部面的连续性（所用的曲线或边组成一个简单的开放或封闭的环）。可以通过该命令移除非四边曲面上的洞。

● **1. 功能常见调用方法**

选择【菜单】▶【插入】▶【网格曲面】▶【N边曲面】菜单命令即可，如下图所示。

● **2. 系统提示**

系统会弹出【N边曲面】对话框，如右图所示。

3. 知识点扩展

【N边曲面】对话框的【类型】区域中各相关选项含义如下。

①【已修剪】：允许创建单个曲面，覆盖选定曲面的开放或封闭环内的整个区域，如下图所示。

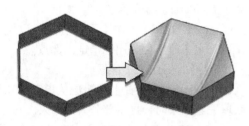

②【三角形】：用于在选中曲面的封闭环内创建一个由单独的三角形补片构成的曲面，每个补片由每条边和公共中心点之间的三角形区域组成，如下图所示。

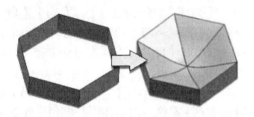

4. 实战演练——创建修剪的N边曲面

创建修剪的"N边曲面"特征，具体操作步骤如下。

步骤01 打开随书资源中的"素材\CH10\2.prt"文件，如下图所示。

步骤02 选择【菜单】▶【插入】▶【网格曲面】▶【N边曲面】菜单命令，系统弹出【N边曲面】对话框后，进行如下图所示的参数设置。

步骤03 根据提示，在绘图区域内选择边界曲线，如下图所示。

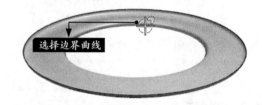

步骤04 系统生成曲面效果如下图所示，勾选【设置】区域中的【修剪到边界】复选项。

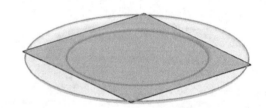

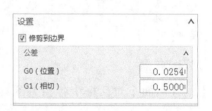

步骤05 在【N边曲面】对话框中单击【确定】按钮完成操作，结果如下图所示。

10.1.3 偏置曲面

偏置曲面用于在实体或片体的表面上创建等距离或不等距离的偏置面。结果是与选择的面有偏置关系的新体（一个或多个）。

● 1. 功能常见调用方法

选择【菜单】▶【插入】▶【偏置/缩放】▶【偏置曲面】菜单命令即可，如下图所示。

● 2. 系统提示

系统会弹出【偏置曲面】对话框，如下图所示。

● 3. 知识点扩展

【偏置曲面】对话框中各相关参数含义如下。

（1）【面】区域

① ⬛【选择面】：用于选择要偏置的面。面可以分组到具有相同偏置值的多个集合中，它们将在列表框中显示为偏置集。

②【偏置 <编号>】：用于指定每个面集的偏置值。

③ ✛【添加新集】：创建选定面的面集，并为要选择的面创建一个新集。

④【列表】：列出面集及其偏置值。

（2）【特征】区域

①【输出】：确定输出特征的数量。

②【面的法向】：在【输出】设置为【为每个面创建一个特征】时可用。确定如何为每个要偏置的曲面指定矢量方向。

③【指定点】：在【面的法向】设置为【从内部点】时可用。用于指定内部点。

（3）【部分结果】区域

①【启用部分偏置】：无法从指定的几何体获取完整结果时，提供部分偏置结果。

②【动态更新排除列表】：在选中【启用部分偏置】复选项时可用。

③【要排除的最大对象数】：在选中【启用部分偏置】复选项与【动态更新排除列表】复选项时可用。

④【局部移除问题顶点】：在选中【启用部分偏置】复选项与【动态更新排除列表】复选项时可用。使用具有【球头刀具半径】中指定半径的工具球头，从部件中减去问题顶点。

⑤【球头刀具半径】：仅当选中【局部移除问题顶点】复选项时启用。控制用于切除问题顶点的球头的大小。

（4）【设置】区域

①【相切边】：在【输出】设置为【所有面对应一个特征】时可用。

②【公差】：为偏置曲面特征设置距离公差，默认值来自建模首选项中的距离公差。

● 4. 实战演练——创建偏置曲面

利用曲面的"偏置"功能创建偏置曲面特征，具体操作步骤如下。

步骤 01 打开随书资源中的"素材\CH10\3.prt"文件，如下图所示。

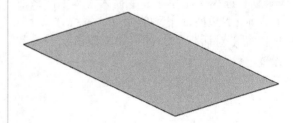

步骤 02 选择【菜单】▶【插入】▶【偏置/缩放】▶【偏置曲面】菜单命令，系统弹出【偏置曲面】对话框后，根据提示在绘图区域内选择要偏置的面，如下图所示。

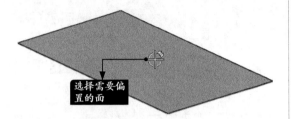

选择需要偏置的面

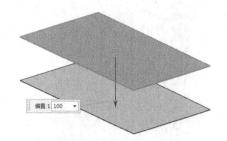

偏置 1 100

步骤 03 在【偏置1】文本框中输入新的偏置距离"100"，如下图所示。

步骤 04 在【偏置曲面】对话框中单击【确定】按钮完成偏置曲面的操作，结果如下图所示。

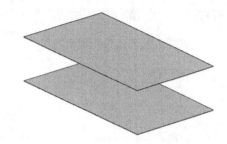

10.1.4 修剪片体

使用"修剪片体"命令可同时修剪多个片体，并可将片体修剪为相交面与基准，以及投影曲线和边。

● 1. 功能常见调用方法

选择【菜单】▶【插入】▶【修剪】▶【修剪片体】菜单命令即可，如下图所示。

● 2. 系统提示

系统会弹出【修剪片体】对话框，如右图所示。

● 3. 实战演练——使用曲线来修剪片体

使用曲线来修剪片体，具体操作步骤如下。

步骤 01 打开随书资源中的"素材\CH10\4.prt"文件，如下图所示。

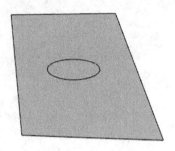

步骤 02 选择【菜单】▶【插入】▶【修剪】▶【修剪片体】菜单命令，系统弹出【修剪片体】对话框后，进行如下图所示的参数设置。

步骤 03 根据提示，在绘图区域内选择要修剪的片体，如下图所示。

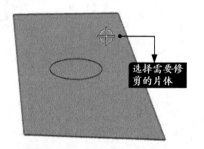

步骤 04 单击【边界】区域的【选择对象】按钮，并根据提示在绘图区域内选择如下图所示的曲线以指定边界对象。

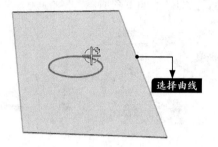

步骤 05 在【修剪片体】对话框中单击【确定】按钮完成修整片体的操作，结果如下图所示。

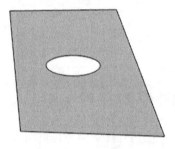

步骤 06 当在【区域】区域内选中【放弃】单选项时，修整片体的结果如下图所示。

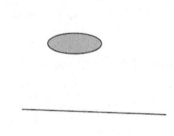

10.1.5 规律延伸

规律延伸使用户可以动态地根据距离和角度规律为现有的基本片体创建规律控制的延伸。当某特殊方向很重要或有必要参考现有的面时（例如，在冲模设计或模具设计中，拔模方向在创建分型面时起着重要作用），可以创建弯边或延伸。

● 1. 功能常见调用方法

选择【菜单】▶【插入】▶【弯边曲面】▶【规律延伸】菜单命令即可，如下图所示。

● 2. 系统提示

系统会弹出【规律延伸】对话框，如下图所示。

● 3. 实战演练——创建延伸曲面

使用"规律延伸"功能创建曲面延伸特征，具体操作步骤如下。

步骤01 打开随书资源中的"素材\CH10\5.prt"文件，如下图所示。

步骤02 选择【菜单】▶【插入】▶【弯边曲面】▶【规律延伸】菜单命令，系统弹出【规律延伸】对话框后，进行如下图所示的参数设置。

步骤03 根据提示，在绘图区域内选择基本曲线串，并按鼠标中键确认，如下图所示。

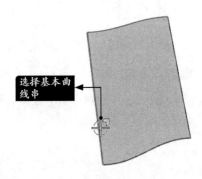

选择基本曲线串

步骤04 在绘图区域内选择参考面，如下图所示。

选择参考面

表区域驱动

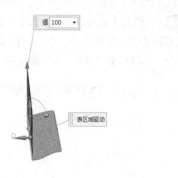

步骤 05 在【规律延伸】对话框中单击【确定】按钮完成曲面的延伸，结果如下图所示。

小提示

单击选择基本曲线串和参考面的时候，注意光标的位置，单击的位置不同，产生的结果也不同。

10.2 曲面的编辑

⊗ 本节视频教程时间：**7 分钟**

 曲面的编辑包括扩大、剪断曲面，X型控制曲线等操作。

10.2.1 扩大曲面

使用"扩大"命令可以增大或减小未修剪的体或面的大小。

● 1. 功能常见调用方法

选择【菜单】▶【编辑】▶【曲面】▶【扩大】菜单命令即可，如下图所示。

● 2. 系统提示

系统会弹出【扩大】对话框，如右图所示。

● 3. 实战演练——扩大曲面

使用"扩大"功能创建曲面扩大特征，具体操作步骤如下。

步骤 01 打开随书资源中的"素材\CH10\6.prt"文件，如下图所示。

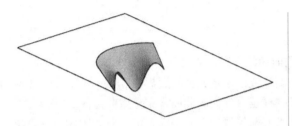

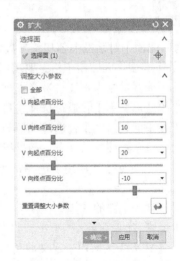

步骤 02 选择【菜单】▶【编辑】▶【曲面】▶
【扩大】菜单命令，系统弹出【扩大】对话框
后，根据提示在绘图区域内选择要扩大的面，
如下图所示。

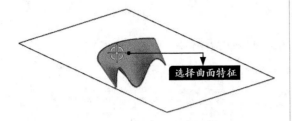

选择曲面特征

步骤 03 在【扩大】对话框中进行如下图所示的
参数设置。

步骤 04 在【扩大】对话框中单击【确定】按钮
完成曲面的扩大操作，结果如下图所示。

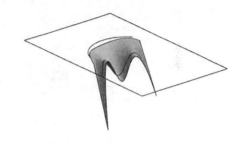

10.2.2 剪断曲面

使用"剪断曲面"命令可以在指定的边界几何体上分割曲面或剪断一部分曲面，修改目标曲
面的底层极点结构。

● 1. 功能常见调用方法

选择【菜单】▶【编辑】▶【曲面】▶【剪
断曲面】菜单命令即可，如下图所示。

● 2. 系统提示

系统会弹出【剪断曲面】对话框，如下图
所示。

3. 知识点扩展

【剪断曲面】对话框中各相关参数含义如下。

（1）【类型】区域用于指定要用以剪断所选曲面的方法。从以下类型中选择。

① 【用曲线剪断】：通过选择横越目标面的曲线或边来定义剪断边界。

② 【用曲面剪断】：通过选择与目标面交叉并横越目标面的曲面来定义剪断边界。

③ 【在平面处剪断】：通过选择与目标面交叉并横越目标面的平面来定义剪断边界。

④ 【在等参数面处剪断】：通过指定沿 U 或 V 向的总目标面的百分比来定义剪断边界。

（2）【选择面】选项用于选择要剪断的面。

目标面必须满足如下条件。

① 仅包含一个面的片体。

② 未经修剪的。

（3）【边界】区域用于定义剪断边界。

为定义边界而选择的对象必须接触目标曲面的对侧，如下图所示。

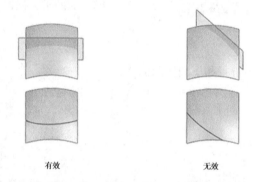

有效　　　　　　　　　　无效

10.2.3 X型控制曲线

使用"X 型"命令可通过动态操控极点位置来编辑曲面或样条曲线。

1. 功能常见调用方法

选择【菜单】➤【编辑】➤【曲面】➤【X 型】菜单命令即可，如下图所示。

2. 系统提示

系统会弹出【X型】对话框，如右图所示。

3. 知识点扩展

利用【X型】对话框可执行以下操作。

● 选择任意面类型（B曲面或非B曲面）。

● 使用标准的 NX 选择方法（如在矩形内部选择）选择一个或多个极点。

● 通过选择连接极点手柄的折线来选择极点行，如下图所示。

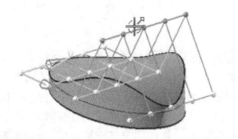

【X型】命令还包含编辑 B 曲面的高级选项。

可执行以下操作。

● 增加或减少极点和补片的数量。

● 插入节点。

● 按比例移动相邻极点。

● 在编辑曲面时维持曲面边处的连续性。

● 锁定曲面的区域以在编辑曲面时保持恒定。

● 使用对称和偏置条件来标识面。对选定面所做的修改会自动应用到符合这些条件的其他面上。

10.3 综合应用——创建花瓶模型

⊙ 本节视频教程时间：10分钟

本节综合利用曲面的绘制及编辑功能绘制花瓶模型，绘制过程中需要注意基准平面的正确创建，具体操作步骤如下。

 新建一个模型文件，选择【菜单】▶【插入】▶【草图】菜单命令，系统弹出【创建草图】对话框后，直接以系统默认的*XC-YC*平面为草图平面创建草图，绘制一个直径为100的圆形，然后单击【完成草图】按钮▧退出草图，如下图所示。

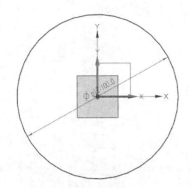

 选择【菜单】▶【插入】▶【基准/点】▶【基准平面】菜单命令，系统弹出【基准平面】对话框后，进行如下图所示的设置，并单击【确定】按钮完成基准平面的创建。

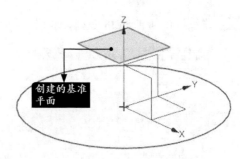

步骤03 继续进行基准平面的创建，如下图所示。

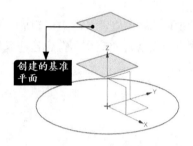

步骤 04 继续进行基准平面的创建，如下图所示。

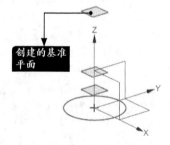

步骤 05 继续进行基准平面的创建，如下图所示。

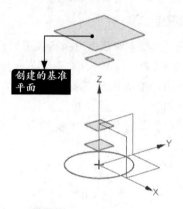

步骤 06 参考 **步骤 01** 的操作，分别在"固定基准平面2"上面绘制一个直径为150的圆形，在"固定基准平面3"上面绘制一个直径为100的圆形，在"固定基准平面4"上面绘制一个直径为30的圆形，在"固定基准平面5"上面绘制一个直径为50的圆形，如下图所示。

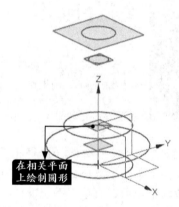

步骤 07 选择【菜单】➤【插入】➤【曲面】➤【填充曲面】菜单命令，系统弹出【填充曲面】对话框后，在绘图区域中选择如下图所示的圆形，并单击【确定】按钮。

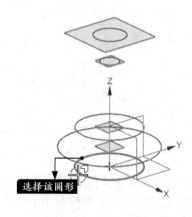

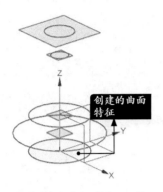

创建的曲面
特征

步骤 08 选择【菜单】▶【插入】▶【网格曲面】▶【通过曲线组】菜单命令，系统弹出【通过曲线组】对话框后，在绘图区域中依次选择如下图所示的圆形，并分别按鼠标中键确认。

依次选择圆形
创建曲面特征

步骤 09 在【通过曲线组】对话框中进行如下图所示的参数设置，并单击【确定】按钮。

片体方式创建
曲面特征

步骤 10 选择【菜单】▶【插入】▶【偏置/缩放】▶【加厚】菜单命令，系统弹出【加厚】对话框后，在绘图区域中选择如下图所示的曲面。

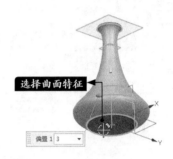

选择曲面特征

步骤 11 在【加厚】对话框中进行如下图所示的参数设置，并单击【确定】按钮。

厚度		^
偏置 1	3	mm ▼
偏置 2	0	mm ▼
反向		✕

疑难解答

🔎 **本节视频教程时间：1 分钟**

◉ **如何动态地修改曲面使其变形**

使用"使曲面变形"命令可使用拉长、折弯、歪斜、扭转和移位操作动态修改曲面。

本示例显示了如何使用"拉长"和"折弯"这两个中心点控件使曲面变形的。

中心点控件＝水平→拉长，如下图所示。

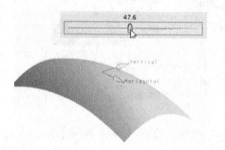
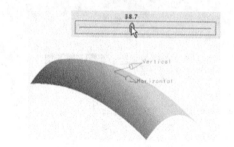

中心点控件＝V低→折弯，如下图所示。

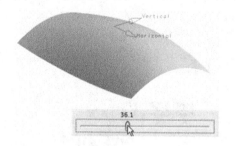
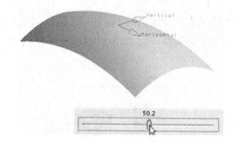

第3篇
三维绘图

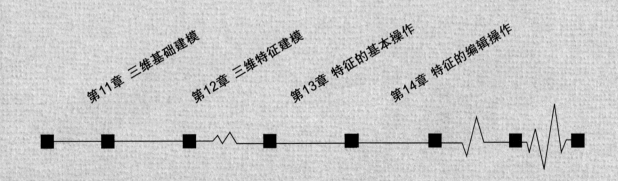

第11章 三维基础建模　　第12章 三维特征建模　　第13章 特征的基本操作　　第14章 特征的编辑操作

第 **11** 章

三维基础建模

学习目标

　　本章主要讲解UG NX 12.0的三维基础建模。在学习的过程中应重点了解实体特征的创建方法，因为它是建模最基础、也是最重要的一部分。

学习效果

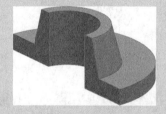

11.1 建模预设置

本节视频教程时间：12分钟

通过【建模首选项】对话框可以激活"建模预设置"功能。

1. 功能常见调用方法

选择【菜单】▶【首选项】▶【建模】菜单命令即可，如下图所示。

2. 系统提示

系统会弹出【建模首选项】对话框，如下图所示。

3. 知识点扩展

【建模首选项】对话框中各选项含义如下。

（1）【常规】选项卡

该选项卡主要用于控制【建模】模块中的通用设置。

● 体类型：【体类型】区域中包括如下两个选项。

【实线】单选项：设置利用曲线创建对象时生成的为实体。

【片体】单选项：设置利用曲线创建对象时生成的为片体。

● 单位设置：该区域包括【距离公差】、【角度公差】、【密度】和【密度单位】等选项。在相应的文本框中输入数据后，可以定义模型的基本单位。

【距离公差】文本框：建模中构造曲面和原始曲面对应点间的最大允许距离误差。

【角度公差】文本框：建模中构造曲面和原始曲面对应点法线间的最大允许角度误差。

【密度】文本框：指定模型的默认密度值。

【密度单位】文本框：指定模型的默认密度单位。

● 新面属性：该区域用于控制新面是作为一个体还是使用部件的默认设置。

【父体】单选项：设置在实体上生成新的表面的属性和实体属性一致。

当此首选项设置为【父体】时，圆柱上的以下圆角生成一个新面，它具有与此面所附着的体相同的显示属性，如下图所示。

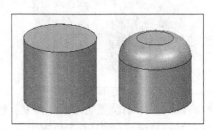

【默认部件】单选项：设置在实体上生成新的表面的属性和部件的默认显示属性一致。

当此首选项设置为默认部件时，圆柱上的以下圆角生成一个圆角曲面，该曲面的颜色不同于圆柱的颜色，如下图所示。

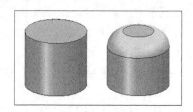

● 用于布尔操作面：该区域用于判断设置布尔运算时选取的体是作为目标体还是工具体。

【目标体】单选项：设置在两个实体进行布尔运算后生成的新表面显示属性和目标体的属性一致。

在下图中，进行布尔"求差"运算，其中棕褐色圆柱为目标体，蓝色块为工具体。此运算生成两个带有目标体显示属性的新面。

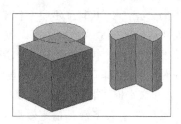

【工具体】单选项：设置在两个实体进行布尔运算后生成的新表面显示属性和工具体的属性一致。

当此首选项设置为【工具体】时，"求差"运算生成两个带有工具体显示属性的新面，如下图所示。

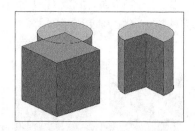

● 网格线：用于设置实体或片体在U和V方向上网格线的数量，U和V的参数越大，表面显

示越光滑。

【U】文本框：设置在线框显示模式下实体表面和片体表面在U向栅格的数量，以区别曲面和曲线。

【V】文本框：设置在线框显示模式下实体表面和片体表面在V向栅格的数量，以区别曲面和曲线。

（2）【自由曲面】选项卡

【自由曲面】选项卡主要用来设置曲线拟合方式、高级重新构建选项、自由曲面构造结果和动画等功能。

● 曲线拟合方法：此选项控制必须用样条逼近曲线时所使用的拟合方法，主要有以下3种选择。

【三次】单选项：使用阶次为3的样条。如果需要将样条数据传递到另一个仅支持三次样条的系统中，则必须使用该选项。

【五次】单选项：使用阶次为5的样条。用五次拟合方法创建的曲线，其段的数量比那些用三次拟合方法创建的曲线的段数量少，因此更容易通过移动极点来进行编辑。曲率分布更光顺，并且可以更好地复制实际曲线的曲率属性。

【高阶】单选项：用户选中该单选项后，针对展开曲线的阶次和分段指定更多控制。可以通过其下方的【高级重建选项】设置拟合方式。

● 构造结果：【构造结果】选项用来设置构建的片体性质，它包含以下两个选项。

【平面】单选项：构建片体性质是与边界平面性质一样的平面。

【B曲面】单选项：构建片体性质是B曲面（即非均匀有理B-样条曲线）。

● 【预览分辨率】下拉列表：具体选取何种方式要看用户自己的硬件设备，一般来说，分辨率越精细，反应的速度越慢。

（3）【分析】选项卡

该选项卡主要用于控制在进行分析时曲线和曲面上的极点颜色，同时还可以进行曲线曲率的显示方式及面显示的设置。

● 曲线显示：用于选择以何种方法显示曲线终点。

● 面显示：用于指定网格线及C0、C1和C2节点线的颜色和线型。

（4）【编辑】选项卡

该选项卡主要用于控制在进行编辑时鼠标的操作方式等。

● 【删除时通知】复选项：该复选项用于控制在删除影响其他特征参数和特性时，是否弹出警告信息对话框。

● 【允许编辑内部草图的尺寸】复选项：该复选项用于控制是否允许编辑内部草图的尺寸。

（5）【仿真】选项卡

该选项卡主要用于控制在建模环境中可以显示特定于仿真的对话框项。

（6）【更新】选项卡

该选项卡主要用于在建模环境中动态更新相关参数的设置。

● 【动态更新模式】下拉列表：该选项用于设置动态更新参数，选择其中一个可以控制模型动态更新的速度。该下拉列表中包含以下3种选项，如下图所示。

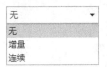

【无】：不进行动态更新，即模型不随定义曲线的改变而更新。

【增量】：模型形状在鼠标停止动作时进行更新。

【连续】：设置模型随着定义曲线的改变而实时更新。

11.2 基准特征

本节视频教程时间：12分钟

基准特征主要有基准平面（基准面）、基准轴线（基准轴）和基准坐标系（基准CSYS）3种，其中关于基准坐标系可以参考第2.2节的内容。

11.2.1 基准平面

基准平面的主要作用为辅助在圆柱、圆锥、球、回转体上建立形状特征，当特征定义平面和目标实体上的表面不平行（垂直）时辅助建立其他特征，或者作为实体的修剪面等。可以创建相对的和固定的两种类型的基准平面。

1. 功能常见调用方法

选择【菜单】▶【插入】▶【基准/点】▶【基准平面】菜单命令即可，如下图所示。

2. 系统提示

系统会弹出【基准平面】对话框，如右图所示。

● **3. 知识点扩展**

【类型】下拉列表如下图所示，其中各相关选项含义如下。

（1）【自动判断】：根据所选的对象确定要使用的最佳平面类型。

（2）【按某一距离】：创建与一个平的面或其他基准平面平行且相距指定距离的基准平面。

（3）【成一角度】：使用指定的角度创建平面。

（4）【二等分】：使用平分角在所选择的两个平面或基准平面的中间位置创建平面。

（5）【曲线和点】：使用一个点与另一个点、一条直线、线性边缘、基准轴或面创建平面。

（6）【两直线】：使用两条现有的直线，或者直线、线性边缘、面轴或基准轴的组合创建平面。

（7）【相切】：创建与一个非平面的曲面及另一个选定对象（可选）相切的基准平面。

（8）【通过对象】：基于选定对象的平面创建基准平面。

（9）【点和方向】：从一点沿指定方向创建平面。

（10）【曲线上】：创建与曲线或边上的一点相切、垂直或双向垂直的平面。

（11）【*yc-zc*平面】：沿工作坐标系（WCS）或绝对坐标系（ABS）的*xc-yc*轴创建固定基准平面。

（12）【*xc-zc*平面】：沿WCS或ABS的*xc-zc*轴创建固定基准平面。

（13）【*xc-yc*平面】：沿WCS或ABS的*yc-zc*轴创建固定基准平面。

（14）【按系数】：通过使用系数*a*、*b*、*c*和*d*指定方程来创建固定基准平面。

● **4. 实战演练——用成一角度方法创建基准平面**

利用"成一角度"方法创建基准平面特征，具体操作步骤如下。

步骤01 打开随书资源中的"素材\CH11\1.prt"文件，如下图所示。

步骤02 选择【菜单】▶【插入】▶【基准/点】▶【基准平面】菜单命令，系统弹出【基准平面】对话框后，进行如下图所示的参数设置。

步骤03 根据提示栏中的提示，在绘图区域内选择如下图所示的平面。

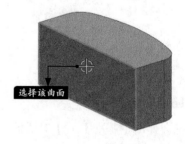

选择该曲面

步骤 04 根据提示，在绘图区域内选择线性对象以指定通过的轴，如下图所示。

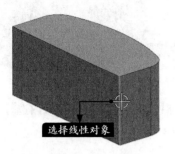

选择线性对象

步骤 05 在【基准平面】对话框中单击【确定】按钮，完成基准平面的创建，结果如下图所示。

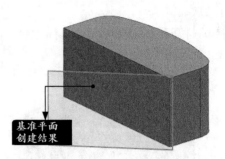

基准平面
创建结果

11.2.2 基准轴

基准轴一般作为建立回转特征的旋转轴线，也可以作为建立拉伸特征的拉伸方向等。

● 1. 功能常见调用方法

选择【菜单】▶【插入】▶【基准/点】▶【基准轴】菜单命令即可，如下图所示。

● 2. 系统提示

系统会弹出【基准轴】对话框，如下图所示。

● 3. 知识点扩展

【类型】下拉列表如右图所示，其中各相关选项含义如下。

（1）【自动判断】：根据所选的对象确定要使用的最佳基准轴类型。

（2）【交点】：在两个平的面、基准平面或平面的交点处创建基准轴。

（3）【曲线/面轴】：沿线性曲线或线性边，或者圆柱面、圆锥面或圆环的轴创建基准轴。

（4）【曲线上矢量】：创建与曲线或边上的某点相切、垂直或双向垂直，或者与另一对象垂直或平行的基准轴。

（5）【xc轴】：沿工作坐标系（WCS）的xc轴创建固定基准轴。

（6）【yc轴】：沿WCS的yc轴创建固定基准轴。

（7）【zc轴】：沿WCS的zc轴创建固定基准轴。

（8）【点和方向】：从一点沿指定方向创建基准轴。

（9）【两点】：定义两个点，经过这两个点】创建基准轴。

● 4. 实战演练——用交点方法创建基准轴

利用"交点"方法创建基准轴特征，具体操作步骤如下。

步骤01 打开随书资源中的"素材\CH11\2.prt"文件，如下图所示。

步骤02 选择【菜单】▶【插入】▶【基准/点】▶【基准轴】菜单命令，系统弹出【基准轴】对话框后，进行如下图所示的参数设置。

步骤03 根据提示在绘图区域选择第一个曲面，如下图所示。

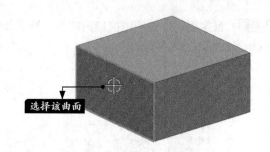

选择该曲面

步骤04 根据提示，在绘图区域内选择第二个曲面，如下图所示。

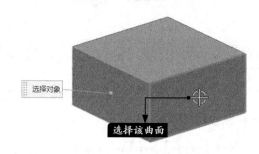

选择对象

选择该曲面

步骤05 在【基准轴】对话框中单击【确定】按钮，完成基准轴的创建，结果如下图所示。

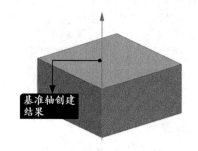

基准轴创建结果

11.3 常见实体建模

● 本节视频教程时间：14 分钟

常见实体建模包括长方体、圆锥、圆柱体和球等简单实体的建模。

11.3.1 长方体

该命令用于创建基本块实体，块与其定位对象相关联。

● 1. 功能常见调用方法

选择【菜单】▶【插入】▶【设计特征】▶【长方体】菜单命令即可，如下图所示。

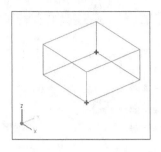

● 2. 系统提示

系统会弹出【长方体】对话框，如下图所示。

● 3. 知识点扩展

【类型】下拉列表中包括【原点和边长】、【两点和高度】和【两个对角点】3个选项。选择的类型不同，所创建长方体的方法也不同。

（1）【原点和边长】：使用一个拐角点、三边长、长度、宽度和高度来创建块，如下图所示。

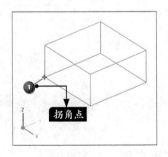

（2）【两点和高度】：使用高度和块基座的两个2D对角拐角点来创建块，如下图所示。

第一个拐角点确定块基座的平面。此平面平行于工作坐标系的 *XC-YC* 平面。

第二个点定义块基座的对角。如果在不同于第一个点的平面（不同的 *Z* 值）上指定第二个点，则软件通过垂直于第一个点的平面投影该点来定义对角。

（3）【两个对角点】：使用相对拐角的两个 3D 对角点创建块，如下图所示。

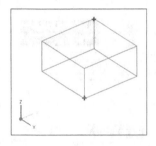

根据指定点之间的 3D 距离确定块的尺寸，并创建边与 WCS 平行的块。

● 4. 实战演练——用两个对角点方式创建长方体

利用"两个对角点"方法创建长方体模型，具体操作步骤如下。

步骤01 打开随书资源中的"素材\CH11\3.prt"文件，如下图所示。

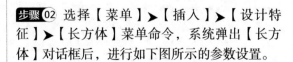

步骤02 选择【菜单】▶【插入】▶【设计特征】▶【长方体】菜单命令，系统弹出【长方体】对话框后，进行如下图所示的参数设置。

步骤 **03** 根据提示，在绘图区域内单击以指定长方体的第一个对角点，如下图所示。

指定长方体第一个对角点

步骤 **04** 根据提示，在绘图区域内单击以指定长方体的第二个对角点，如下图所示。

指定长方体第二个对角点

步骤 **05** 在【长方体】对话框中单击【确定】按钮，完成长方体的创建，结果如下图所示。

长方体创建结果

11.3.2 圆柱体

该命令用于创建基本圆柱形实体。圆柱与其定位对象相关联。

1. 功能常见调用方法

选择【菜单】▶【插入】▶【设计特征】▶【圆柱】菜单命令即可，如下图所示。

2. 系统提示

系统会弹出【圆柱】对话框，如右图所示。

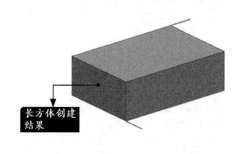

3. 知识点扩展

【类型】下拉列表中包括【轴、直径和高度】和【圆弧和高度】两个选项。选择不同的类型，创建圆柱体的方法也不同，如下图所示。

（1）【轴、直径和高度】方式

通过指定圆柱的方位、直径和高度构建圆柱体。

（2）【圆弧和高度】方式

通过指定一个圆弧和高度构建圆柱体。

● 4. 实战演练——用圆弧和高度方式创建圆柱体

利用"圆弧和高度"方式创建圆柱体模型，具体操作步骤如下。

步骤 01 打开随书资源中的"素材\CH11\4.prt"文件，如下图所示。

步骤 02 选择【菜单】▶【插入】▶【设计特征】▶【圆柱】菜单命令，系统弹出【圆柱】对话框后，进行如下图所示的参数设置。

步骤 03 根据提示，在绘图区域内单击以选择圆柱体直径的圆弧，如下图所示。

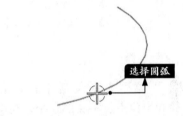

步骤 04 在【圆柱】对话框中单击【确定】按钮，完成圆柱体的创建，结果如下图所示。

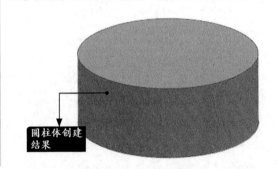

11.3.3 圆锥

该命令用于创建基本圆锥形实体。

● 1. 功能常见调用方法

选择【菜单】▶【插入】▶【设计特征】▶【圆锥】菜单命令即可，如下图所示。

2. 系统提示

系统会弹出【圆锥】对话框，如下图所示。

3. 知识点扩展

【类型】下拉列表中包括【直径和高度】、【直径和半角】、【底部直径，高度和半角】、【顶部直径，高度和半角】和【两个共轴的圆弧】5个选项。单击不同的按钮，可以通过不同的方法创建圆锥，如下图所示。

（1）【直径和高度】

使用【直径和高度】创建的圆锥如下图所示。

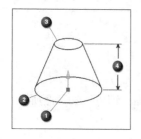

❶圆锥轴的原点和方向　❷圆锥底部圆弧的直径
❸圆锥顶部圆弧的直径　❹圆锥高度的值

（2）【直径和半角】

圆锥高度可通过半角及半角与底部圆弧直

径、顶部圆弧直径的关系而得到，并进行调整，如下图所示。

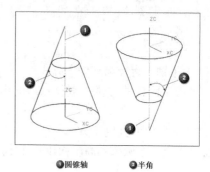

❶圆锥轴　　　　❷半角

半角值的范围从 1° 到 89° 。

（3）【底部直径，高度和半角】

使用底部圆弧直径、高度和半角来确定顶部圆弧的直径。半角值的范围可在 1° 与 89° 之间，但用户可使用的值将取决于底部圆弧的直径，因为它与圆锥高度有关。

（4）【顶部直径，高度和半角】

使用顶部圆弧直径、高度和半角来确定底部圆弧的直径。半角值的范围可在 1° 与 89° 之间，但用户可使用的值将取决于顶部圆弧的直径及圆锥高度。

（5）【两个共轴的圆弧】

通过指定底部圆弧和顶部圆弧创建圆锥，这些圆弧不必平行。在选择这两条圆弧后，可创建完整的圆锥，如下图所示。

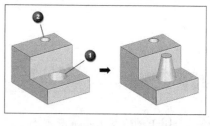

❶底部圆弧　　　　❷顶部圆弧

圆锥的轴是圆弧中心，且垂直于底部圆弧。圆锥底部圆弧和顶部圆弧的直径来自这两条选定圆弧。圆锥的高度即顶圆弧的中心和底面圆弧平面之间的距离。

如果选定圆弧不共轴，则将平行于底部圆弧所形成的平面对顶部圆弧进行投影，直到两条圆弧共轴。

4. 实战演练——用底部直径，高度和半角方式创建圆柱体

利用"底部直径，高度和半角"方式创建圆柱体模型，具体操作步骤如下。

步骤01 新建一个模型文件，选择【菜单】▶【插入】▶【设计特征】▶【圆锥】菜单命令，系统弹出【圆锥】对话框后，进行如下图所示的参数设置。

步骤02 利用【指定点】选项中的点构造器在绘图区域内单击以指定圆锥的底部原点位置，如下图所示。

单击指定圆锥底部原点位置

步骤03 在【圆锥】对话框中单击【确定】按钮，结果如下图所示。

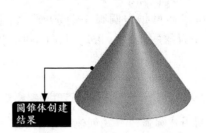

圆锥体创建结果

11.3.4 球

该命令用于创建基本球形实体。球与其定位对象相关联。

1. 功能常见调用方法

选择【菜单】▶【插入】▶【设计特征】▶【球】菜单命令即可"，如下图所示。

2. 系统提示

系统会弹出【球】对话框，如右图所示。

3. 知识点扩展

【类型】下拉列表中包括【中心点和直径】和【圆弧】两个选项。选择不同的类型，

创建球的方法也不同，如下图所示。

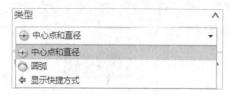

（1）【中心点和直径】方式

可以通过指定球的圆心和球的直径创建球体。

（2）【圆弧】方式

可以通过指定圆弧来确定球。指定圆弧的半径为球的半径，指定圆弧的圆心为球的球心。

● **4. 实战演练——用圆弧方式创建球体**

利用"圆弧"方式创建球体模型，具体操作步骤如下。

步骤 01 打开随书资源中的"素材\CH11\6.prt"文件，如下图所示。

步骤 02 选择【菜单】▶【插入】▶【设计特征】▶【球】菜单命令，系统弹出【球】对话框后，进行如下图所示的参数设置。

步骤 03 根据提示，在绘图区域内选择圆弧，如下图所示。

选择圆弧

步骤 04 在【球】对话框中单击【确定】按钮，结果如下图所示。

球体创建结果

11.4 扩展特征建模

🕐 **本节视频教程时间：18 分钟**

扩展特征建模主要包括旋转特征、拉伸特征、管道和沿引导线扫掠等操作。

11.4.1 旋转

该命令可使截面曲线绕指定轴旋转一个非零角度，以此创建一个特征。可以从一个基本横截面开始，然后生成旋转特征或部分旋转特征。

● **1. 功能常见调用方法**

选择【菜单】▶【插入】▶【设计特征】▶【旋转】菜单命令即可，如下图所示。

2. 系统提示

系统会弹出【旋转】对话框，如下图所示。

3. 知识点扩展

【旋转】对话框中各相关选项含义如下。

（1）【轴】区域

该区域用来指定旋转轴。

（2）【限制】区域

该区域主要用来设置旋转操作时的参数，其中的主要选项如下。

①【开始】下拉列表：主要用来设置旋转对象的旋转开始角度，有以下几个选项。

【值】：输入一个值确定旋转起始角度。

【直至选定】：将旋转对象从某个特征旋转到选定的对象。

②【结束】下拉列表：设置旋转对象的旋转结束角度，其选项和【开始】下拉列表中的选项相同。

（3）【偏置】区域

该区域用于设置旋转对象偏置参数。【开

始】和【终点】参数值之差等于旋转操作后实体的厚度，偏置量的值可正可负。

● 4. 实战演练——旋转轴承基本模型

利用旋转创建特征的方式创建轴承基本模型，具体操作步骤如下。

步骤01 打开随书资源中的"素材\CH11\7.prt"文件，如下图所示。

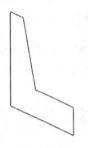

步骤02 选择【菜单】▶【插入】▶【设计特征】▶【旋转】菜单命令，系统弹出【旋转】对话框后，进行如下图所示的参数设置。

步骤03 根据提示，在绘图区域内选择要旋转的曲线，如下图所示。

选择需要旋转的曲线

步骤04 在曲线端点内侧处单击以指定点，如下图所示。

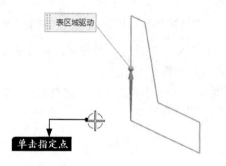

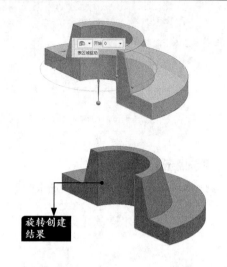

步骤05 在【旋转】对话框中单击【确定】按钮，结果如下图所示。

11.4.2 拉伸

该命令可沿指定方向扫掠曲线、边、面、草图或曲线特征的2D或3D部分的一段直线距离，由此来创建体。一个拉伸特征可以包含多个片体和实体。

1. 功能常见调用方法

选择【菜单】▶【插入】▶【设计特征】▶【拉伸】菜单命令即可，如下图所示。

2. 系统提示

系统会弹出【拉伸】对话框，如下图所示。

3. 知识点扩展

【拉伸】对话框中各相关选项含义如下。

（1）【表区域驱动】区域

该区域用于指定拉伸的曲线或边。

①【绘制截面】：单击该图标，弹出【创建草图】对话框，在其中可以创建一个处于特征内部的截面草图。

②【曲线】：选择进行拉伸的曲线。

（2）【方向】区域

该区域用于指定要拉伸截面的方向，默认方向为选定截面的法向。

（3）【限制】区域

该区域主要用来设置拉伸特征的整体构造方法和拉伸范围。

①【开始】下拉列表：主要用来设置拉伸操作的起始值。

②【结束】下拉列表：用来设置拉伸操作的结束值和【开始】下拉列表中的选项相同。

③【距离】文本框：当【开始】和【结束】选项中的任何一个设置为【值】或【对称值】时出现该文本框。

（4）【布尔】区域

该区域用来选择合适的布尔运算方法。

（5）【偏置】区域

该区域主要用来在设定起始位置和结束位置之间创建拉伸体。指定最多两个偏置来添加到拉伸特征，可以为这两个偏置指定唯一的值。

①【无】选项：不创建任何偏置。

②【单侧】选项：向拉伸添加单侧偏置。这种偏置可轻松填充孔，从而创建凸台，简化部件的开发。

③【两侧】选项：向拉伸中添加具有起始和终止值的偏置。

④【对称】选项：向拉伸中添加具有完全相等的起始和终止值的偏置（从截面相反的两侧测量）。开始和结束位置的值由所指定的上一个值确定。

（6）【设置】区域

该区域包括【体类型】和【公差】两个选项。

①【体类型】下拉列表：指定拉伸特征为一个（或多个）片体或实体，其中包括【实体】和【片体】两个选项。

②【公差】文本框：设置公差值，允许在创建或编辑过程中更改距离公差。

◢ 4. 实战演练——拉伸机械基座

利用拉伸创建特征的方式创建机械基座，具体操作步骤如下。

步骤01 打开随书资源中的"素材\CH11\8.prt"文件，如下图所示。

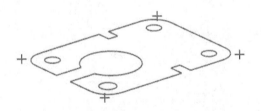

步骤02 选择【菜单】▶【插入】▶【设计特征】▶【拉伸】菜单命令，系统弹出【拉伸】对话框后，进行如下图所示的参数设置。

步骤03 根据提示，在绘图区域内选择要拉伸的曲线，如下图所示。

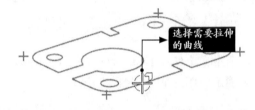

选择需要拉伸的曲线

步骤04 在【拉伸】对话框中单击【确定】按钮，结果如下图所示。

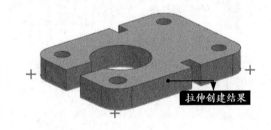

拉伸创建结果

11.4.3 管道

该功能通过沿着一个（或多个）相切连续的曲线或边，扫掠一个圆形横截面来创建单个实体。可以使用此功能来创建线捆、线束、管道、电缆或管道应用。

◢ 1. 功能常见调用方法

选择【菜单】▶【插入】▶【扫掠】▶【管】菜单命令即可，如下图所示。

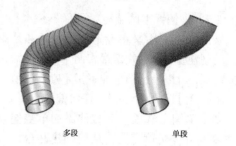

多段　　　　　　单段

2. 系统提示

系统会弹出【管】对话框，如下图所示。

3. 知识点扩展

【管】对话框中各相关选项含义如下。

（1）【横截面】区域

通过在【外径】和【内径】文本框中输入值来确定外直径和内直径的大小。

小提示

【外径】的值必须大于0，【内径】的值等于0时生成的是实心管。

（2）【设置】区域

该区域的【输出】下拉列表中包括【多段】和【单段】两个选项。

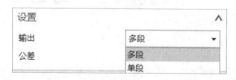

①【多段】：输出的管道为多段管道，即管道由多段面连接而成。

②【单段】：输出的管道为单段管道。

4. 实战演练——创建软管模型

利用管创建特征的方式创建软管模型，具体操作步骤如下。

步骤01 打开随书资源中的"素材\CH11\9.prt"文件，如下图所示。

步骤02 选择【菜单】▶【插入】▶【扫掠】▶【管】菜单命令，系统弹出【管】对话框后，进行如下图所示的参数设置。

步骤03 根据提示，在绘图区域内选择管道中心线路径的曲线，如下图所示。

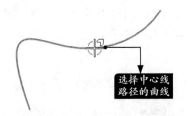

选择中心线
路径的曲线

步骤 04 在【管】对话框中单击【确定】按钮，

结果如下图所示。

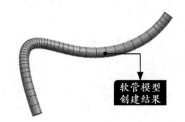

软管模型
创建结果

11.4.4 沿引导线扫掠

"扫掠"功能通过将曲线轮廓沿一条、两条或三条引导线串且穿过空间中的一条路径进行扫掠，创建实体或片体。扫掠非常适用于当引导线串由脊线或一个螺旋组成时，通过扫掠来创建一个特征。

● 1. 功能常见调用方法

选择【菜单】▶【插入】▶【扫掠】▶【沿引导线扫掠】菜单命令即可，如下图所示。

● 2. 系统提示

系统会弹出【沿引导线扫掠】对话框，如下图所示。

● 3. 知识点扩展

【沿引导线扫掠】对话框中各相关选项含义如下。

（1）【截面】区域

● 【选择曲线】：用于选择曲线、边或曲线链，或是截面的边。

（2）【引导】区域

● 【选择曲线】：用于选择曲线、边或曲线链，或是引导线的边。引导线串中的所有曲线都必须是连续的。

请注意以下内容。

① 引导线路径中的线是拉伸的。扫掠方向是线的方向，扫掠距离是线的长度。

② 引导线路径的圆弧是旋转的。旋转轴是圆弧轴，位于圆弧中心并垂直于圆弧平面。旋转角度是圆弧的起始角和终止角的差。

③ 对于由线和圆弧构成的 2D 光顺引导线串，侧面是平的或圆柱形的面。

④ 为非光顺二次曲线、样条和 B 样条创建精确几何体。

⑤ 如果沿着具有封闭的、尖角的引导线串扫掠，建议把截面线串放置到远离尖角的位置。

⑥ 如果引导线路径上两条相邻的线以锐角相交，或引导线路径上的圆弧半径对于截面曲线而言过小，则无法创建扫掠特征。路径必须是光顺的（连续相切）。

（3）【偏置】区域

- 【第一偏置】：将"扫掠"特征偏置以增加厚度。
- 【第二偏置】：使扫掠特征的基础偏离于截面线串。

未指定偏置

仅指定了第一偏置

指定了第一和第二偏置

🔵 4. 实战演练——扫掠实体模型

利用沿引导线扫掠创建特征的方式创建实体模型，具体操作步骤如下。

步骤01 打开随书资源中的"素材\CH11\10.prt"文件，如下图所示。

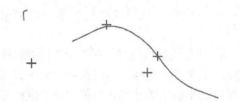

步骤02 选择【菜单】▶【插入】▶【扫掠】▶

【沿引导线扫掠】菜单命令，系统弹出【沿引导线扫掠】对话框后，进行如下图所示的参数设置。

步骤03 根据提示，在绘图区域内选择截面线，并按鼠标中键确认，如下图所示。

选择截面线

步骤04 根据提示，在绘图区域内选择引导线串，如下图所示。

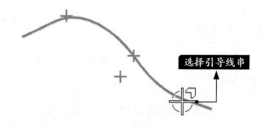

选择引导线串

步骤05 在【沿引导线扫掠】对话框中单击【确定】按钮，结果如下图所示。

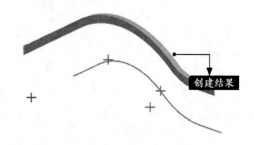

创建结果

11.5 布尔操作

布尔操作是用来处理实体造型中多个实体和片体的合并关系，包括求和、求差和求交3种运算操作。

11.5.1 减去

使用"减去"命令可从目标体中移除一个或多个工具体的体积。

1. 功能常见调用方法

选择【菜单】▶【插入】▶【组合】▶【减去】菜单命令即可，如下图所示。

2. 系统提示

系统会弹出【求差】对话框，如下图所示。

3. 知识点扩展

【求差】对话框中各相关选项含义如下。

（1）【目标】区域

【选择体】：用于选择目标实体。

通过从目标体中减去工具体的体积，可修改目标体。

小提示

在编辑期间，可以更改减去的目标体，但必须先对目标体或工具体的任何子项重排序，然后处理求差特征。可以通过【菜单】▶【编辑】▶【特征】▶【重排序】系列操作或用鼠标右键单击部件导航器中的【重排在前】或【重排在后】来对子特征重排序。

（2）【工具】区域

【选择体】：用于选择要从选定的目标体减去的一个或多个工具体。

如果减去操作失败，则会高亮显示导致错误的对象。根据错误的性质，高亮显示可包括面、边、顶点和交点。

下面显示的蓝色片体未能在减去操作中完全与目标实体相交。这会导致在预览中会在发生相交错误的位置显示出错消息及红色标记。

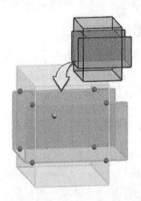

小提示

与目标体不相交的任何选定工具体将由布尔运算使用。

4. 实战演练——对机械基座进行减去操作

利用布尔运算中的"求差"功能对机械基座进行减去操作，具体操作步骤如下。

步骤01 打开随书资源中的"素材\CH11\11.prt"文件，如下图所示。

步骤02 选择【菜单】▶【插入】▶【组合】▶【减去】菜单命令，系统弹出【求差】对话框后，根据提示在绘图区域内选择目标体，如下图所示。

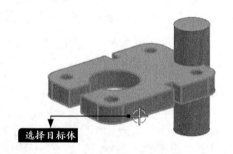

步骤03 根据提示在绘图区域内选择工具体，如下图所示。

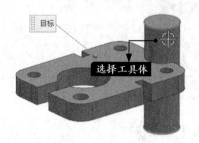

步骤04 在【求差】对话框中单击【确定】按钮，结果如下图所示。

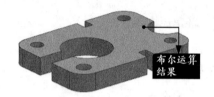

> **小提示**
>
> 进行求差操作时，工具实体和目标实体必须相交，否则会产生出错信息。另外，片体与片体不能用布尔操作求差。

11.5.2 合并

使用"合并"命令可将两个或多个工具实体的体积组合为一个目标体。目标体和工具体必须重叠或共享面，这样才会生成有效的实体。此命令用来创建"求和"特征。

1. 功能常见调用方法

选择【菜单】▶【插入】▶【组合】▶【合并】菜单命令即可，如下图所示。

2. 系统提示

系统会弹出【合并】对话框，如右图所示。

3. 知识点扩展

【合并】对话框中各相关选项含义如下。

（1）【目标】区域

【选择体】：用于选择目标实体以与一

个或多个工具实体加在一起。目标体求和到一起，成为工具体的一部分。

（2）【工具】区域

【选择体】：用于选择一个或多个工具实体以修改选定的目标体。工具体求和到一起，成为目标体的一部分。

当选择【预览】后，选定的工具体会以动态预览模式显示。

（3）【区域】区域

① 【定义区域】：使用户能够选择体区域以保留或移除它。

② 【分隔目标和工具区域】：选择定义区域时可用。使用户能够同时保留并移除目标和工具区域。

③ 【选择区域】：未选择分隔目标和工具区域时可用。使用户能够选择目标或工具体的区域以保留或移除它。

④ 【选择目标区域】：选择分隔目标和工具区域时可用。使用户能够选择目标体的区域以保留或移除它。

⑤ 【选择工具区域】：选择分隔目标和工具区域时可用。使用户能够选择工具体的区域以保留或移除它。

（4）【设置】区域

① 【保存目标】：将目标体的副本以未修改状态保存。如果选择多个工具体，求和会复制第一个布尔特征的目标，但加上其余特征的目标体。

② 【保存工具】：将选定工具体的副本以未修改状态保存。

③ 【转换为缝合特征】：仅当编辑求和特征时才可用。用于将求和布尔运算转换成布尔片体特征。如果布尔特征无法更新，可能需要进行此转换。如果需要访问可用于缝合特征的其他编辑选项，转换可能也会有用。

④ 【公差】：用于更改用来创建布尔片体特征的公差。较严格（较小值）的公差创建更精确的模型。较宽松（较大值）的公差使对象更容易连结，但模型可能不精确。

🔘 4. 实战演练——对机械基座进行合并操作

利用布尔运算中的"求和"功能对机械基座进行合并操作，具体操作步骤如下。

步骤 01 打开随书资源中的"素材\CH11\11.prt"文件，如下图所示。

步骤 02 选择【菜单】▶【插入】▶【组合】▶【合并】菜单命令，系统弹出【合并】对话框后，根据提示在绘图区域内选择目标体，如下图所示。

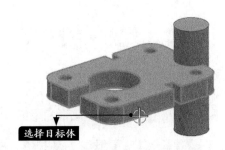

步骤 03 根据提示在绘图区域内选择工具体，如下图所示。

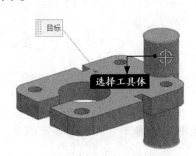

步骤 04 在【合并】对话框中单击【确定】按钮，结果如下图所示。

> **小提示**
>
> 只能是实体和实体进行求和操作。一般来说，片体不进行求和操作。

11.5.3 相交

使用"相交"命令可创建包含目标体与一个（或多个）工具体的共享体积或区域的体。

1. 功能常见调用方法

选择【菜单】▶【插入】▶【组合】▶【相交】菜单命令即可，如下图所示。

2. 系统提示

系统会弹出【相交】对话框，如下图所示。

3. 知识点扩展

【相交】对话框中各相关选项含义如下。

（1）【目标】区域

【选择体】：用于选择目标实体或片体。

通过将目标体的体积与和它相交的工具体的体积组合，可修改目标体。

（2）【工具】区域

【选择体】：用于选择实体或片体以充当工具。

如果目标是实体，则工具只能是其他实体。

如果目标是片体，则工具可以是实体，也可以是片体。

工具体的体积与和它相交的目标体的体积相结合。

当选择【预览】后，选定的工具体会以动态预览模式显示。

> **小提示**
>
> 与目标体不相交的任何选定工具体将由布尔运算使用。

4. 实战演练——对机械基座进行相交操作

利用布尔运算中的"相交"功能对机械基座进行相交操作，具体操作步骤如下。

步骤 01 打开随书资源中的"素材\CH11\11.prt"文件，如下图所示。

步骤 02 选择【菜单】▶【插入】▶【组合】▶【相交】菜单命令，系统弹出【相交】对话框后，根据提示在绘图区域内选择目标体，如下图所示。

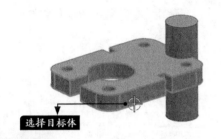

选择目标体

步骤 03 根据提示在绘图区域内选择工具体，如下图所示。

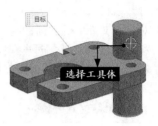

目标

选择工具体

步骤 04 在【相交】对话框中单击【确定】按钮，结果如下图所示。

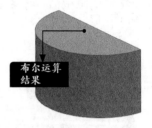

布尔运算结果

11.6 综合应用——螺栓的建模

🌐 本节视频教程时间：7分钟

本节综合利用实体建模方法进行螺栓的建模，具体操作步骤如下。用户可以先进行螺栓造型分析，再进行螺栓造型建模。

11.6.1 螺栓造型分析

尽管螺栓的形式多种多样，但是单个螺栓的结构并不复杂，本小节以六方头螺栓为例进行分析设计。

● 1. 零件特征分析

外六方螺栓由外六方螺栓头、螺杆和螺杆上的螺纹等特征组成。外六方螺栓头可以采用草图拉伸的方法生成，螺杆可以采用凸台特征创建，螺纹可以采用螺纹特征创建。由于螺栓为标准件，因此设计的重点和难点在于，在设计的过程中采用参数化设计，以便形成模板，从而轻松地创建同一系列其他的标准件模型。

● 2. 设计思想

通过对零件特征的分析，用户应该对零件的设计有一个大概的思路。可以按照以下步骤进行。

（1）打开素材文件。

（2）对素材文件中的截面曲线拉伸，完成螺栓头的实体模型创建。

（3）利用【凸台】命令创建螺杆。

（4）利用【螺纹】命令创建螺杆上的螺纹。

11.6.2 螺栓造型建模

本小节对螺栓造型的建模过程进行介绍，具体操作步骤如下。

步骤01 打开随书资源中的"素材\CH11\12. prt"文件，如下图所示。

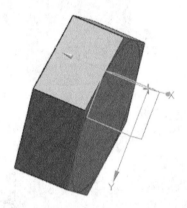

步骤02 选择【菜单】➤【插入】➤【设计特征】➤【拉伸】菜单命令，系统弹出【拉伸】对话框后，根据提示在绘图区域内选择如下图所示的圆形以指定要相交的体。

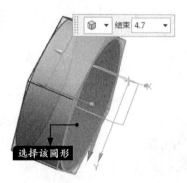

选择该圆形

步骤03 在【拉伸】对话框中设置如下图所示的参数，并根据需要指定拉伸的方向，然后单击【确定】按钮，完成实体的拉伸，如下图所示。

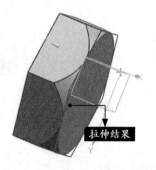

拉伸结果

步骤04 选择【菜单】➤【插入】➤【设计特征】➤【凸台】菜单命令，系统弹出【支管】对话框后，进行如下图所示的参数设置。

步骤05 根据提示在绘图区域内选择凸台的放置平面，如下图所示。

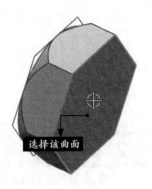

选择该曲面

步骤06 在【支管】对话框中单击【确定】按钮，系统弹出【定位】对话框后，选择【点落在点上】方式定位，并单击【确定】按钮，如下图所示。

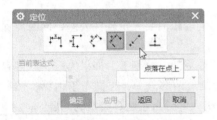

步骤07 系统弹出【点落在点上】对话框后，在绘图区域中选择步骤02 中拉伸的圆形，如下图所示。

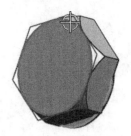

步骤08 系统弹出【设置圆弧的位置】对话框后，单击【圆弧中心】按钮，如下图所示。

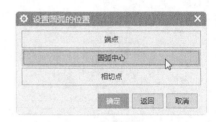

步骤09 螺栓头实体模型的创建结果如下图所示。

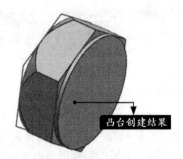

凸台创建结果

步骤10 重复步骤04 至步骤09 的操作，完成螺杆的创建。其中，凸台的【直径】和【高度】值分别为"9"和"32"，如下图所示。

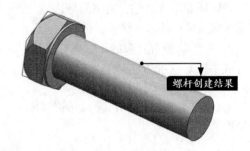

螺杆创建结果

步骤11 选择【菜单】➤【插入】➤【设计特征】➤【螺纹】菜单命令，系统弹出【螺纹切削】对话框后，选择添加螺纹的面，并进行如下图所示的参数设置。

选择该曲面

步骤12 在【螺纹切削】对话框中单击【确定】按钮，完成螺杆体上螺纹的创建，结果如下图所示。

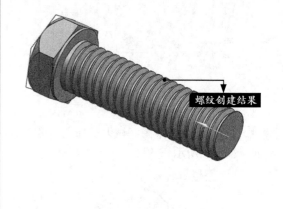

螺纹创建结果

 疑难解答

本节视频教程时间：3分钟

布尔运算失败的解决方法

在操作UG软件的过程中，经常遇到布尔运算无法求和、求差、裁减及分割失败等问题，尤其是在3D曲面数据被破坏的情况下，分模、设计行位、斜顶等也是如此。一般情况下可以采用以下办法解决。

（1）将工具体的面偏移或移动少许距离。偏移或移动的距离要大于软件公差，同时要保证加工密度。如果过大可以在操作成功后再减回相应数据。

（2）用线框显示所操作的对象，再进行布尔运算（或裁减、分割）。如果失败，软件自动会将问题区域显示为红色，可将问题区域分割开来（即分割成两部分），再做布尔运算，然后抽取问题区域面单独处理、缝合，再补上去即可。此法可解决大部分布尔运算失败的问题。

（3）形状相对复杂的布尔运算失败时（如烂面），可将部件全部抽取成相同类型曲面，再缝合成实体。这种方法几乎可以解决所有加减失败的问题，但也麻烦，所以一般情况下不建议使用。

（4）用实体缝合的方式增加两个实体，先选共同面，再调整公差来缝合。但这种方式会给后续操作带来麻烦。

第 12 章

三维特征建模

学习目标

　　本章主要讲解UG NX 12.0的三维特征建模。UG特征建模用工程特征来定义设计信息，可以提高用户设计意图表达的能力。

学习效果

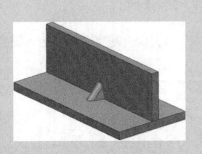

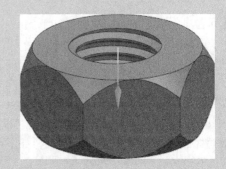

12.1 成型特征

本节视频教程时间：41分钟

成型特征主要包括特征定位、孔、凸台、凸起、三角形加强筋、螺纹、槽和键槽等。

12.1.1 特征定位

在孔、凸台、凸起、三角形加强筋、螺纹、槽及键槽等特征的操作过程中，特征定位用来定位目标对象和工具边（或刀具边）。

目标体即目标对象进行定位操作时所利用的参考对象（曲线、曲线上的控制点、实体边缘等）所在的实体，需要是已经存在的。

工具边（或刀具边）即被定位的特征，定位操作时利用目标体上的对象（边缘、定点、草图曲线等）相对于目标体上的对象确定一个定位尺寸。

特征定位一般可以通过【定位】对话框实现，如下图所示。

【定位】对话框中各按钮含义如下。

（1）【水平】（水平定位）

利用指定目标体上的一点到需要定位的特征（工具边）上一点的水平参考方向的距离来定位特征。用户在实体和特征上选取两个点，定义创建特征上的一点到指定点的距离。距离可以通过【创建表达式】对话框输入，如下图所示。

> **小提示**
>
> 水平参考方向需要用户自己设置。

（2）【竖直】（竖直定位）

利用指定实体上的一点（参考点）到需要定位的特征上一点（基准点）的竖直参考方向的距离来定位特征。其操作步骤和【水平】类似。竖直定位尺寸指在放置平面上，从参考点到基准点沿竖直参考方向测量的尺寸。

（3）【平行】（平行定位）

利用指定实体上的一点到需要定位的特征上一点的工作平面内的距离来定位特征。

（4）【垂直】（垂直定位）

利用指定实体上的一条边缘线与特征上一点的定位尺寸来定位特征，该定位尺寸为指定点到边缘线之间的距离。

> **小提示**
>
> 该方法是孔和凸台的默认定位方法，可以直接在对话框中编辑定位尺寸。

（5）【按一定距离平行】

利用指定实体上的一条边缘线与特征上一条边缘线之间的距离来定位特征，该定位尺寸是这两条平行直线之间的最短距离。

> **小提示**
>
> 指定的两条直线必须是平行的。

（6）【斜角】△

利用指定实体上的一条边缘线与需定位的特征上一条边缘线之间的角度来定位特征。

（7）【点落在点上】

利用将需定位特征上的一点和实体上的一点重合来定位特征。

（8）【点落在线上】

利用将需定位特征上的一点与其在实体上某一直线上的投影点重合来定位特征，因此可以将它看成是垂直距离的特例，即距离始终为0。

（9）【线落在线上】

利用将需定位特征上的一条直线和实体上的一条直线重合来定位特征，因此可以将它看成是平行距离的特例，即距离始终为0。

12.1.2 孔

使用"孔"命令可以在部件或装配中添加孔特征，类型包括常规孔（简单、沉头、埋头或锥形）、钻形孔、螺钉间隙孔（简单、沉头或埋头形状）、螺纹孔、非平面上的孔、穿过多个实体的孔（作为单个特征）和作为单个特征的多个孔。

1. 功能常见调用方法

选择【菜单】▶【插入】▶【设计特征】▶【孔】菜单命令即可，如下图所示。

2. 系统提示

系统会弹出【孔】对话框，如下图所示。

3. 知识点扩展

【孔】对话框中各相关选项含义如下。

（1）【位置】区域提示用户选择要创建孔的放置面。此选项在进入【孔】对话框时自动激活。

可以使用以下方法来指定孔的中心。

① 在【创建草图】对话框中，指定放置面及方位。

② 通过选择面来指定。光标位置的坐标显示在【点】对话框中。

③ 通过选择基准平面来指定。基准平面的原点坐标显示在【点】对话框中。

④ 在【尺寸】对话框中指定。

⑤ 单击【点】⁺₊可使用现有的点来指定孔的中心。

（2）【孔方向】下拉列表中包括的选项如下。

① 【垂直于面】：沿着与公差范围内每个指定点最近的面法向的反向定义孔的方向。

> **小提示**
>
> 如果选定的点具有不止一个可能最近的面，则在选定点处法向更靠近z轴的面被自动判断为最近的面。

② 【沿矢量】：沿指定的矢量定义孔方向。可以使用指定矢量中的选项来指定矢量——【矢量构造器】或【自动判断的矢

（3）【成形】下拉列表如下图所示。

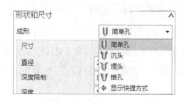

① 简单孔：选择【简单孔】后，【孔】对话框中的参数主要有【直径】、【深度】和【顶锥角】，如下图所示。

② 沉头：选择【沉头】后，【孔】对话框中的参数主要有【沉头直径】、【沉头深度】、【直径】、【深度】和【顶锥角】等，如下图所示。

③ 埋头：选择【埋头】后，【孔】对话框中的参数主要有【埋头直径】、【埋头角度】、【直径】、【深度】和【顶锥角】等，如下图所示。

④ 【锥孔】：创建具有指定【锥角】和【直径】的锥孔，如下图所示。

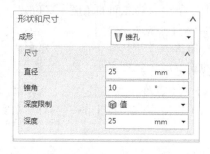

● 4. 实战演练——创建简单孔

各种类型孔的创建过程基本相同，以创建一个简单孔为例，具体操作步骤如下。

步骤 01 打开随书资源中的"素材\CH12\1.prt"文件，如下图所示。

步骤 02 选择【菜单】▶【插入】▶【设计特征】▶【孔】菜单命令，系统弹出【孔】对话框后，进行如下图所示的参数设置。

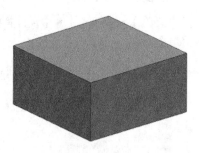

步骤 03 根据提示，在长方体的上表面大致位置上单击以选择要创建孔特征的曲面，如下图所示。

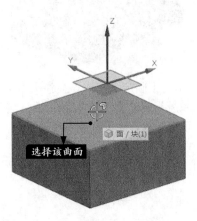

选择该曲面

步骤 04 系统弹出【草图点】对话框，在功能区中单击【完成】按钮后，系统返回【孔】对话框，如下图所示。

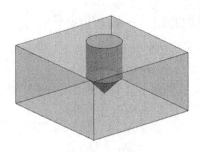

步骤 05 在【孔】对话框中单击【确定】按钮，完成孔的创建，结果如下图所示。

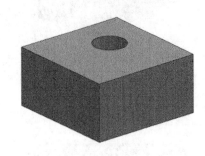

12.1.3 凸台

该命令用于在平的曲面或基准平面上创建凸台。

1. 功能常见调用方法

选择【菜单】▶【插入】▶【设计特征】▶【凸台（原有）】菜单命令即可，如下图所示。

2. 系统提示

系统会弹出【支管】对话框，如下图所示。

3. 知识点扩展

【支管】对话框中各相关选项含义如下。

（1）【放置面】：用于指定一个平的面或基准平面，以在其上定位凸台。

（2）【目标实体/片体】：如果为放置面选择了一个绝对基准平面并且部件中有多个实体，则【目标实体/片体】选择步骤变为可用，用户必须用它来为此凸台选择一个目标实体/片体。

（3）【过滤】：通过限制可用的对象类型帮助用户选择需要的对象。选项包括【任意】、【面】和【基准平面】。

（4）【直径】：用于输入凸台直径的值。

（5）【高度】：用于输入凸台高度的值。

（6）【锥角】：用于输入凸台的柱面壁向内倾斜的角度，该值可正可负。零值导致没有锥度的竖直圆柱壁。

（7）【反侧】：如果选择了基准平面作为放置平面，则此按钮成为可用。单击此按钮使当前方向矢量反向，同时重新创建凸台的预览。

● 4. 实战演练——创建凸台

在长方体的基础上创建一个带有锥度的圆柱形凸台，具体操作步骤如下。

步骤 01 打开随书资源中的"素材\CH12\2.prt"文件，如下图所示。

步骤 02 选择【菜单】▶【插入】▶【设计特征】▶【凸台（原有）】菜单命令，系统弹出【支管】对话框后，进行如下图所示的参数设置。

步骤 03 根据提示，在圆柱体的上表面大致位置上单击以指定放置面，如下图所示。

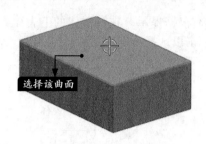

选择该曲面

步骤 04 单击【确定】按钮，会弹出【定位】对话框。系统根据之前选择的放置面，选择定位方式为垂直于放置面，如下图所示。

步骤 05 单击【确定】按钮，完成凸台的创建，结果如下图所示。

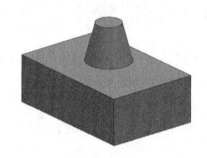

12.1.4 凸起

该命令可用于替代早期版本的"垫块"命令。

● 1. 功能常见调用方法

选择【菜单】▶【插入】▶【设计特征】▶【凸起】菜单命令即可，如下图所示。

● 2. 系统提示

系统会弹出【凸起】对话框，如下图所示。

● 3. 实战演练——创建凸起特征

创建凸起特征，具体操作步骤如下。

步骤 01 打开随书资源中的 "素材\CH12\3.prt" 文件，如下图所示。

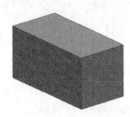

步骤 02 选择【菜单】▶【插入】▶【设计特征】▶【凸起】菜单命令，系统弹出【凸起】对话框后，进行如下图所示的参数设置。

步骤 03 在绘图区域中选择如下图所示的曲面。

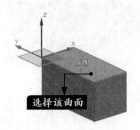

步骤 04 在绘图区域中绘制如下图所示的矩形，然后在功能区中单击【完成】按钮。

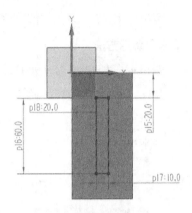

步骤 05 在绘图区域中选择如下图所示的曲面作为要凸起的面。

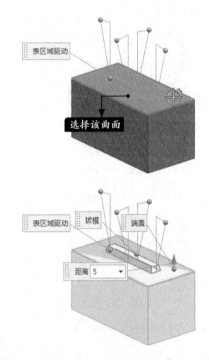

步骤 06 在【凸起】对话框中单击【确定】按钮，结果如下图所示。

12.1.5 三角形加强筋

该命令可以使用户沿着两个面集的相交曲线来添加三角形加强筋特征。

● 1. 功能常见调用方法

选择【菜单】▶【插入】▶【设计特征】▶【三角形加强筋（原有）】菜单命令即可，如下图所示。

● 2. 系统提示

系统会弹出【三角形加强筋】对话框，如下图所示。

● 3. 知识点扩展

【三角形加强筋】对话框中各相关选项含义如下。

（1）【第一组】

单击此图标，选择放置加强筋的第一组平面。

（2）【第二组】

单击此图标，选择放置加强筋的第二组平面。

小提示

第一组平面必须和第二组平面相交。

（3）【位置平面】

显示放置加强筋的平面，一般在选择好第一组和第二组平面后自动激活。

（4）【方位平面】

显示加强筋的方向平面，一般在选择好第一组和第二组平面后自动激活。

（5）【方法】下拉列表

选择定义加强筋位置的方法，它有【沿曲线】和【位置】两个选项。

①【沿曲线】选项：选择该选项可以分别选择【弧长】和【弧长百分比】单选项设定三角筋的位置。可以通过拖动滑块来确定三角筋的位置。

②【位置】选项：选择该选项可以选择【WCS】或【绝对坐标系】作为当前坐标系，然后在坐标系中直接输入具体的坐标值来确定加强筋的位置。

（6）【预览三角形加强筋】复选项

选择在用户确定三角筋的位置和参数后是否预览创建的特征。

● 4. 实战演练——创建三角形加强筋特征

在两个长方体之间创建三角形加强筋特征，具体操作步骤如下。

步骤 01 打开随书资源中的"素材\CH12\4.prt"文件，如下图所示。

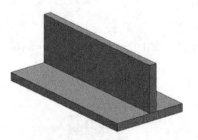

步骤 02 选择【菜单】▶【插入】▶【设计特征】▶【三角形加强筋】菜单命令，系统弹出

【三角形加强筋】对话框后，进行如下图所示的参数设置。

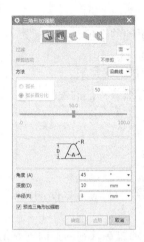

步骤03 根据提示，在绘图区域内选择如下图所示的曲面以指定第一组面。

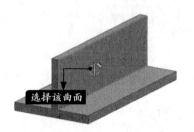

选择该曲面

步骤04 单击【三角形加强筋】对话框中的【第二组】，并根据提示在绘图区域内选择如下图所示的曲面以指定第二组面。

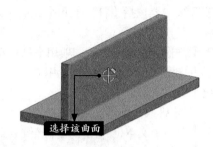

选择该曲面

步骤05 在【三角形加强筋】对话框中单击【确定】按钮，结果如下图所示。

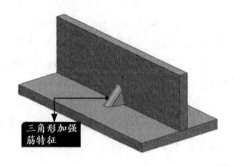

三角形加强筋特征

12.1.6 螺纹

使用"螺纹"命令可以在圆柱面上创建符号螺纹或详细螺纹。

● 1. 功能常见调用方法

选择【菜单】▶【插入】▶【设计特征】▶【螺纹】菜单命令即可，如下图所示。

● 2. 系统提示

系统会弹出【螺纹切削】对话框，如右图所示。

3. 知识点扩展

【螺纹切削】对话框中各相关选项含义如下。

（1）【螺纹类型】区域

该区域主要包括【符号】和【详细】两个单选项，选择不同的选项，可以通过不同的方法创建螺纹。

①【符号】单选项：该选项用来创建符号螺纹，符号螺纹用虚线表示。

②【详细】单选项：该选项用来创建详细的螺纹，即具有细节特征的螺纹。选择该单选项，会弹出【螺纹】对话框。

（2）【螺纹参数】

①【大径】文本框：用于设置螺纹的最大直径。

②【小径】文本框：用于设置螺纹的最小直径。

③【螺距】文本框：用于设置从螺纹上某一点到下一螺纹的相应点之间的距离，平行于轴测量。

④【角度】文本框：用于设置螺纹两个面之间的夹角，在通过螺纹轴的平面内测量。

⑤【标注】文本框：用于设置引用为符号螺纹提供默认值的螺纹表条目。

⑥【手工输入】复选项：选中该复选项，可以手工输入以上参数，否则系统会根据用户选中的圆柱面自动地生成以上参数。

（3）其他选项

①【螺纹钻尺寸】文本框：输入螺纹钻尺寸参数。

②【方法】下拉列表：选择螺纹的加工方法，有【切削】、【轧制】、【研磨】和【铣削】等选项。

③【成形】下拉列表：选择螺纹的标准，有多种选项可供选择。

④【螺纹头数】文本框：设置创建的螺纹头数。

⑤【锥孔】复选项：设置螺纹是否为拔模螺纹。

⑥【完整螺纹】复选项：设置是否在选中的整个圆柱面上创建螺纹，选中该复选项，即可在整个圆柱面上创建螺纹（当圆柱面长度变化时，螺纹长度跟着变化）；若撤选该复选项，则可在【长度】文本框中输入所要创建的螺纹长度。

⑦【从表中选择】按钮：选择一个圆柱后，该按钮显示可用；单击该按钮，然后从弹出的【螺纹切削】对话框的列表框中可以选择标准的螺纹参数，如下图所示。

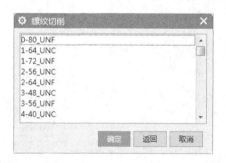

⑧【包含实例】复选项：选中该复选项，当创建螺纹操作中引用特征中的一个成员时，该引用中的所有成员都将被创建螺纹。

⑨【左旋】单选项：设置生成的螺纹为左旋螺纹。

⑩【右旋】单选项：设置生成的螺纹为右旋螺纹。

12.1.7 实战演练——创建螺丝的右旋螺纹

本小节为螺丝模型创建右旋螺纹特征，具体操作步骤如下。

步骤01 打开随书资源中的"素材\CH12\5.prt"文件，如下图所示。

步骤02 选择【菜单】▶【插入】▶【设计特征】▶【螺纹】菜单命令，系统弹出【螺纹切削】对话框后，选择【螺纹类型】为【详细】，然后在绘图区域中选择如下图所示的曲面。

选择该曲面

步骤03 在【螺纹切削】对话框中单击【选择起始】按钮，打开下一层级的【螺纹切削】对话框，如下图所示。

步骤04 根据提示，在绘图区域内选择如下图所示的圆柱体的上表面以指定起始面。

选择该曲面

步骤05 指定起始面后弹出【螺纹切削】对话框，同时绘图区域内显示出螺纹的创建方向，如下图所示。

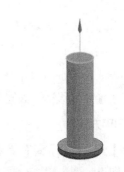

步骤06 单击【螺纹轴反向】按钮，绘图区域的螺纹方向变为相反的方向，如下图所示。同时，返回【螺纹切削】对话框。

螺纹轴方向

步骤07 在【螺纹切削】对话框中设置如下图所示的参数。

步骤 08 在【螺纹切削】对话框中单击【确定】按钮，完成螺纹的创建，结果如右图所示。

12.1.8 槽

该命令用于在实体上创建一个槽，就好像一个成形工具在旋转部件上向内（从外部放置面）或向外（从内部放置面）移动，如同车削操作。

● **1. 功能常见调用方法**

选择【菜单】▶【插入】▶【设计特征】▶【槽】菜单命令即可，如下图所示。

● **2. 系统提示**

系统会弹出【槽】对话框，如下图所示。

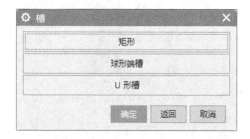

● **3. 知识点扩展**

该对话框中包括【矩形】、【球形端槽】和【U形槽】3个按钮，单击不同的按钮，将采用不同的方法创建沟槽。

（1）【矩形】：此选项用于创建在周围保留尖角的槽，如下图所示。

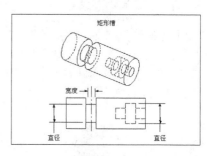

必须指定以下参数。

① 【直径】：如果正在创建外部槽，则为槽内径；如果正在创建内部槽，则为槽外径。

② 【宽度】：槽的宽度，沿选定面的轴测量。

（2）【球形端槽】：此选项用于创建底部为球体的槽，如下图所示。

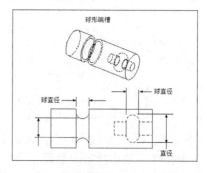

必须指定以下参数。

① 【直径】：如果正在创建外部槽，则为槽内径；如果正在创建内部槽，则为槽外径。

② 【球直径】：槽的宽度。

（3）【U形槽】：此选项用于创建在拐角处保留半径的槽，如下图所示。

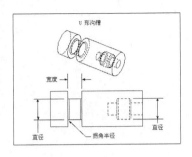

必须指定以下参数。

①【直径】：如果正在创建外部槽，则为槽内径；如果正在创建内部槽，则为槽外径。

②【宽度】：槽的宽度，沿选定面的轴测量。

③【拐角半径】：槽的内部圆角半径。

◢ 4. 实战演练——创建矩形沟槽

在圆柱体上面利用"矩形"方式创建沟槽特征，具体操作步骤如下。

步骤 01 打开随书资源中的"素材\CH12\6.prt"文件，如下图所示。

步骤 02 选择【菜单】▶【插入】▶【设计特征】▶【槽】菜单命令，系统弹出【槽】对话框后，单击【矩形】按钮，打开【矩形槽】对话框，如下图所示。

步骤 03 根据提示选择圆柱体的表面以指定放置面，同时打开【矩形槽】对话框。在【槽直径】

文本框和【宽度】文本框中分别输入沟槽直径值和宽度值为"30"和"5"，如下图所示。

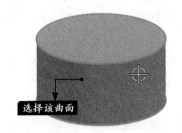

步骤 04 单击【确定】按钮，弹出的【定位槽】对话框要求对沟槽进行定位，如下图所示。

步骤 05 单击【确定】按钮接受初始位置，并按【Esc】键退出操作，结果如下图所示。

12.1.9 键槽

该命令可供用户创建一个直槽形状的通道穿透实体或通到实体内，在当前目标实体上自动执行求差操作。所有键槽类型的深度值均按垂直于平的放置面的方向测量。

● **1. 功能常见调用方法**

选择【菜单】➤【插入】➤【设计特征】➤
【键槽（原有）】菜单命令即可，如下图所示。

● **2. 系统提示**

系统会弹出【槽】对话框，如下图所示。

● **3. 知识点扩展**

该对话框中包括【矩形槽】、【球形端槽】、【U形槽】、【T形槽】和【燕尾槽】等单选项，选择不同的选项，将使用不同的方法创建键槽。

（1）【矩形槽】：用于沿底面创建具有锐边的键槽，如下图所示。

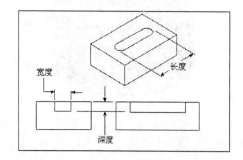

（2）【球形端槽】：用于创建具有球体底面和拐角的键槽，如下图所示。

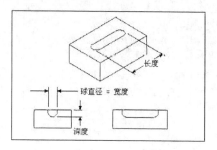

（3）【U形槽】：用于创建一个 "U"形键槽，此类键槽具有圆角和底面半径，如下图所示。

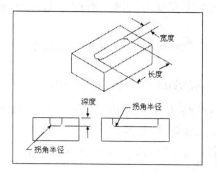

（4）【T型槽】：用于创建一个键槽，它的横截面是一个倒转的T形，如下图所示。

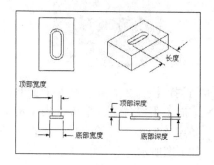

（5）【燕尾槽】：用于创建一个 "燕尾"形键槽，这类键槽会留下尖角和呈角度的壁，如下图所示。

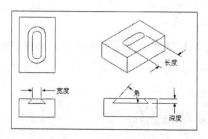

（6）【通槽】：用于创建一个完全通过两个选定面的键槽。（键槽可能会多次通过选定的面，这取决于选定面的形状）

12.1.10 实战演练——创建矩形键槽

本小节在长方体上面利用"矩形槽"方式创建键槽特征，具体操作步骤如下。

步骤01 打开随书资源中的"素材\CH12\7.prt"文件，如下图所示。

步骤02 选择【菜单】▶【插入】▶【设计特征】▶【键槽】菜单命令，系统弹出【槽】对话框后，选择【矩形槽】单选项，并单击【确定】按钮，打开【矩形槽】对话框，如下图所示。

步骤03 根据提示，选择长方体的上表面以指定平面放置面，同时打开【水平参考】对话框，如下图所示。

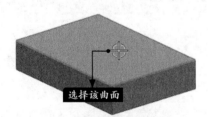

步骤04 单击【实体面】按钮，打开【选择对象】对话框，如下图所示。

步骤05 根据提示，在绘图区域内选择如下图所示的长方体的侧面以指定实体面。

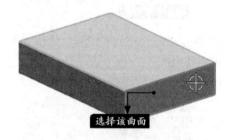

步骤06 系统弹出【矩形槽】对话框后，进行如下图所示的参数设置。

步骤07 单击【确定】按钮，打开【定位】对话框，如下图所示。

步骤08 单击【水平】按钮，打开【水平】对话框，如下图所示。

步骤 09 根据提示，在如下图所示的长方体侧棱边位置上单击以选择目标对象。

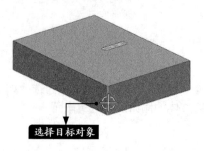

步骤 10 根据提示，在如下图所示的位置上单击以选择刀具边。

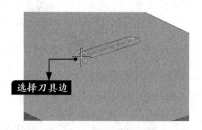

步骤 11 系统弹出【创建表达式】对话框后，进行如下图所示的参数设置。

步骤 12 单击【确定】按钮，系统再次弹出【定位】对话框后，单击【竖直】按钮，打开【竖直】对话框，根据提示再次指定目标对象和刀具边，如下图所示。

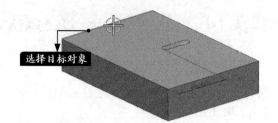

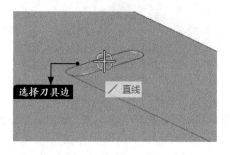

步骤 13 系统弹出【创建表达式】对话框后，进行如下图所示的参数设置。

步骤 14 单击【确定】按钮，系统弹出【定位】对话框后，创建矩形槽所需的要素已定义完成，可直接单击【确定】按钮，让系统自动生成矩形键槽。按【Esc】键退出操作，结果如下图所示。

12.2 参数化建模

参数化设计代表了当今计算机辅助设计行业的设计趋势，已成为三维CAD的主流技术。

12.2.1 参数化建模概述

参数化设计过程是指从功能分析到创建参数化模型的整个过程。参数化建模是参数化设计的重要过程。建模时的关键问题就是如何创建一个满足设计要求的参数化模型，所以在进行参数化建模时需要考虑以下多方面的因素。

（1）分析组成零部件几何形体的基本元素，以及各个元素之间的关系。

（2）分析自由参数与哪些元素有关，如何保证只有参数的自由变化。

（3）确定模型主特征及所有的辅助特征。

（4）利用表达式编辑器，按照自由参数对部分表达式进行分析。

（5）确定特征创建顺序，并进行模型的创建。

（6）更改各个自由参数的值，验证模型的变化是否合理。

12.2.2 参数化建模方法

UG NX 12.0提供了两种进行参数化建模的重要方法。

◉ 1. 利用基本特征进行参数化设计

基本特征是指系统提供的特征建模功能模块和自由曲面建模功能模块中的相关特征创建操作。

在进行参数化建模之前，首先要对模型进行形体分析。如果模型不能分解为基本的几何元素，或模型是通过布尔运算的方式组合成的，就无法通过基本特征进行参数化建模。在利用基本特征进行参数化建模时，只有长方体、圆柱体、圆锥体和球体等这些基本几何元素可以作为主特征。其他的特征不能作为主特征，只能与其产生依附或参考关系。

下面对除了主特征外的各类特征的应用进行简要的说明。

（1）基准特征

包括基准面、基准轴和基准坐标系。这些特征只能作为主特征与辅助特征间的定位基准，在建模的过程中这些特征是可以进行参数驱动的。

（2）与曲线相关的特征

包括拉伸、旋转、扫掠和管道。这些特征必须是对曲线进行操作，可以对实体的边缘进行操作，也可以与草图结合进行参数化建模。

（3）附加特征

包括孔、槽和凸台等工程上常出现的特征。虽然它们可以通过基本几何元素特征间接生成，但由于在建模的过程中经常出现，所以系统将其进行特征标准化以供使用，这样可以使建模的过程得到简化，同时降低出错的概率。但是这些特征只能在主特征上进行操作，不能独立进行。

（4）用户自定义特征

利用相关菜单命令，用户可以将已经设计好的参数化模型保存成特征库，在进行相似的结构设计时直接利用存储的自定义特征来创建，一次生成多个特征结构。该功能大大地增强了系统的特征扩展性，使得用户可以根据自己的工作性质定义相关特征库，将其与系统提供的基本特征结构共同使用，创建参数化模型。

（5）曲面相关特征

这类特征可以通过"几何对象的抽取""由曲线生成"和"由边界生成"等操作创建，它们与其对应的原始创建对象相互关联。

● 2. 利用草图进行参数化设计

草图是与实体模型相关联的二维图形。它的方便之处在于以下两点。

（1）草图平面可以进行尺寸驱动，通过对草图对象上所添加约束方式或者约束值的修改可以改变设计参数，从而改变对象特征。

（2）通过对草图上创建的截面曲线进行拉伸、旋转和扫描等操作生成参数化实体模型，可以提取模型中的截面曲线的参数和拉伸参数，从而实现整个模型的尺寸驱动。

在利用草图进行截面曲线的创建时，一般按照以下步骤进行。

① 根据零部件的设计图纸，在系统中确定草图的工作平面。

② 利用草图功能创建相关的草图平面。

③ 利用草图曲线功能在草图平面上创建近似的曲线轮廓。

④ 利用草图的尺寸约束和几何约束功能对草图中各个曲线的位置关系和尺寸关系进行相应的约束，使约束后的草图曲线形状与设计图纸保持一致。

⑤ 退出草图功能，然后使用拉伸或旋转等实体建模操作命令生成关联模型特征。

⑥ 根据要求修改相关的草图约束，更新实体模型形状。

小提示

无论使用哪一种方法进行参数化建模，在建模的过程中只能有一个主特征，其他的特征都依附于主特征，通过主特征基准点等进行定位，并与主特征保持固定的位置关系。

12.3 综合应用——螺母的建模

🕐 **本节视频教程时间：10分钟**

本节综合利用草图、拉伸、孔、螺纹等命令对螺母模型进行创建，创建过程中拉伸功能的应用会比较频繁，具体操作步骤如下。

步骤 01 新建一个模型文件，选择【菜单】▶【插入】▶【草图】菜单命令，系统弹出【创建草图】对话框后，直接按照系统默认的 *XC-YC* 平面进入草图平面。使用【多边形】工具绘制如下图所示的草图，然后单击【完成草图】按钮 ▦ 退出草图。

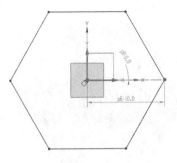

步骤 02 选择【菜单】➤【插入】➤【设计特征】➤【拉伸】菜单命令，系统弹出【拉伸】对话框后，进行如下图所示的参数设置。

步骤 03 根据提示在绘图区域内选择刚才绘制的草图，然后单击【确定】按钮。系统会自动完成螺母基体的生成，如下图所示。

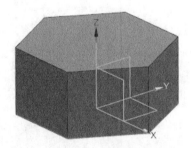

步骤 04 选择【菜单】➤【插入】➤【草图】菜单命令，系统弹出【创建草图】对话框后，直接单击拉伸完成的螺母基体的上表面，将其作为草绘平面，绘制如下图所示的草图，然后单击【完成草图】按钮 退出草图。

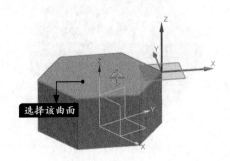

选择该曲面

步骤 05 选择【菜单】➤【插入】➤【设计特征】➤【拉伸】菜单命令，系统弹出【拉伸】对话框后，先选取刚绘制好的草图，设置【拉伸】对话框中的参数，然后单击【确定】按钮。系统会自动生成螺母头实体，如下图所示。

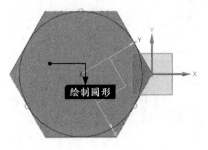

绘制圆形

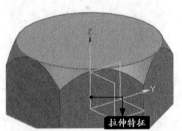

拉伸特征

小提示

拉伸的过程中需要注意拉伸的方向。

步骤 06 重复【拉伸】命令的操作，在实体另一侧生成同样的拉伸体，【拉伸】对话框中参数设置如下图所示。至此，已创建好螺母框架实体。

限制	∧
开始	⬡ 值
距离	8.4 mm
结束	⬡ 值
距离	0 mm
☐ 开放轮廓智能体	
布尔	∧
布尔	🔲 相交
✔ 选择体 (1)	🟦
拔模	∧
拔模	从起始限制
角度	30 °

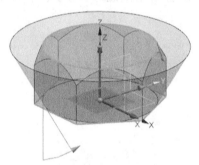

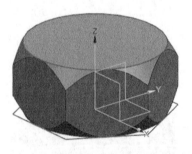

步骤 07 选择【菜单】➤【插入】➤【设计特征】➤【孔】菜单命令,系统弹出【孔】对话框后,首先选取孔的放置平面,关闭系统弹出的【草图点】对话框,然后在绘图区域中适当调整点位置,并单击【完成】按钮,如下图所示。

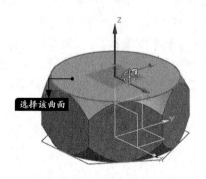

选择该曲面

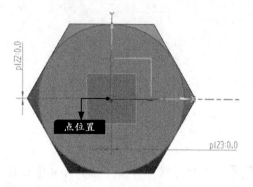

点位置

步骤 08 系统自动返回至【孔】对话框。对孔参数进行相应设置,然后单击【确定】按钮,从而完成孔的生成,如下图所示。

形状和尺寸	∧
成形	⋃ 简单孔
尺寸	∧
直径	8.5 mm
深度限制	⬡ 值
深度	8.4 mm
深度直至	🔲 圆柱底
顶锥角	118 °
布尔	∧
布尔	🔲 减去
✔ 选择体 (1)	🟦

步骤 09 选择【菜单】➤【插入】➤【设计特征】➤【螺纹】菜单命令,系统弹出【螺纹切削】对话框后,选择【螺纹类型】为【详细】,然后根据提示选择如下图所示的螺纹放置面。

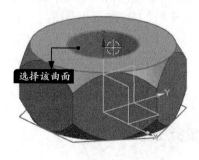

选择该曲面

步骤⑩ 在【螺纹切削】对话框中设置如下图所示的螺纹参数。

步骤⑪ 单击【选择起始】按钮，系统弹出【螺纹切削】对话框后，在绘图区域中单击选择如下图所示的曲面。

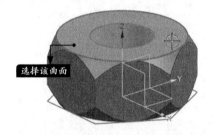

步骤⑫ 在系统弹出的下一层级【螺纹切削】

对话框中可以适当调整螺纹轴方向，然后单击【确定】按钮，如下图所示。

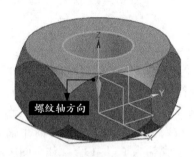

步骤⑬ 系统返回至【螺纹切削】对话框后，单击【确定】按钮，结果如下图所示。

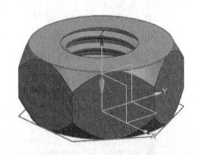

疑难解答

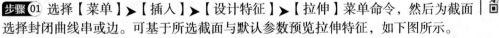

本节视频教程时间：2分钟

● 不对称角拉伸拔模的实现方法

本示例将展示如何使用不对称角拉伸拔模。

步骤① 选择【菜单】▶【插入】▶【设计特征】▶【拉伸】菜单命令，然后为截面选择封闭曲线串或边。可基于所选截面与默认参数预览拉伸特征，如下图所示。

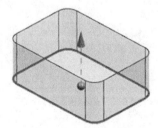

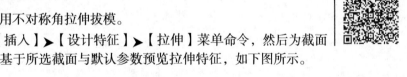

小提示

如果拉伸预览尚不是两侧的（即它显示在截面的两侧），则拖动限制手柄，将其设为两侧的。

步骤 02 在【拔模】组中，从【拔模】下拉列表中选择【从截面-不对称角】选项，会出现含默认值的角度手柄，如下图所示。

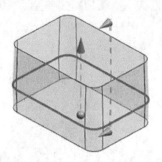

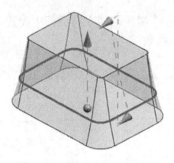

步骤 04 选择其他命令或单击应用以完成拉伸操作，结果如下图所示。

步骤 03 在【拔模】组中，从【角度】下拉列表中选择【单个】，可以拖动前角与后角手柄以获取需要的角度及形状，也可以在前角与后角框中输入值。对于本例，为前角输入了"2"，为后角输入了"–13"，如下图所示。

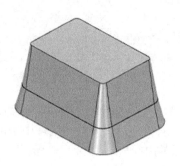

第 **13** 章

特征的基本操作

学习目标

本章从特征的操作方面讲解了UG NX 12.0三维实体建模的方法。特征操作是用户创建复杂、精确模型的关键工具，是UG NX 12.0集成环境CAD应用的核心功能。

学习效果

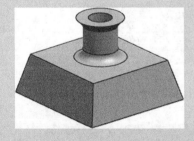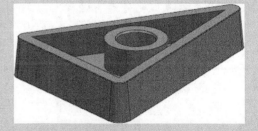

13.1 拔模

🌐 本节视频教程时间：11分钟

在设计注塑和压铸件时，对于大型覆盖件和特征体积落差较大的零件，为了使其脱模顺利，通常要进行拔模特征的操作。

1. 功能常见调用方法

选择【菜单】▶【插入】▶【细节特征】▶【拔模】菜单命令即可，如下图所示。

2. 系统提示

系统会弹出【拔模】对话框，如下图所示。

3. 知识点扩展

【拔模】对话框中各选项含义如下。

（1）【类型】区域

【拔模】对话框的【类型】下拉列表中包

括【面】、【边】、【与面相切】和【分型边】4种类型，如下图所示。

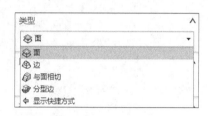

选择不同的类型，可以进行不同的拔模操作，其对应的【拔模】对话框也不完全相同。

① 【面】：允许用户指定固定平面或曲面。拔模操作对固定平面处的体的横截面未进行任何更改，如下图所示。

由基准平面定义的拔模

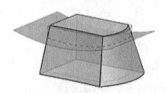

由曲面定义的拔模

由多个曲面定义的拔模

② 【边】：用于将所选的边集指定为固定边，并指定这些边的面（指定角度）。当需要固定的边不包含在垂直于方向矢量的平面中时，此选项很有用，如下图所示。

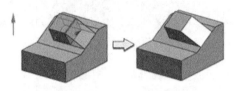

从固定边拔模

③ 【与面相切】：用于在保持所选面之间相切的同时应用拔模，还可用于在塑模部件或铸件中补偿可能的模锁，如下图所示。

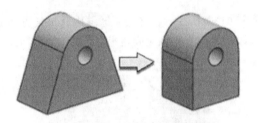

拔模移动侧面以保持与顶部相切

④ 【分型边】：用于根据选定的分型边集、指定的角度及固定面来创建拔模面。固定面确定维持的横截面。此拔模类型创建垂直于参考方向和边缘的凸出部分的面，如下图所示。

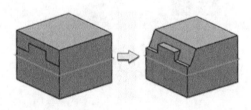

拔模在基准平面定义的分型边处创建凸缘

（2）【脱模方向】区域

通常，脱模方向是模具或冲模为了与部件分离而移动的方向。

UG NX 12.0 根据输入几何体自动判断脱模方向。可以单击鼠标中键接受默认值，也可以指定其他方向。

（3）【拔模参考】

① 【固定面】：可选择一个或多个固定面作为拔模参考。拔模将被应用于拔模面，如下图所示。

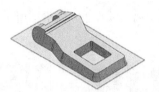

② 【分型面】：可选择一个或多个面作为拔模参考。拔模将被应用于分型面的一侧或两侧，如下图所示。

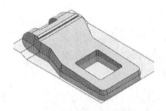

③ 【固定面和分型面】：用于选择单独的固定面和分型面，固定面用作计算拔模的参考，如下图所示。

（4）特定于类型的选项

① 面

选择固定面：用于将几何体指定为固定面或分型面。

要拔模的面

【选择面】：用于选择要拔模的面。

【角度】：为定义的每个集指定拔模角。

② 边

固定边

【选择边】：用于选择固定边。

【反侧】：用于在拔模方向反向时反转固定面的一侧。

可变拔模点

【指定点】：用于在固定边上选择点以指定变化的拔模角。可为所指定的每个参考点输入不同角度。

【可变角】：为定义的每个集指定可变的拔模角。

【位置】：指定可变角点沿目标边的位置。

可以指定边的百分比（弧长百分比）或沿

边的显式距离（弧长），如下图所示。

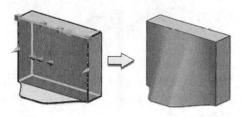

③ 与面相切

相切面

【选择面】：用于选择要拔模的面及拔模操作后必须保持相切的面。

④ 分型边

【固定面】：选择平面 — 用于指定或创建垂直于脱模方向并经过指定点的固定面。

Parting Edges

【选择边】：用于指定分型边。

【反侧】：用于在拔模方向反向时反转固定面的一侧。

（5）【设置】区域

① 【拔模方法】：用于将拔模方法设置为等斜度或真实拔模。

② 【距离公差】：用于指定输入几何体与产生的体之间的最大距离。默认值取自建模首选项。

③ 【角度公差】：用于指定角度公差。此公差用于确保拔模曲面相对于邻近曲面而言在指定的角度范围内。默认值取自建模首选项。

◑ 4. 实战演练——创建平面拔模

利用"面"类型创建平面拔模特征，具体操作步骤如下。

步骤 01 打开随书资源中的"素材\CH13\1.prt"文件，如下图所示。

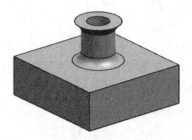

步骤 02 选择【菜单】▶【插入】▶【细节特征】▶【拔模】菜单命令，系统弹出【拔模】

对话框后，进行如下图所示的参数设置。

步骤 03 根据提示，在绘图区域内选择长方体底面以指定基准平面（固定平面），如下图所示。

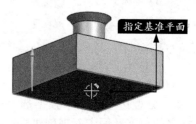

步骤 04 根据提示，在绘图区域内选择长方体表面以指定要拔模的面，如下图所示。

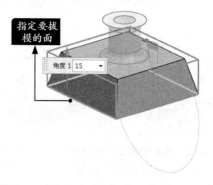

步骤 05 在【拔模】对话框中单击【确定】按钮，结果如下图所示。

13.2 拔模体

本节视频教程时间：9分钟

使用"拔模体"功能可以在分型曲面或基准平面的两侧对模型进行拔模。

1. 功能常见调用方法

选择【菜单】▶【插入】▶【细节特征】▶【拔模体】菜单命令即可，如下图所示。

2. 系统提示

系统会弹出【拔模体】对话框，如下图所示。

3. 知识点扩展

【拔模体】对话框中各选项含义如下。

（1）【类型】区域

【拔模体】对话框的【类型】下拉列表中包括【边】和【面】两种类型。选择不同的类型，可以进行不同的拔模体操作。

① ✥【边】：用于选择边以从其拔锥。

② ✥【面】：用于选择要拔锥的面。

（2）【分型对象】区域

✥【选择分型对象】：用于将片体、基准平面或平的面指定为分型对象。

只能选择一个分型对象。如果选择了基准平面，则会在该基准平面上创建临时片体，并将它用作分型片体。分型片体可以是平面片体或非平面片体。

（3）【脱模方向】区域

默认的脱模方向是 +ZC，或是与指定为分型对象的基准平面垂直的方向。

小提示

如果要对部件或部件的图样进行拔模，则脱模方向是模具或冲模为了与该部件或图样分离而必须移动的方向。

如果要对模具或冲模进行拔模，则脱模方向是部件或图样为了与该模具或冲模分离而必须移动的方向。

（4）【固定边】区域

当【类型】设置为【边】时显示。位置列表指定用于选择固定边的方法。

① 【上面和下面】：用于选择分型边上方与下方的固定边。

② 【仅分型上面】：用于选择分型上方的固定边，其方向与脱模矢量的方向相同。

③ 【仅分型下面】：用于选择分型边下方的固定边，其方向与脱模矢量的方向相反。

（5）【面】区域

当【类型】设置为【面】时显示。

【选择面】✥：选择要拔模的面。

（6）【拔模角】区域

【角度】：指定要拔模的拔模角度。

（7）匹配分型对象处的面

①【匹配类型】：根据需要对分型片体处的对立拔模中添料，以确保材料均匀分布。

②【匹配范围】：当匹配类型设置为除无以外的其他任何选项时显示。

③【修复分型边】：当匹配类型设置为无以外的其他任何选项时显示。自动修复拔模曲面上的尖锐斜接边。它包括以下选项。

【无】：不修复不匹配的边。

【通过圆角】：使用圆角沿分型线光顺锐边，使其轴与拔模方向对齐。

【通过直线和圆角】：使用直线和圆角来光顺锐边。

④【圆角半径】：当修复分型边设置为除无以外的其他任何选项时显示。指定用于修复凹角的圆角半径。

⑤【极限面点替代固定点】：当匹配类型设置为无时显示。用于将分型对象的拔模应用于离分型对象最远体的面上某一点。

如果编辑该体以致面上最远点的位置有变化，则从新的点应用拔模，如下图所示。

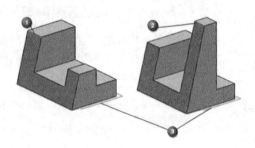

❶ 原始体中离分型对象最远的面。拔模从该面上的某个点应用。

❷ 已编辑体中离分型对象最远的面。拔模从该面上的某个点应用。

❸ 分型对象。

（8）移动至拔模面的面

当【类型】设置为【面】时显示。

【选择面】：指定允许在拔模操作期间进行移动的面。这些对象的固定位置约束在拔模创建期间可自由移动。

（9）移动至拔模面的边

当【类型】设置为【边】时显示。

【选择边】：指定允许在拔模操作期间进行移动的边。这些对象的"固定位置"约束是不严格的且在拔模创建期间可自由移动。

● 4. 实战演练——创建双面拔模

利用"面"类型创建双面拔模特征，具体操作步骤如下。

步骤 01 打开随书资源中的"素材\CH13\2.prt"文件，如下图所示。

步骤 02 选择【菜单】▶【插入】▶【细节特征】▶【拔模体】菜单命令，系统弹出【拔模体】对话框后，进行如下图所示的参数设置。

步骤 03 根据提示，在绘图区域内选择基准平面以指定选择的分型对象，如下图所示。

步骤 04 单击【拔模体】对话框中【面】区域的【选择面】按钮，然后根据提示在绘图区域内选择圆柱表面以指定要拔模的面，如下图所示。

选择要拔模的面

步骤 05 单击【拔模体】对话框中的【确定】按钮，结果如下图所示。

13.3 缩放体

● 本节视频教程时间：3分钟

使用"缩放体"命令可缩放实体和片体。比例应用于几何体，而不用于组成该体的独立特征。此操作完全关联。

● 1. 功能常见调用方法

选择【菜单】▶【插入】▶【偏置/缩放】▶【缩放体】菜单命令即可，如下图所示。

● 2. 系统提示

系统会弹出【缩放体】对话框，如右图所示。

● 3. 知识点扩展

该对话框的【类型】下拉列表中包括【均匀】、【轴对称】和【不均匀】3个选项，选择不同的类型，缩放特征的操作方式也不相同，如下表所示。

缩放前	缩放后
	 均匀比例因子 = 1.25

续表

缩放前	缩放后
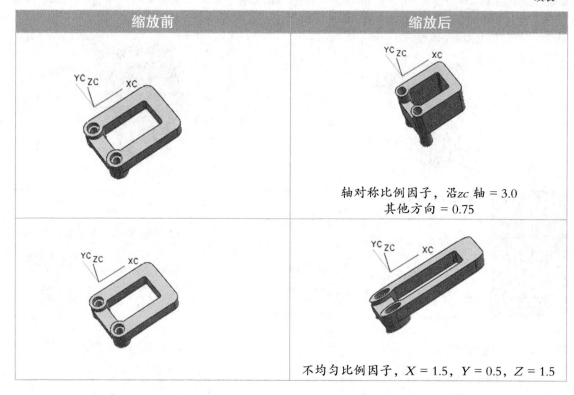	轴对称比例因子，沿zc轴 = 3.0 其他方向 = 0.75
	不均匀比例因子，$X = 1.5$，$Y = 0.5$，$Z = 1.5$

4. 实战演练——创建不均匀缩放特征

利用"不均匀"类型创建缩放特征，具体操作步骤如下。

步骤01 打开随书资源中的"素材\CH13\3.prt"文件，如下图所示。

步骤02 选择【菜单】▶【插入】▶【偏置/缩放】▶【缩放体】菜单命令，系统弹出【缩放体】对话框后，进行如右图所示的参数设置。

步骤03 在绘图区域内选择要缩放的特征体，如下图所示。

选择要缩放
的特征体

钮，结果如下图所示。

步骤 04 在【缩放体】对话框中单击【确定】按

13.4 边倒圆

🕐 本节视频教程时间：19 分钟

使用"边倒圆"命令可以在两个面之间倒圆锐边。

1. 功能常见调用方法

选择【菜单】▶【插入】▶【细节特征】▶
【边倒圆】菜单命令即可，如下图所示。

2. 系统提示

系统会弹出【边倒圆】对话框，如下图
所示。

3. 知识点扩展

●【边倒圆】对话框中各选项含义如下。

（1）边

① 【连续性】下拉列表中的选项如下。

● 【G1（相切）】：用于指定始终与相邻面相
切的圆角面。

● 【G2（曲率）】：用于指定与相邻面曲率连
续的圆角面。

② 🔲【选择边】：用于为边倒圆集选择边。

③ 【形状】：用于指定圆角横截面的基础形
状。从以下形状选项中选择。

● 【圆形】：使用单个手柄集控制圆形倒圆，如
下图所示。

● 【二次曲线】：二次曲线法和手柄集可控制对
称边界边半径、中心半径和 Rho 值的组合，以创建
二次曲线倒圆，如下图所示。

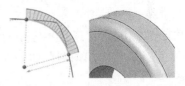

④ 半径 x：适用条件如下。

圆角面连续性 = G1（相切）且形状是圆形

圆角面连续性 = G2（曲率）用于为边集中的所
有边设置半径值。

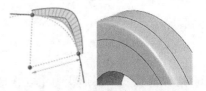

半径必须同正在倒圆的面所在的几何体一致。例如，由给定半径指定的距离至少应大于到第二个面中的所有点的距离。

⑤ 二次曲线法：在形状为【二次曲线】时显示。允许用户使用高级方法控制圆角形状，以创建对称二次曲线倒圆。

【边界和中心】：通过指定对称边界半径和中心半径定义二次曲线倒圆截面，如下图所示。

【边界和 Rho】：通过指定对称边界半径和 Rho 值来定义二次曲线倒圆截面，如下图所示。

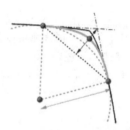

【中心和 Rho】：通过指定中心半径和 Rho 值来定义二次曲线倒圆截面，如下图所示。

⑥ 边界半径 x：在形状为【二次曲线】且二次曲线法为【边界和中心】或【边界和 Rho】时显示。用于为边集中的所有边界半径设置一个值。

⑦ 中心半径 x：在形状为【二次曲线】且二次曲线法为【边界和中心】或【中心和 Rho】时显示。用于为边集中的所有中心半径设置一个值。

⑧ Rho x：在圆角面连续性为【G2（曲率）】时可用。用于为边集中的 Rho 设置一个值。

（2）变半径

通过向边链添加具有不重复半径值的点来创建可变半径圆角。

如果在边链上定义可变半径点，最好还在链的终点定义这些点；否则，UG NX 12.0 将根据已定义其他可变半径点的位置在链的终点定义自己的可变半径值。

例如，如果在双边链的左段上的点定义单一可变半径，则左链段的终点默认为在该段上定义的可变半径值，而右链段的终点默认为半径 1 框中的值。如果在左段定义的可变半径不止一个，则终点取最接近的值，如下图所示。

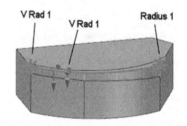

如果已定义两个可变半径点，其中一个位于双边链的每个段上，则该链左右端点处的半径均默认为在该段上定义的可变半径值，如下图所示。

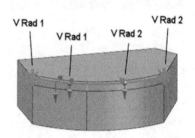

① ⊞ / 【指定新的位置】：使用要倒圆的边组中的选择边来选择边时可用。用于添加点并沿边集中的各条边设置半径值。

可以定义不在倒圆边上的可变半径点位置。UG NX 12.0会自动将它投影到边上。可变半径点是关联的。如果在更新部件时移动关联的点，可变半径位置会随之移动。如果删除该点，该点的可变半径位置继续存在（作为弧长的百分比），但不再具有关联。

②V 半径 *xx*：在选择可变半径点（如下图所示）时可用。在选定点处设置半径。其中，*xx* 是表示可变半径点的数字。

可以在图形窗口中更改半径值。

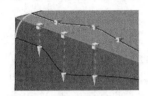

具有拖动手柄的可变半径点

③【位置】：在选择可变半径点时可用。用于指定以下选项之一，将可变半径点放置在边上。

- 【弧长】：设置弧长的指定值。在弧长框中输入距离值。
- 【弧长百分比】：将可变半径点设置为边的总弧长的百分比。在弧长百分比框中输入距离值。
- 【通过点】：用于指定可变半径点。指定新的位置 ⊥ ⚲ 选项可用。

如果通过更改弧长百分比的值来手工移动点位置，该点会失去关联。右键单击点手柄以在弧长和弧长百分比之间切换。

（3）拐角倒角（在圆角面连续性为【G1（相切）】时可用）

①【选择端点】：用于在边集中选择拐角终点，并在每条边上显示拖动手柄，如下图所示。

使用拖动手柄可根据需要增大拐角半径值。

请勿将此选项用于创建曲率连续面。

②【点 1 回切 1】：用于将当前所选倒角点的距离设置为指定的值。

选项【点 1 回切 1】与第一个点集和第一个回切相对应。该数字根据所选点集和边的不同会有所变化。

（4）拐角突然停止

使某点处的边倒圆在边的末端突然停止。

①【选择端点】：用于选择要倒圆的边上的倒圆终点及停止位置。选择边终点后，可以指定停止位置。

②停止位置列表：在选择【终点】时可用。

【按某一距离】：可在边终点处突然停止倒圆，如下图所示。

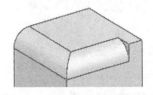

使用【按某一距离】在拐角处突然停止

- 【交点处】：可在多个倒圆相交的选定顶点处停止倒圆。

无法在边倒圆相交的端点处使用【按某一距离】。使用【交点处】可在复杂顶点处创建多个边倒圆（此处默认解析可能会失败），从而可使用手工创建的补片来解析倒圆-倒圆相交。

③位置列表：在选择终点组中选择某个终点时可用。

- 【弧长】：用于指定弧长值以在该处选择停止点。

- 【弧长百分比】：用于指定弧长的百分比以在该处选择停止点。

- 【通过点】：用于选择模型上的点。

指定点 ⯐ ⯐ 选项可用。

（5）长度限制

修剪所选面或平面的边倒圆。

① ☑【启用长度限制】：选中后，以下选项可指定用于修剪圆角面的对象和位置。

② 限制对象：列出使用指定的对象修剪边倒圆的方法。限制平面、面或边集（或其延伸）将成为圆角的端盖。

③ ⯐ ⯐【指定平面】：用于指定平面以修剪圆角。

④ ⯐ ⯐【指定修剪位置点】：当限制对象为平面时可用。

指定离待截断圆角的交点最近的点。如果修剪平面与圆角面在多处相交，则使用此方法。

（6）溢出

控制如何处理倒圆溢出。当倒圆的相切边与该实体上的其他边相交时，就会发生倒圆溢出。

① 首先

- 跨光顺边滚动：允许倒圆延伸至它遇到的光顺连接（相切）面，如下图所示。

❶ 新倒圆溢出现有倒圆的边。

❷ 倒圆相遇处的共享边是光顺的。

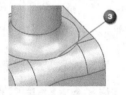

❸ 选择在光顺边上滚动时，该边是尖锐且共享的。

- 沿边滚动：在圆角面连续性为【G1（相切）】时可用。

移除同其中一个定义面的相切，并允许圆角滚动到任何边上，不论该边是光顺还是尖锐

的，如下图所示。

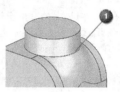

❶ 选定此选项时，该边保持不变，并且它与拥有该边的面的相切被移除。

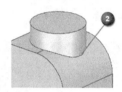

❷ 选定此选项时，该边发生更改，并且它与其所属面的相切得以保持。

- 修剪圆角：在圆角面连续性为【G1（相切）】时可用。

允许圆角保持与定义面的相切，并将所有遇到的面移动到圆角面，如下图所示。

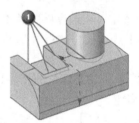

❶ 选定该选项时预览这些边。

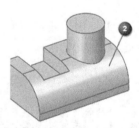

❸ 保持倒圆相切。

② 显式：控制在边上滚动（光顺或尖锐）溢出选项是否应用于选定的边。在圆角面连续性为【G1（相切）】时可用。

- ⯐【选择要强制执行滚边的边】：用于选择边以对其强制应用在边上滚动（光顺或尖锐）选项。

- ⯐【选择要禁止执行滚边的边】：用于

选择边以不对其应用在边上滚动（光顺或尖锐）选项。

使用此选项可获取符合以下准则的不同形状倒圆。

倒圆凸度相反。

倒圆在3个或更多边顶点处相交。

一个倒圆在另一个倒圆上滚动。

对于此边倒圆，使用【选择要禁止执行滚边的边】选项选择了遇到的边❶。这将防止对它应用在边上滚动（光顺或尖锐）选项。在边上滚动（光顺或尖锐）选项照常应用于其他圆柱的边。

③重叠：包含首选项及圆角顺序。

• 【首选项】：指定如何解决重叠的圆角。

此选项与溢出解的区别在于，它仅对单一边倒圆特征内的边的交互起作用。溢出解对任何边都有效，包括倒圆边。

保持圆角和相交会忽略该圆角自相交。圆角的两个部分都由相交曲线修剪。含有在 UG NX 12.0的早期版本中创建的圆角部件时，系统将为它们指派此选项。

如果凸面不同，则滚动可以使圆角在其自身滚动。圆角遇到其自身部分而使凸面不同时，使用此选项可使圆角在其自身滚动。

不考虑凸面，滚动可在圆角遇到其自身部分时使圆角在其自身滚动。

• 【圆角顺序】：指定创建圆角的顺序。

使用其他方式创建圆角失败时，建议尝试使用此选项来创建圆角。

凸面优先将先创建凸圆角，再创建凹圆角。

凹面优先将先创建凹圆角，再创建凸圆角。

（7）设置

①【移除自相交】：将倒圆自身的相交替换为光顺曲面补片。补片区域并不真正表示由滚动球生成的倒圆，但它与连接的所有曲面都

相切。此解决方案可允许在其他情况下创建自相交的倒圆，但产生修补曲面比较耗时。

如果未选择移除曲面自相交选项，则确保在要倒圆的边上相交的面所附着的曲面的偏置不会自相交。附着于面的曲面的这些偏置必须相交才能定义倒圆的脊线。

②【复杂几何体的补片区域】：对于曲率过大或复杂几何体导致的可能失败的区域，需要检验其选定圆角边。如果检测到的区域失败，则会创建受限数据的部分圆角，并且在其间自动创建补片。如果用户使用此选项，则不必手动创建小的圆角分段和桥接补片，以混合不能正常支持边倒圆的复杂区域。

③【限制圆角以避免失败区域】：选择此选项后，将限制圆角，以避免出现无法进行圆角处理的区域，而使用或不使用补片，具体取决于此选项和复杂几何体的补片区域选项的设置，如下表所示。

复杂几何体的补片区域	限制圆角以避免失败区域	行　为
☑	☑	对可以进行补片的区域进行补片。避免无法进行补片的区域（可以提供部分圆角）
☑	☐	对可以进行补片的区域进行补片。如果存在无法补片的区域（未提供部分圆角），则倒圆会失败
☐	☑	不执行补片。避免无法进行倒圆的区域
☐	☐	不执行补片。如果存在无法圆的区域（未提供部分圆角），则倒圆会失败

④【段倒圆以和面段匹配】：选中后，此选项可用于创建分段的面，以与拥有定义边的面中的各段相匹配；否则，相邻的面会合并，如下图所示。

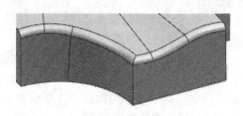

☑ 段倒圆以和面段匹配

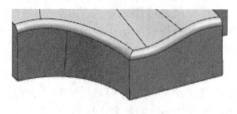

☐ 段倒圆以和面段匹配

⑤【Rho 类型】：在形状为【二次曲线】时显示。测量倒圆肩部沿顶点推入拐角的距离。选择相对或绝对。

⑥【公差】：用于指定非恒定半径倒圆的距离公差。未指定时使用建模首选项中的默认距离公差。

小提示

如果将倒圆添加到容错的边，或跨容错的边添加倒圆，倒圆必须大于此边上公差或被跨边的两倍。

● 4. 实战演练——创建恒定半径的圆形边倒角特征

为长方体的一条边创建恒定半径的圆形边倒角特征，具体操作步骤如下。

步骤01 打开随书资源中的"素材\CH13\4.prt"文件，如下图所示。

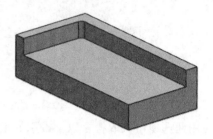

步骤02 选择【菜单】▶【插入】▶【细节特征】▶【边倒圆】菜单命令，系统弹出【边倒圆】对话框后，根据提示在绘图区域内选择长方体的一条边，如下图所示。

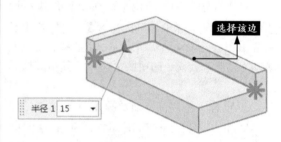

选择该边

半径1 15

步骤03 单击【边倒圆】对话框的【半径1】文本框中输入边倒圆的半径为"15"，然后单击【确定】按钮确认，结果如下图所示。

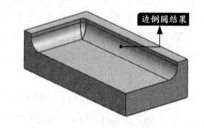

边倒圆结果

13.5 面倒圆

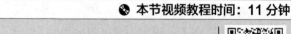

● **本节视频教程时间：11分钟**

使用"面倒圆"命令可在两组或三组面之间添加相切和曲率连续圆角面。圆角的横截面可以是圆形，也可以是二次曲线（对称或非对称）。

● 1. 功能常见调用方法

选择【菜单】▶【插入】▶【细节特征】▶【面倒圆】菜单命令即可，如下图所示。

2. 系统提示

系统会弹出【面倒圆】对话框，如下图所示。

3. 知识点扩展

【面倒圆】对话框中各相关选项含义如下。

（1）【横截面】区域

① 圆形：设置倒角的形状为球形，即系统假设以一个指定半径的球和选取的两组面以相切的方式进行倒圆角。选中该选项后可以通过其下方的【半径方法】下拉列表中的选项设置球半径参数，如下图所示。

选择【圆形】选项后，其下方选项为【半径方法】下拉列表和【半径】文本框。【半径方法】下拉列表中的各选项如下图所示。

● 【恒定】：选取恒定的半径作为球半径，通过其后面的文本框输入恒定的值，如下图所示。

● 【可变】：提示用户定义规律曲线和规律曲线上的一系列的点进行变半径倒圆，如下图所示。

选取该选项后，【横截面】区域中的各选项变为如下图所示。

● 【限制曲线】：提示用户指定在一组表面上的曲线，使得倒角面与该组表面在指定的曲线处相切来设置倒圆角，如下图所示。

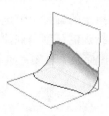

② 对称相切：横截面是与面对称且相切的二次曲线，如下图所示。

其形状由以下3种方法之一定义。

- 边界和中心
- 边界和 Rho
- 中心和 Rho

边界、中心和 Rho 可以是恒定的，也可以是变化的（规律控制）。Rho 也可以自动计算得出。

③ 非对称相切：横截面为锥形，与面非对称且相切。

其形状由指定的偏置（可以是恒定的，也可以是变化的，即规律控制）和指定的 Rho（恒定、规律控制或自动计算得出）定义，如下图所示。

④ 对称曲率：横截面相对于面对称且曲率连续。

其形状由边界半径（恒定，或变化，即规律控制）和指定的深度（规律控制）定义，如下图所示。

⑤ 非对称曲率：横截面与面非对称且曲率连续。

其形状由指定的偏置（恒定，或变化，即规律控制）、指定的深度（规律控制）和指定的歪斜度（规律控制）定义，如下图所示。

【修剪和缝合】选项用于指定如何修剪圆角及如何将圆角缝合到部件。

（2）【修剪】区域

① 修剪圆角：列出修剪圆角面的选项。

- 与【修剪和缝合】复选项结合使用。
- 修剪结果取决于指定的圆角面选项和复选项设置的组合效果。

示例如下图所示。

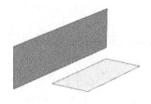

起始状态

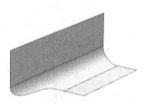

修剪至全部输入面

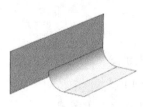

修剪至短输入面

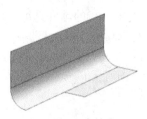

修剪至长输入面

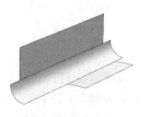

不修剪圆角面

② 修剪要倒圆的体：将选定的所有输入面修剪至圆角，如下图所示。

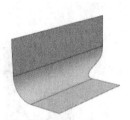

☑ 修剪要倒圆的体

③ 将长输入面修剪至延伸轨道：当圆角面设置为【修剪至短输入面】时可用。将圆角轨道或保持线延伸到它所在的面链的边，并将长面链修剪至延伸出的轨道或保持线位置，如下图所示。

☑ 修剪要倒圆的体
☐ 将长输入面修剪至延伸轨道

☑ 修剪要倒圆的体
☑ 将长输入面修剪至延伸轨道

④ 缝合所有面：选中【修剪要倒圆的体】复选项时可用。将圆角面缝合到已修剪的输入面。

⑤ 长度限制

● ☑【启用长度限制】：指定用于修剪圆

角面的对象和位置，有下列选项可用。

● 【限制对象】：指定用于限制倒圆对象的类型。

【平面】：使用指定的平面在倒圆的起始或终止位置之间限制倒圆。可以使用此选项修剪面倒圆和创建端盖面，如下图所示。

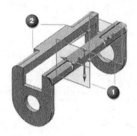

❶ 创建期间两个平面修剪面倒圆的预览。
❷ 创建后限制的已修剪的倒圆。

指定修剪平面选项 🔲 🔲 可用。

【面】：使用一个面在倒圆的起始或终止位置之间修剪倒圆。选定面或其延伸成为倒圆的端盖。

指定【修剪面】🔲 可用。

【边】：使用一条边在倒圆的起始或终止位置之间修剪倒圆。通过选定边或其延伸线的交点的横截平面将变为倒圆的端盖面。

选择【修剪边】🔲 可用。

【反向】✕：可用于所有类型的限制对象。

● 4. 实战演练——创建面倒圆特征

通过"双面"类型方式为模型创建面倒圆特征，具体操作步骤如下。

步骤01 打开随书资源中的"素材\CH13\5.prt"文件，如下图所示。

步骤02 选择【菜单】▶【插入】▶【细节特征】▶【面倒圆】菜单命令，系统弹出【面倒圆】对话框后，进行如下图所示的参数设置。

步骤 04 单击【面倒圆】对话框中的【选择面2】按钮，在绘图区域内单击特征体的侧面以指定面链2，如下图所示。

步骤 05 单击【确定】按钮完成面倒圆的操作，使用相同的方法为另一侧进行面倒圆的操作，结果如下图所示。

步骤 03 根据提示，在绘图区域内单击选择特征体的上表面以指定面链1，如下图所示。

指定面链1

面倒圆结果

13.6 抽壳

🎬 本节视频教程时间：8分钟

 　　使用"抽壳"命令可挖空实体，或指定壁厚来绕实体创建壳。也可以对面指派个体厚度或移除个体面。

🌑 1. 功能常见调用方法

选择【菜单】➤【插入】➤【偏置/缩放】➤【抽壳】菜单命令即可，如下图所示。

🌑 2. 系统提示

系统会弹出【抽壳】对话框，如右图所示。

🌑 3. 知识点扩展

【抽壳】对话框中各选项含义如下。

（1）【类型】区域

选择以下选项之一指定要创建的抽壳种类。

① 【移除面，然后抽壳】：在抽壳之前，移除体的面。

② 【对所有面抽壳】：对体的所有面进行抽壳，且不移除任何面。

（2）【要穿透的面】区域

【选择面】 ：仅当抽壳类型设置为【移除面，然后抽壳】时显示。用于从要抽壳的体中选择一个或多个面。如果有多个体，则所选的第一个面将决定要抽壳的体。

（3）【要抽壳的体】区域

【选择体】 ：仅当抽壳类型设置为【对所有面抽壳时显示。用于选择要抽壳的体。

（4）【厚度】区域

① 【厚度】：为壳设置壁厚。

② 【反向】 ：更改厚度的方向。

（5）【备选厚度】区域

① 【选择面】 ：用于选择厚度集的面。可以对每个面集中的所有面指派统一厚度值。

② 【厚度 0】：为当前选定的厚度集设置厚度值。此值与厚度选项中的值无关。

③ 【添加新集】：使用选定的面创建面集。

④ 【列表】：列出厚度集及其名称、值和表达式信息。

（6）【设置】区域

① 相切边

● 【在相切边添加支撑面】：在偏置体中的面之前，先处理选定要移除并与其他面相切的面。使用该选项将沿光顺的边界边创建边面。如果选定要移除的面都不与不移除的面相切，选择此选项将没有作用。

● 【相切延伸面】：延伸相切面，并且不为选定要移除且与其他面相切的面的边创建边面。

② 【使用补片解析自相交】：选择后可修复由于偏置体中的曲面导致的自相交。此选项适用于在创建抽壳过程中可能因自相交而失败的复杂曲面。

如果未选择此选项，软件会按照当前公差设置来精确计算壳壁及曲面。

③ 【公差】：创建壳面时设置距离公差。

● 4. 实战演练——创建基座抽壳特征

对基座模型进行抽壳特征的创建，具体操作步骤如下。

步骤01 打开随书资源中的 "素材\CH13\6.prt" 文件，如下图所示。

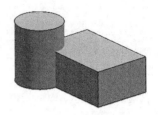

步骤02 选择【菜单】➤【插入】➤【偏置/缩放】➤【抽壳】菜单命令，系统弹出【抽壳】对话框后，在【类型】下拉列表中选择【移除面，然后抽壳】选项。

步骤03 在绘图区域内单击长方体的上表面以指定要抽壳的面，如下图所示。

步骤04 在【厚度】文本框中输入壁厚值 "10"，如下图所示。

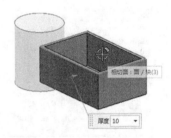

步骤05 如果需要更改选择面的厚度，在【备选厚度】中单击【选择面】 并选择如下图所示的面。

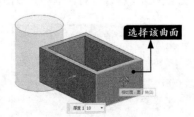

步骤06 在【厚度 1】框中输入 "35" 并按【Tab】键。系统根据这个面的新值更新抽壳】预览，如下图所示。

步骤 07 单击【确定】按钮完成操作，结果如下图所示。

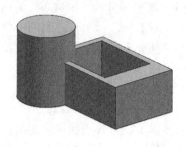

13.7 缝合

🔊 **本节视频教程时间：2分钟**

该功能用于将片体或实体面缝合在一起，既可以将多个片体缝合在一起成为实体，也可以缝合实体表面。

● 1. 功能常见调用方法

选择【菜单】▶【插入】▶【组合】▶【缝合】菜单命令即可，如下图所示。

● 2. 系统提示

系统会弹出【缝合】对话框，如下图所示。

● 3. 实战演练——创建缝合片体特征

对模型进行缝合片体特征的创建，具体操作步骤如下。

步骤 01 打开随书资源中的"素材\CH13\7.prt"文件，如下图所示。

步骤 02 选择【菜单】▶【插入】▶【组合】▶【缝合】菜单命令，系统弹出【缝合】对话框后，进行如下图所示的参数设置。

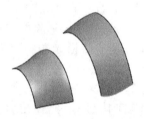

步骤 03 根据提示，在绘图区域内单击指定目标片体，如下图所示。

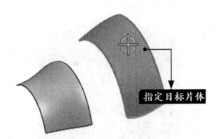

指定目标片体

步骤 04 根据提示，在绘图区域内单击指定工具片体，如下图所示。

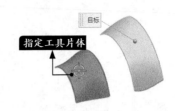

目标

指定工具片体

步骤 05 在【缝合】对话框中单击【确定】按钮，结果如下图所示。

13.8 补片

🔘 **本节视频教程时间：6分钟**

　　使用"补片"命令可修改实体或片体，具体方法是将实体或片体的面替换为另一个片体的面。

1. 功能常见调用方法

选择【菜单】▶【插入】▶【组合】▶【修补】菜单命令即可，如下图所示。

2. 系统提示

系统会弹出【补片】对话框，如下图所示。

3. 知识点扩展

【补片】对话框中各选项含义如下。

（1）【目标】区域

🔲【选择体】：用于选择片体或实体作为修补目标。

编辑补片体时，可以使用此选项重新定义目标片体。按住【Shift】键并单击鼠标可取消选择原始目标体，然后选择新的目标体。

（2）【工具】区域

🔲【选择片体】：用于选择片体以补到目标上。

工具片体边缘必须位于目标体的面上或者靠近目标体的面。补片所产生的新边缘必须形成闭环。

编辑补片体时，可以使用此选项重新定义工具片体。按住【Shift】键并单击鼠标可取消选择原始工具片体，然后选择新的工具片体。

（3）【要移除的目标区域】

☒【反向】：当选择工具片体时，锥形箭头矢量将显示要以什么方向移除目标体的面。

要反转此方向，单击【反向】按钮，如下图所示。

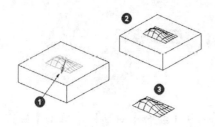

❶ 默认方向矢量。

❷ 如果接受默认方向，则将移除位于片体边缘内的块面区域，并且块和片体会形成实体。

❸ 如果反转待移除区域的方向，则实体将由片体加上片体边之间的块面形成。

（4）【工具方向面】区域

🔲【选择面】：用于重新定义工具片体的矢量方向（如果工具片体包括多个面）。所选面的法向将成为目标的新移除方向。

注意，移除方向矢量必须与目标相交。如果不是这样，可使用此选项指定与目标相交的新移除方向。否则，修补将失败。

编辑补片体时，可以使用此选项重新选择工具面（例如，在需要使用具有多个面的工具片体的单个面时）。按住【Shift】键并单击鼠标以取消选择原始工具面，然后选择新的工具面。

（5）【设置】区域

① 【在实体目标中开孔】：用于将一个封闭的片体补到目标体上以创建一个孔。

小提示

如果工具片体的边缘有间隙，且超过建模公差，则修补操作可能无法得到预期结果。

---

② 【公差】：用于创建特征的公差值。默认值取自建模首选项中的公差设置。

（6）【预览】区域

🔍【显示结果】：显示计算特征并显示结果。单击【确定】按钮或【应用】按钮以创建特征时，软件将重新使用计算，从而加速创建过程。

● 4. 实战演练——创建补片效果

对立方体模型创建补片特征，具体操作步骤如下。

步骤 **01** 打开随书资源中的"素材\CH13\8.prt"文件，如下图所示。

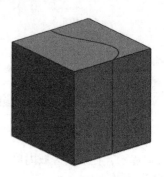

步骤 **02** 选择【菜单】➤【插入】➤【组合】➤【修补】菜单命令，系统弹出【补片】对话框后，根据提示在绘图区域内选择要修补的长方体以指定目标体，如下图所示。

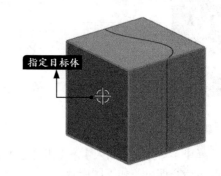

步骤 **03** 根据提示在绘图区域内选择长方体内用于修补的体以指定片体，如下图所示。

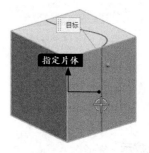

步骤 **04** 在【补片】对话框中单击【确定】按钮完成补片的操作，结果如下图所示。

13.9 偏置面

使用"偏置面"命令可沿面的法向偏置一个或多个面。如果体的拓扑不更改，则可以根据正的或负的距离来偏置面。用户可以将单个偏置面特征添加到多个体中。

1. 功能常见调用方法

选择【菜单】▶【插入】▶【偏置/缩放】▶【偏置面】菜单命令即可，如下图所示。

2. 系统提示

系统会弹出【偏置面】对话框，如下图所示。

3. 知识点扩展

【偏置面】对话框中各选项含义如下。

（1）【要偏置的面】区域

【选择面】：用于选择要偏置的面。

（2）【偏置】区域

【偏置】：将偏置设置为用户指定的值。

4. 实战演练——创建偏置面特征

对圆锥体模型创建偏置面特征，具体操作步骤如下。

步骤01 打开随书资源中的"素材\CH13\9.prt"文件，如下图所示。

步骤02 选择【菜单】▶【插入】▶【偏置/缩放】▶【偏置面】菜单命令，系统弹出【偏置面】对话框后，进行如下图所示的参数设置。

步骤03 根据提示在绘图区域内选择要偏置的面，系统自动提示偏置方向，如下图所示。

选择要偏置的面

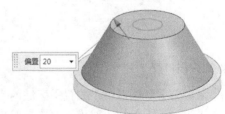

偏置 20

钮，结果如下图所示。

━━ 小提示 ━━

可以一次指定一个或多个面，指定多个面时系统会给出不同面的偏置方向。若此时单击【应用】按钮或【确定】按钮，将会对选中的表面同时偏置相同的偏置值。若要对不同的面偏置不同的距离，就需要分别进行偏置。

步骤 04 在【偏置面】对话框中单击【确定】按

13.10 倒斜角

本节视频教程时间：5 分钟

使用"倒斜角"命令可斜接一个或多个体的边。

1. 功能常见调用方法

选择【菜单】▶【插入】▶【细节特征】▶【倒斜角】菜单命令即可，如下图所示。

2. 系统提示

系统会弹出【倒斜角】对话框，如下图所示。

3. 知识点扩展

【倒斜角】对话框中【偏置】区域的【横截面】下拉列表中包括【对称】、【非对称】和【偏置和角度】3种选项，选择不同的选项可以通过不同的方法进行倒斜角的操作，如下图所示。

4. 实战演练——通过对称方式创建倒斜角

通过对设定的倒角边相邻的两个面设置相同的偏置量来创建倒斜角，具体操作步骤如下。

步骤 01 打开随书资源中的"素材\CH13\10. prt"文件，如下图所示。

步骤 02 选择【菜单】▶【插入】▶【细节特征】▶【倒斜角】菜单命令，系统弹出【倒斜角】对话框后，进行如下图所示的参数设置。

步骤 03 根据提示，在绘图区域内选择长方体的一条边以指定要倒斜角的边，如下图所示。

步骤 04 在【倒斜角】对话框中单击【确定】按钮，结果如下图所示。

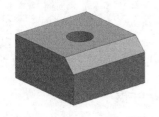

● 5. 实战演练——通过非对称方式创建倒斜角

通过对倒角面相邻的两个面设置不同的偏置量来创建倒斜角，具体操作步骤如下。

步骤 01 打开随书资源中的"素材\CH13\10.prt"文件，如下图所示。

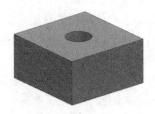

步骤 02 选择【菜单】▶【插入】▶【细节特征】▶【倒斜角】菜单命令，系统弹出【倒斜角】对话框后，进行如下图所示的参数设置。

步骤 03 根据提示，在绘图区域内选择长方体的一条边以指定要倒斜角的边，如下图所示。

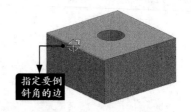

步骤 04 在【倒斜角】对话框中单击【确定】按钮，结果如下图所示。

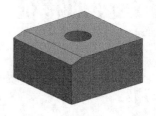

● 6. 实战演练——通过偏置和角度方式创建倒斜角

通过对选中的倒角边设置一个偏置量和角度值来创建倒斜角，具体操作步骤如下。

步骤 01 打开随书资源中的"素材\CH13\10.prt"文件，如下图所示。

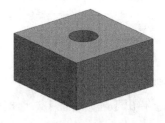

步骤 02 选择【菜单】▶【插入】▶【细节特征】▶【倒斜角】菜单命令，系统弹出【倒斜角】对话框后，进行如下图所示的参数设置。

步骤 03 根据提示，在绘图区域内选择长方体的一条边以指定要倒斜角的边，如下图所示。

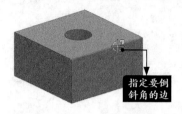

指定要倒斜角的边

钮，结果如下图所示。

步骤 04 在【倒斜角】对话框中单击【确定】按

13.11 阵列特征

🖱 本节视频教程时间：9分钟

用户使用阵列特征命令可以根据现有特征创建特征阵列。

1. 功能常见调用方法

选择【菜单】▶【插入】▶【关联复制】▶【阵列特征】菜单命令即可，如下图所示。

2. 系统提示

系统会弹出【阵列特征】对话框，如下图所示。

3. 知识点扩展

该对话框中包括7个可用的布局，单击不同的按钮，可以使用不同的方式创建实例特征。

【线性】：使用一个或两个方向定义布局。

【圆形】：使用旋转轴和可选径向间距参数定义布局。

【多边形】：使用正多边形和可选径向间距参数定义布局。

【螺旋】：使用螺旋路径定义布局。

【沿】：定义一个跟随连续曲线链和第二条曲线链或矢量（可选）的布局。

【常规】：使用由一个（或多个）目标点或坐标系定义的位置来定义布局。

【参考】：使用现有阵列定义布局。

4. 实战演练——创建线性阵列特征

【线性】方式以矩形阵列的形式复制所选的特征，即操作后的特征呈矩形排列，具体操作步骤如下。

步骤 01 打开随书资源中的"素材\CH13\11.prt"文件，如下图所示。

步骤 02 选择【菜单】▶【插入】▶【关联复

制】▶【阵列特征】菜单命令，系统弹出【阵列特征】对话框后，进行如下图所示的参数设置。

步骤 03 在绘图区域中单击选择要进行阵列操作的孔特征，如下图所示。

步骤 04 在【阵列特征】对话框中单击【确定】按钮，结果如下图所示。

● 5. 实战演练——创建圆形阵列特征

【圆形】方式以圆形阵列的形式复制所选的特征，即操作后的特征呈圆形排列，具体操作步骤如下。其操作方式和矩形阵列基本相同，只是参数的设置有所不同。

步骤 01 打开随书资源中的"素材\CH13\11.prt"文件，如下图所示。

步骤 02 选择【菜单】▶【插入】▶【关联复制】▶【阵列特征】菜单命令，系统弹出【阵列特征】对话框后，进行如下图所示的参数设置。

步骤 03 在绘图区域中单击选择要进行阵列操作的孔特征，如下图所示。

步骤 04 单击【指定矢量】按钮，在【类型】下拉列表中选择【面/平面法向】选项，在绘图区域内单击长方体的上表面以指定法向矢量的面，如下图所示。

步骤 05 单击【指定点】选项，利用点构造器在绘图区域内单击以指定旋转轴的点，如下图所示。

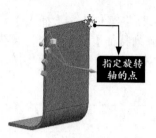

指定旋转
轴的点

步骤06 在【阵列特征】对话框中单击【确定】
按钮，结果如下图所示。

● 6. 实战演练——创建螺旋式阵列特征

【螺旋】方式用于螺旋式阵列对象。创建
螺旋式阵列特征的具体操作步骤如下。

步骤01 打开随书资源中的"素材\CH13\12.
prt"文件，如下图所示。

步骤02 选择【菜单】▶【插入】▶【关联复制】▶
【阵列特征】菜单命令，系统弹出【阵列特征】对
话框后，进行如下图所示的参数设置。

步骤03 根据提示，在绘图区域内选择要进行操
作的孔特征以指定阵列的特征，如下图所示。

选择孔特征

步骤04 单击【指定平面法向】按钮，根据提
示，在绘图区域内选择圆柱体的表面以指定平
面法向，如下图所示。

选择该曲面

步骤05 单击【参考矢量】按钮，根据提示，在
绘图区域内选择x轴以指定参考矢量方向，如下
图所示。

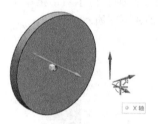

步骤06 在【阵列特征】对话框中单击【确定】
按钮，结果如下图所示。

13.12 修剪体

使用"修剪体"命令，可以通过面或平面来修剪一个（或多个）目标体。用户可以指定要保留的体部分及要舍弃的部分。目标体呈修剪几何元素的形状。

1. 功能常见调用方法

选择【菜单】▶【插入】▶【修剪】▶【修剪体】菜单命令即可，如下图所示。

2. 系统提示

系统会弹出【修剪体】对话框，如下图所示。

3. 知识点扩展

【修剪体】对话框中各相关选项含义如下。

（1）【目标】区域

【选择体】：用于选择要修剪的一个或多个目标体。

（2）【工具】区域

①【工具选项】：列出要使用的修剪工具的类型。

②【选择面或平面】：仅当面或平面为工具选项时出现。用于从体或现有基准平面中

选择一个（或多个）面以修剪目标体。多个工具面必须都属于同一个体。

● 当目标是一个或多个实体时，面修剪工具必须使用所有选定体形成一个完整的交点。

● 当目标是一个或多个片体时，面修剪工具将自动沿线性切线延伸，并且完整修剪与其相交的所有选定片体，而不考虑这些交点是完整的还是部分的。

③【指定平面】：仅当新建平面是工具选项时显示。用于选择一个新的参考平面来修剪目标体。

创建一个参考平面有两种方法。

【自动判断的列表】：列出用于创建平面的方法。

【完整平面工具】：提供其他的方法，以通过【平面】对话框创建平面。

④【反向】：反转修剪方向。

4. 实战演练——创建简单修剪体特征

为长方体模型创建一个简单的修剪体特征，具体操作步骤如下。

步骤01 打开随书资源中的"素材\CH13\13.prt"文件，如下图所示。

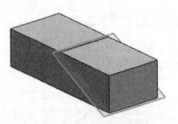

步骤02 选择【菜单】▶【插入】▶【修剪】▶【修剪体】菜单命令，系统弹出【修剪体】对话框后，进行如下图所示的参数设置。

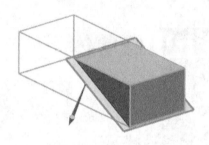

步骤 03 根据提示在绘图区内选择目标体，如下图所示。

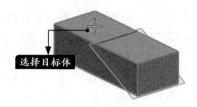

选择目标体

步骤 04 单击【工具】区域的【选择面或平面】按钮，根据提示在绘图区域内选择工具面，此时系统自动提示修剪方向，如下图所示。

小提示

修剪方向指向的实体部分在进行修剪操作后将会被切除，相反方向指向的实体部分将会被保留。可以通过单击【修剪体】对话框中的【反向】按钮 ✕ 来改变修剪方向。

步骤 05 在【修剪体】对话框中单击【确定】按钮，结果如下图所示。

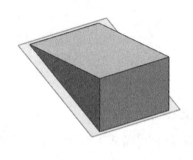

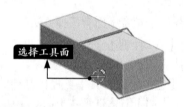

选择工具面

13.13 分割面

🔘 本节视频教程时间：6分钟

"通过分割面"命令使用曲线、边、面、基准平面和实体等多个分割对象来分割某个现有体的一个或多个面，这些面是关联的。

● 1. 功能常见调用方法

选择【菜单】▶【插入】▶【修剪】▶【分割面】菜单命令即可，如下图所示。

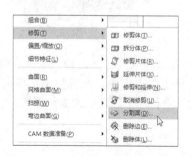

● 2. 系统提示

系统会弹出【分割面】对话框，如下图所示。

3. 知识点扩展

【分割面】对话框中各相关选项含义如下。

（1）【要分割的面】区域

【选择面】：用于选择一个或多个要分割的面。

（2）【分割对象】区域

工具选项如下。

① 【对象】：可以选择曲线、边缘、面或基准平面作为分割对象使用。

② 【两点定直线】：用于指定起始点和结束点以定义分割所选面的直线。

③ 【在面上偏置曲线】：用于选择所选面上或与所选面相邻的连接的曲线或边缘，并通过偏置值分割底层面。

④ 【等参数曲线】：用于通过指定点并使用该点在面上创建等参数曲线分割面。

（3）【投影方向】区域

【投影方向】用于指定一个方向，以将所选对象投影到正在分割的曲面上。

① 【垂直于面】：使分割对象的投影方向垂直于要分割的一个或多个所选面。

② 【垂直于曲线平面】：将共面的曲线或边选作分割对象时，使投影方向垂直于曲线所在的平面。如果选定的一组曲线或边不在同一平面上，【投影方向】会自动设置为【垂直于面】。

③ 【沿矢量】：指定用于分割面操作的投影矢量。

（4）【设置】区域

① 【隐藏分割对象】：在执行分割面操作后隐藏分割对象。

② 【不要对面上的曲线进行投影】：控制位于面内且被选为分割对象的任何曲线的投影。选定此选项时，分割对象位于面内的部分不会投影到任何其他要进行分割的选定面上。未选定此选项时，分割曲线会投影到所有要分割的面上。

③ 【展开分割对象以满足面的边】：投射分割对象线串，以使不与所选面的边相交的线串与该边相交。

4. 实战演练——创建简单分割面特征

为长方体模型创建一个简单的分割面特征，具体操作步骤如下。

步骤 01 打开随书资源中的"素材\CH13\14.prt"文件，如下图所示。

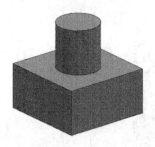

步骤 02 选择【菜单】▶【插入】▶【修剪】▶【分割面】菜单命令，系统弹出【分割面】对话框后，进行如下图所示的参数设置。

步骤 03 根据提示，在绘图区域内选择长方体的上表面以指定要分割的面，如下图所示。

选择该曲面

步骤 04 单击【分割对象】区域的【选择对象】按钮，根据提示在绘图区域内选择分割面，如下图所示。

选择该曲面

步骤 05 在【分割面】对话框中单击【确定】按

钮，完成分割面的操作，结果如下图所示。

13.14 综合应用——机械模型的创建

☕ 本节视频教程时间：5分钟

本节综合利用拉伸、拔模、壳、边倒圆、倒斜角等命令对机械模型进行
创建，具体操作步骤如下。

步骤 01 打开随书资源中的"素材\CH13\15.
prt"文件，如下图所示。

步骤 02 选择【菜单】➤【插入】➤【设计特
征】➤【拉伸】菜单命令，系统弹出【拉伸】
对话框后，选择如下图所示的草图，然后进行
相应的参数设置。

选择该草图

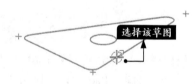

步骤 03 在【拉伸】对话框中单击【确定】按
钮，结果如下图所示。

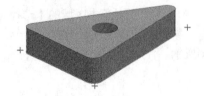

步骤 04 选择【菜单】➤【插入】➤【细节特
征】➤【拔模】菜单命令，系统弹出【拔模】
对话框后，进行如下图所示的参数设置。

步骤 05 在【拔模参考】区域内单击【选择固定
面】按钮，然后在绘图区域中选择如下图所
示的曲面。

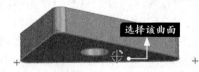

选择该曲面

步骤 06 在【要拔模的面】区域内单击【选择
面】按钮，然后在绘图区域中选择如下图所
示的曲面。

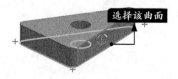

选择该曲面

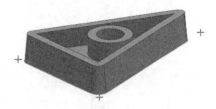

钮，结果如下图所示。

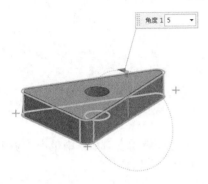

步骤 07 在【拔模】对话框中单击【确定】按钮，结果如下图所示。

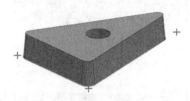

步骤 08 选择【菜单】➤【插入】➤【偏置/缩放】➤【抽壳】菜单命令，系统弹出【抽壳】对话框后，进行如下图所示的参数设置。

步骤 09 在绘图区域中选择如下图所示的曲面。

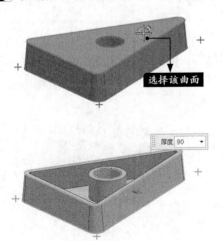

步骤 10 在【抽壳】对话框中单击【确定】按

步骤 11 选择【菜单】➤【插入】➤【细节特征】➤【边倒圆】菜单命令，系统弹出【边倒圆】对话框后，进行如下图所示的参数设置。

步骤 12 在绘图区域中选择如下图所示的边作为需要倒圆角的边。

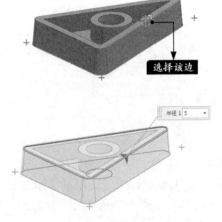

步骤 13 在【边倒圆】对话框中单击【确定】按钮，结果如下图所示。

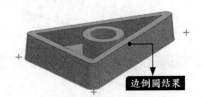

步骤 14 选择【菜单】➤【插入】➤【细节特征】➤【倒斜角】菜单命令，系统弹出【倒斜角】对话框后，进行如下图所示的参数设置。

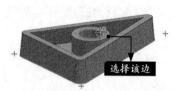

步骤15 在绘图区域中选择如下图所示的边作为需要倒斜角的边。

选择该边

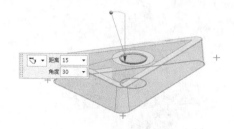

步骤16 在【倒斜角】对话框中单击【确定】按钮,结果如下图所示。

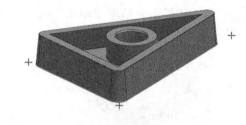

 疑难解答

🔊 **本节视频教程时间:3分钟**

⚫ 如何沿圆柱体的轴来缩放特征

下面讲解如何沿圆柱体的轴来缩放特征。

步骤01 选择【菜单】▶【插入】▶【偏置/缩放】▶【缩放体】菜单命令,系统弹出【缩放体】对话框后,从【类型】下拉列表中选择【轴对称】选项,如下图所示。

步骤04 在【比例因子】组的【沿轴向】和【其他方向】中输入值。对于本例,在【沿轴向】中输入" 0.5",并在【其他方向】中输入" 1",如下图所示。

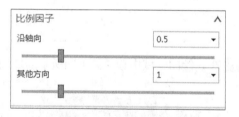

步骤02 在图形窗口中,选择要缩放的体。

步骤03 在【缩放体】对话框的【缩放轴】组中,从【矢量】列表中选择面/平面法向 ⬓,结果如下图所示。

步骤05 在【缩放体】对话框中单击【应用】按钮或【确定】按钮以缩放体,如下图所示。

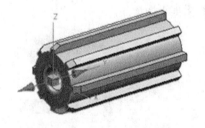

第 **14** 章

特征的编辑操作

学习目标

　　本章主要从特征的操作方面讲解了UG NX 12.0三维实体特征的编辑操作方法。特征编辑包括参数编辑，移动特征，特征重排序，删除、抑制、取消特征，由表达式抑制特征，编辑位置和特征回放等。

学习效果

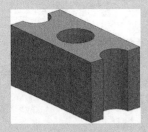
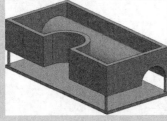

14.1 参数编辑

🔊 **本节视频教程时间：3分钟**

参数编辑主要用来修改特征的定义参数，用户在创建该特征时所定义的参数都可以通过该功能进行修改。

● 1. 功能常见调用方法

选择【菜单】▶【编辑】▶【特征】▶【编辑参数】菜单命令即可，如下图所示。

● 2. 系统提示

系统弹出【编辑参数】对话框，如下图所示。

● 3. 知识点扩展

在【编辑参数】对话框中显示的是当前工作状态下的所有特征对象。用户可以直接在对话框中选择需要进行特征编辑的特征名称，也可以在绘图工作区中选择需要编辑的特征。

不同类型的特征具有不同的【编辑参数】对话框，但是所有的【编辑参数】对话框中的

选项和用户定义该对象时需要的参数类型是一致的。因此只要用户对特征的建立有较好的理解，就比较容易编辑参数了。

● 4. 实战演练——编辑特征参数

利用"编辑参数"功能对孔特征的参数进行编辑，具体操作步骤如下。

步骤 01 打开随书资源中的"素材\CH14\1.prt"文件，如下图所示。

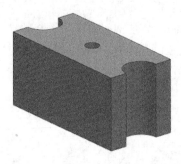

步骤 02 选择【菜单】▶【编辑】▶【特征】▶【编辑参数】菜单命令，系统弹出【编辑参数】对话框后，选择【简单孔（3）】并单击【确定】按钮，如下图所示。

步骤 03 系统弹出【孔】对话框后，进行如下图所示的参数设置，并单击【确定】按钮。

【确定】按钮，结果如下图所示。

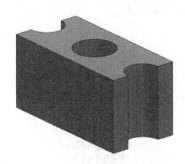

步骤 04 系统返回【编辑参数】对话框后，单击

14.2 移动特征

本节视频教程时间：3分钟

移动特征操作可以将非关联的特征按照指定的移动方式和参数移动到新的位置。

1. 功能常见调用方法

选择【菜单】➤【编辑】➤【特征】➤【移动】菜单命令即可，如下图所示。

2. 系统提示

系统弹出【移动特征】对话框，如下图所示。

选择相应的特征并单击【确定】按钮后，

系统弹出【移动特征】对话框，如下图所示。

3. 知识点扩展

【移动特征】对话框中各选项含义如下。

（1）【至一点】：将选中的对象按照参考点到目标点的距离和方式，从原位置移动相同的距离和方向。

（2）【在两轴间旋转】：将对象按照指定的参考轴和目标轴间的角度，绕指定的点旋转到新的位置。

（3）【坐标系到坐标系】：将对象从参考坐标系中的位置移动到目标坐标系中的同一位置。

4. 实战演练——移动特征操作

利用"移动特征"功能对模型进行编辑，具体操作步骤如下。

步骤01 打开随书资源中的"素材\CH14\2.prt"文件，如下图所示。

步骤02 选择【菜单】➤【编辑】➤【特征】➤【移动】菜单命令，系统弹出【移动特征】对话框后，单击选择要移动的特征，如下图所示。

步骤03 单击【确定】按钮，系统弹出【移动特征】对话框后，进行如下图所示的参数设置。

步骤04 单击【确定】按钮，完成移动特征的操作，结果如下图所示。

14.3 特征重排序

🔘 本节视频教程时间：3分钟

在UG NX 12.0集成环境中，特征的生成是按照一定的顺序进行的。系统按照生成顺序自动地对特征名进行编号，该编号称为时间标记。在实际操作时可以利用特征重排序调整特征生成的顺序。

⚫ 1. 功能常见调用方法

选择【菜单】➤【编辑】➤【特征】➤【重排序】菜单命令即可，如下图所示。

⚫ 2. 系统提示

系统弹出【特征重排序】对话框，如下图所示。

3. 实战演练——特征重排序操作

利用"特征重排序"功能对特征的生成顺序进行编辑，具体操作步骤如下。

步骤01 打开随书资源中的"素材\CH14\3.prt"文件，如下图所示。

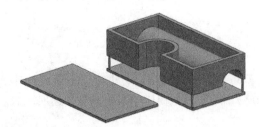

步骤02 选择【菜单】▶【编辑】▶【特征】▶【重排序】菜单命令，系统弹出【特征重排

序】对话框后，选择参考特征，如【拉伸（12）】，并在【选择方法】区域内选择【之后】单选项，此时重定位的特征在对话框中显示出来，如下图所示。

步骤03 在【特征重排序】对话框的【重定位特征】区域内单击要重新定位的特征，如【拉伸（10）】，然后单击【确定】按钮，完成重排序的操作，如下图所示。

14.4 编辑位置

🌐 本节视频教程时间：1分钟

该功能用来对成型特征的位置进行重新设定。

1. 功能常见调用方法

选择【菜单】▶【编辑】▶【特征】▶【编辑位置】菜单命令即可，如右图所示。

◉ 2. 系统提示

系统弹出【编辑位置】对话框，如下图所示。

◉ 3. 知识点扩展

在特征列表框中选中需要重新定位的特征名称，单击【确定】按钮可弹出【定位】对话框，其操作和定位操作一样，这里不再赘述。

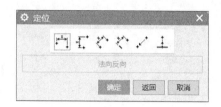

14.5 删除、抑制和取消特征

❸ 本节视频教程时间：4分钟

本节讲解如何对实体特征进行删除、抑制和取消的编辑操作。

14.5.1 删除特征

用户可以在绘图工作区内选中对象，然后按【Delete】键删除特征；也可以在【部件导航器】中选中需要删除的对象，然后单击鼠标右键，在弹出的快捷菜单中单击【删除】选项，如下图所示。

14.5.2 抑制特征

该功能可以使选中的特征暂时不在绘图工作区中显示出来。

● 1. 功能常见调用方法

选择【菜单】➤【编辑】➤【特征】➤【抑制】菜单命令即可，如下图所示。

● 2. 系统提示

系统弹出【抑制特征】对话框，如下图所示。

● 3. 知识点扩展

【抑制特征】对话框中各选项含义如下。

（1）特征列表框

用于显示当前绘图工作区中的特征，在该列表框中单击要选中的特征名称，即可将该特征添加到【选定的特征】列表框中。

（2）【选定的特征】列表框

用于显示选中要被隐藏的特征。在该列表框中单击要选中的特征名称，即可将该特征从该列表框中删除。

也可以在【部件导航器】中选择需要抑制的特征名称。单击其前面的☑图标，表示隐藏抑制特征；单击□图标，表示释放抑制特征。

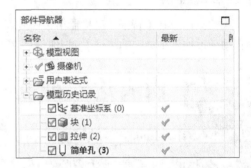

14.5.3 取消抑制特征

该操作和抑制特征是相反的操作。

● 1. 功能常见调用方法

选择【菜单】➤【编辑】➤【特征】➤【取消抑制】菜单命令即可，如右图所示。

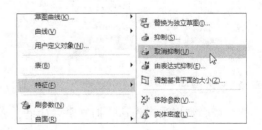

2. 系统提示

系统会弹出【取消抑制特征】对话框，如下图所示。

3. 知识点扩展

用户只需要在【特征（已抑制）】列表框中单击选中需要取消抑制的特征名称，该特征名称就会自动地添加到【选定的特征】列表框中，然后单击【确定】按钮或【应用】按钮即可完成操作。

14.6 由表达式抑制特征

🔊 本节视频教程时间：4 分钟

该功能通过将表达式的值设置为"0"或"1"来控制特征的抑制或取消抑制。通常表达式的值为"0"表示抑制特征，表达式的值为"1"表示取消抑制特征。

1. 功能常见调用方法

选择【菜单】▶【编辑】▶【特征】▶【由表达式抑制】菜单命令即可，如下图所示。

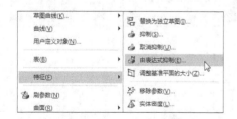

2. 系统提示

系统会弹出【由表达式抑制】对话框，如右图所示。

3. 知识点扩展

该对话框中【表达式】区域的【表达式选项】下拉列表用来指定要创建和删除的两种抑制表达式中的一种。其中包括【为每个创建】、【创建共享的】、【为每个删除】和【删除共享的】4种选项。

（1）【为每个创建】选项

选择该选项表示为指定的特征建立抑制表达式，选中的特征抑制状态由表达式控制。

（2）【创建共享的】选项

选择该选项表示为指定的多个特征建立共享的抑制表达式，选中的所有特征抑制状态由共享表达式控制。

（3）【为每个删除】选项

选择该选项表示删除选中特征的个别抑制表达式，其操作与【为每个创建】类似。

（4）【删除共享的】选项

选择该选项表示删除选中特征的共享抑制表达式，其操作与【创建共享的】类似。

【显示表达式】按钮用于查看已经建立的抑制表达式信息，单击该按钮可弹出【信息】窗口。

14.7 综合应用——轴的建模

🔵 **本节视频教程时间：13分钟**

☕ 本节进行轴模型创建，主要分为两部分内容进行介绍，分别为阶梯轴的造型分析、阶梯轴的设计过程。在创建过程中主要会应用到"旋转""槽""键槽"及"倒斜角"等命令。

14.7.1 阶梯轴造型分析

本小节以下图所示的阶梯轴为例进行轴类零件的分析设计。

1. 零件造型分析

轴虽然形式多样，但基本结构相似，是以圆柱或空心圆柱为主体框架，由键槽、退刀槽、安装连接用的螺孔、定位用的销孔及防止应力集中的圆角等结构组成。各结构的生成并不复杂，只是在选择生成方式时应根据轴的形状采用不同的生成方法。对于一般的轴类，基本上是采用草图截面旋转的方式；而对于结构较为简单的轴或结构比较特殊的曲轴，则可以采用凸台特征组合的方式进行设计。

本设计将采用草图截面旋转的方法构建阶梯轴的实体模型。模型框架结构采用截面旋转特征生成；退刀槽采用槽特征生成；键槽先要添加基准平面，再采用键槽特征生成；圆角和倒角可以采用对应的圆角、倒角功能生成。

2. 设计思想

通过对零件特征的分析，用户对零件的设计已经有了一个大概的思路，接下来可以按照以下的步骤进行。

（1）打开已创建草图截面的素材文件。

（2）利用旋转操作，将草图截面旋转成轴类零件的基本框架。

（3）利用【槽】命令创建退刀槽。

（4）创建基准平面，并使用【键槽】命令在创建的基准平面上创建轴上的键槽。

（5）使用【倒斜角】命令对模型进行必要的倒斜角。

14.7.2 阶梯轴设计步骤

有了明确的设计思想，本小节将对阶梯轴三维模型进行创建，具体操作步骤如下。

第1步：创建旋转体

步骤01 打开随书资源中的"素材\CH14\4.prt"文件，如下图所示。

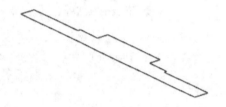

步骤02 选择【菜单】➤【插入】➤【设计特征】➤【旋转】菜单命令，系统弹出【旋转】对话框后，进行如下图所示的参数设置。

步骤03 根据提示，在绘图区域内选择如下图所示的图形以指定截面曲线。

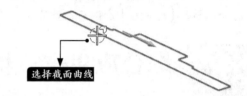

选择截面曲线

步骤04 单击【旋转】对话框中【轴】区域的【指定点】按钮，然后根据提示，在绘图区域内单击如下图所示的端点以指定旋转轴的原点。

指定旋转轴的原点

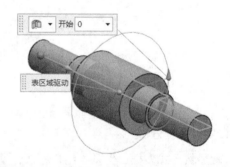

表区域驱动

步骤05 在【旋转】对话框中单击【确定】按钮，结果如下图所示。

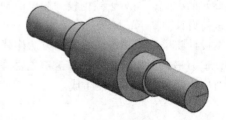

第2步：创建沟槽

步骤01 选择【菜单】▶【插入】▶【设计特征】▶【槽】菜单命令，系统弹出【槽】对话框后，单击【矩形】按钮，打开【矩形槽】对话框，如下图所示。

步骤02 根据提示，单击选择如下图所示的表面以指定放置面，同时打开下一层级【矩形槽】对话框，如下图所示。

步骤03 在【矩形槽】对话框的【槽直径】文本框和【宽度】文本框中分别输入槽直径值和宽度值为"25"和"2"，如下图所示。

步骤04 单击【确定】按钮，弹出【定位槽】对话框，要求对槽进行定位，如下图所示。

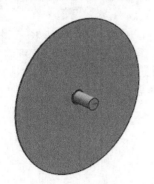

步骤05 根据提示，在绘图区域内单击选择如下图所示的放置面一端的边以指定目标边。

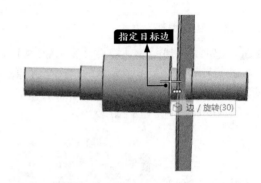

步骤06 根据提示，在绘图区域内选择如下图所示的边以指定刀具边，打开【创建表达式】对话框。

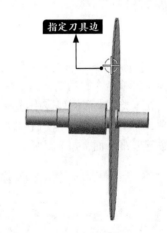

步骤07 在【创建表达式】对话框的文本框中输入参数"0"，单击【确定】按钮完成定位。此时已完成退刀槽的操作，并按【Esc】键退出槽的操作，结果如下图所示。

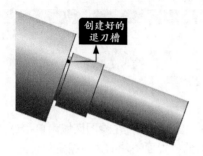

创建好的退刀槽

第3步: 创建键槽

步骤 01 选择【菜单】▶【格式】▶【WCS】▶【动态】菜单命令,将坐标系的工作坐标原点移动到键槽所在的圆柱边缘的象限点上(草图所在端点位置处),如下图所示。

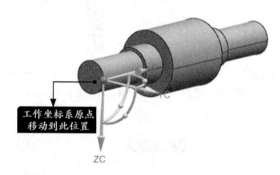

工作坐标系原点移动到此位置

步骤 02 选择【菜单】▶【插入】▶【基准/点】▶【基准平面】菜单命令,系统弹出【基准平面】对话框后,在【类型】下拉列表中选择【XC-ZC平面】选项,并单击【确定】按钮,以XC-ZC平面为基准创建基准平面,如下图所示。

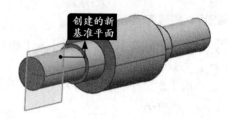

创建的新基准平面

步骤 03 选择【菜单】▶【插入】▶【设计特征】▶【键槽】菜单命令,系统弹出【槽】对话框后,根据设计要求,选中【U形槽】单选项,打开【U形槽】对话框,如下图所示。

步骤 04 根据提示,在绘图区域内选择刚刚创建的基准平面以指定放置平面,弹出如下图所示的对话框后,按要求选择特征边。

步骤 05 直接单击【接受默认边】按钮,打开【水平参考】对话框,如下图所示。

步骤 06 根据提示,在绘图区域内选择基准平面处的圆柱体表面以指定水平参考,如下图所示。

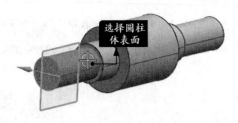

步骤07 指定水平参考以后，弹出【U形键槽】对话框，在该对话框中进行如下图所示的参数设置。

步骤08 单击【确定】按钮，打开【定位】对话框，如下图所示。

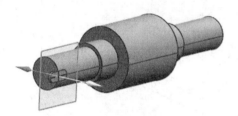

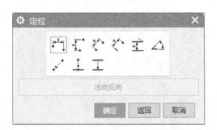

步骤09 分别采用【水平】和【竖直】的定位方式定位键槽中心到圆柱体边缘的距离分别为"-15"和"12.5"，如下图所示。

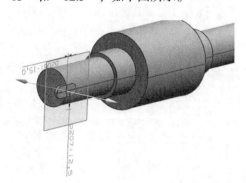

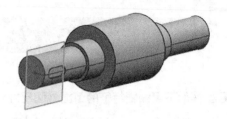

● 第4步：创建倒角

步骤01 选择【菜单】▶【插入】▶【细节特征】▶【倒斜角】菜单命令，系统弹出【倒斜角】对话框后，进行如下图所示的参数设置。

步骤02 根据提示，在绘图区域内选择轴两边的圆柱边为指定要倒角的对象，如下图所示。

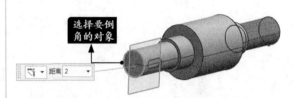

步骤03 在【倒斜角】对话框中单击【确定】按钮，完成倒斜角的操作，结果如下图所示。

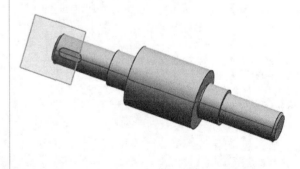

疑难解答

本节视频教程时间：1分钟

哪些情形下可编辑特征的草图截面尺寸

在下列情形下，可编辑特征的草图截面尺寸。

- 创建特征，并为截面选择现有的带驱动尺寸的草图。
- 创建特征，为截面创建新的内部草图，并为其定义驱动尺寸。
- 编辑特征，特征的草图截面有驱动尺寸，且特征对话框中【截面】组为活动状态。

处于编辑状态的拉伸特征内部草图截面驱动尺寸如下图所示。

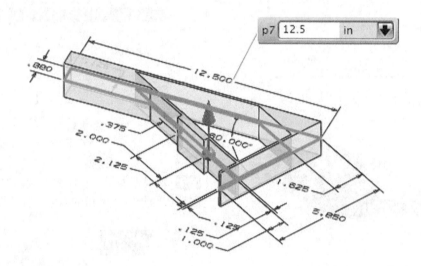

第4篇
常规设计

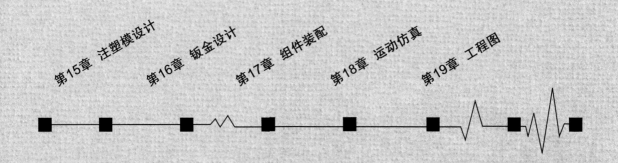

第 **15** 章

注塑模设计

学习目标——

　　本章主要讲解UG NX 12.0注塑模具设计的一般流程。在学习的过程中应重点掌握注塑模的设计方法及各功能模块的使用，以便于实现模拟完成整套模具设计的过程。

学习效果——

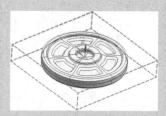

15.1 注塑模向导

● 本节视频教程时间: 13 分钟

本节主要讲解UG NX 12.0注塑模向导简介及注塑模具建模的一般流程。

15.1.1 注塑模向导简介

Mold Wizard是 UG NX系列软件中用于注塑模具自动化设计的专业应用模块。它为设计模具的型芯、型腔、滑块、顶杆和模架等提供了更进一步的建模工具，使模具设计更精确、快捷、容易，最终创建出与产品参数全相关的三维模具。产品参数的改变会反馈到模具设计中，Mold Wizard将自动更新相关的模具部件，大大提高了模具设计师的工作效率。

15.1.2 注塑模向导模块的设计流程

利用Mold Wizard进行模具设计，可以遵循一定的设计流程，使工作化繁为简，提高工作效率。注塑模向导模块的设计流程如下图所示。

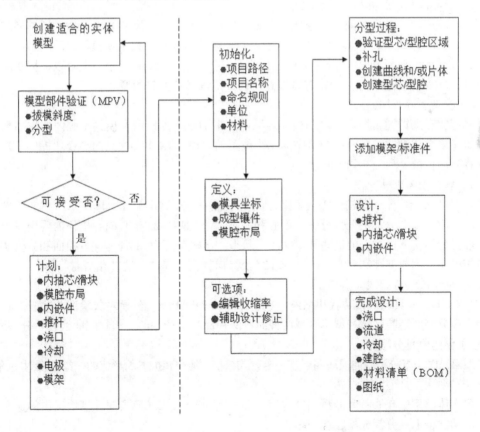

（1）产品模型准备

用于模具设计的产品三维模型文件有多种文件格式，UG NX 12.0模具向导模块（Mold Wizard）需要一个UG文件格式的三维产品实体模型作为模具设计的原始模型，如果一个模型不是UG文件格式的三维实体模型，则需将文件转换成UG软件格式的三维实体模型或是重新创建UG三维实体模型。正确的三维实体模型有利于UG NX 12.0模具向导模块自动进行模具设计。

（2）装载产品

装载产品是使用UG NX 12.0模具向导模块进行模具设计的第一步。产品成功装载后，UG NX 12.0模具向导模块将自动产生一个模具装配结构，该装配结构包括构成模具所必需的标准元素。

（3）设置模具坐标系

设置模具坐标系是模具设计中相当重要的一步。模具坐标系的原点需设置于模具动模和定模的接触面上，模具坐标系的*XC-YC*平面需定义在动模和定模的接触面上，模具坐标系的*zc*轴正方向指向塑料熔体注入模具主流道的方向。模具坐标系与产品模型的相对位置决定产品模型在模具中放置的位置，是模具设计成败的关键。

（4）设置收缩率

塑料熔体在模具内冷却成型为产品后，由于塑料的热胀冷缩大于金属模具的热胀冷缩，成型后的产品尺寸将略小于模具型腔的相应尺寸，因此模具设计时模腔的尺寸要求略大于产品的相应尺寸，以补偿金属模具型腔与塑料熔体的热胀冷缩差异。UG NX 12.0模具向导处理这种差异的方法是将产品模型按要求放大生成一个名为缩放体（Shrink Part）的分模实体模型（Parting），该实体模型的参数与产品模型参数是全相关的。

（5）设置模具型腔和型芯毛坯尺寸

模具型腔和型芯毛坯（简称"模坯"）是外形尺寸大于产品尺寸的用于加工模具型腔和型芯的金属坯料。UG NX 12.0模具向导模块自动识别产品外形尺寸并预定义模具型腔、型芯毛坯的外形尺寸，其默认值在模具坐标系6个方向上比产品外形尺寸大25mm，用户也可以根据实际要求自定义尺寸。Mold Wizard通过"分模"将模具坯料分割成模具型腔和型芯。

（6）模具型腔布局

模具型腔布局即通常所说的"一模几腔"，它指的是产品模型在模具型腔内的排布数量。它是用来定义多个成型镶件各自在模具中的相当位置的。UG NX 12.0模具向导模块提供了矩形排列和圆形排列两种模具型腔布局方式。

（7）修补模型破孔

塑料产品由于功能或结构的需要，在产品上常有一些穿透产品孔，即本章所称的"破孔"。为将模坯分割成完全分离的两部分——型腔和型芯，UG NX 12.0模具向导模块需要用一组厚度为零的片体将分模实体模型上的这些孔"封闭"起来。这些厚度为0的片体、分模面和分模实体模型表面可将模坯分割成型腔和型芯。UG NX 12.0模具向导模块提供自动补孔功能。

（8）创建模具分型线

UG NX 12.0模具向导模块提供MPV（Mold Part Validation，分模对象验证）功能，将分模实体模型表面分割成型腔区域和型芯区域两种面，两种面相交产生的一组封闭曲线就是分型线。

（9）创建模具分型面

分型面是由一组分型线向模坯四周按一定方式扫描、延伸和扩展而形成的一组连续封闭的曲面。

（10）创建模具型腔和型芯

分模实体模型破孔修补和分型面创建后，即可用UG NX 12.0模具向导模块提供的建立模具型腔和型芯功能将毛坯分割成型腔和型芯。

（11）建立模架

模具型腔、型芯建立后，需要提供模架以固定模具型腔和型芯。UG NX 12.0模具向导模块提供电子表格驱动的模架库和模具标准件库。

（12）加入模具标准部件

模具标准部件是指模具定位环、浇口套、顶杆和滑块等模具配件。UG NX 12.0模具向导模块提供电子表格驱动的三维实体模具标准件库。

（13）设计浇口和流道系统

塑料模必须有引导塑料进入模腔的流道系统。流道的设计与产品的形状、尺寸及成型数量密切相关。常用的流道类型是"冷流道"，冷流道系统由主流道（Sprue）、分流道（Runner）和浇口（Gate）3个部分组成。

主流道是熔料注入模具最先经过的一段流道，常用一个标准的浇口套来成型这一部分。

分流道是熔料从主流道进入型腔前的过渡部分，它分布在分型面上型芯和型腔的一侧或双侧。

浇口是从分流道到型腔的关键流道。浇口形状的设计要考虑塑料的成型特性和产品的外观要求。

（14）创建腔体

创建腔体是指在型腔、型芯和模板上建立腔或孔等特征以安装模具型腔、型芯、镶块及各种模具标准件。

15.2 注塑模向导模块功能

本节视频教程时间：19 分钟

本节讲解注塑模向导模块的各种功能。

15.2.1 启动注塑模

● 1. 功能常见调用方法

选择【菜单】▶【应用模块】▶【特定于工艺】▶【注塑模向导】菜单命令即可，如下图所示。

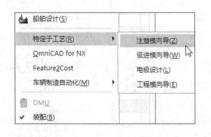

● 2. 系统提示

系统会弹出【注塑模向导】选项卡，如右图所示。

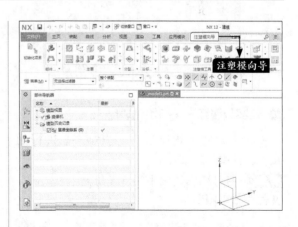

15.2.2 初始化项目

所有用于模具设计的产品三维实体模型都是通过单击【初始化项目】按钮  进行产品加载的，设计师要在一个模具中放置多个不同产品需多次单击该按钮。

1. 功能常见调用方法

选择【菜单】➤【工具】➤【特定于工艺】➤【注塑模向导】➤【初始化项目】菜单命令即可，如下图所示。

2. 系统提示

系统会弹出【初始化项目】对话框，如下图所示。

3. 实战演练——初始化项目

利用"初始化项目"功能对产品进行加载，具体操作步骤如下。

步骤01 打开随书资源中的"素材\CH15\1.prt"文件，如下图所示。

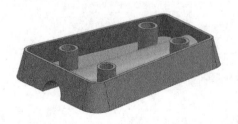

步骤02 选择【菜单】➤【工具】➤【特定于工艺】➤【注塑模向导】➤【初始化项目】菜单命令，系统弹出【初始化项目】对话框后，从对话框中选择一个产品文件名，将该产品的三维实体模型加载到模具装配结构中，如下图所示。

步骤03 在【材料】下拉列表中选择塑料件的材料，然后根据所选材料，在【收缩】文本框中指定对应的收缩率值，如下图所示。

步骤04 在【项目单位】下拉列表中选择单位为【毫米】或【英制】，如下图所示。

步骤05 单击【确定】按扭，系统将自动加载操作此步前所保存的产品。

15.2.3 模具坐标系

设置模具坐标系是模具设计中相当重要的一步。模具坐标系的原点需设置于模具动模和定模的接触面上，模具坐标系的*XC-YC*平面需定义在动模和定模的接触面上，模具坐标系的*zc*轴正方向指向塑料熔体注入模具主流道的方向，应锁定*zc*轴作为模具的开模方向。模具坐标系与产品模型的相对位置决定产品模型在模具中放置的位置，是模具设计成败的关键。

● 1. 功能常见调用方法

选择【菜单】➤【工具】➤【特定于工艺】➤【注塑模向导】➤【模具坐标系】菜单命令即可，如下图所示。

● 2. 系统提示

系统会弹出【模具坐标系】对话框，如下图所示。

● 3. 知识点扩展

通过【模具坐标系】对话框可以设置产品模型在模具中的放置位置，模具坐标系的位置设置有3个选项供用户选择，具体如下。

（1）【当前WCS】单选项：系统默认模具坐标系与绝对工作坐标系重合。如上图所示，直接单击【确定】按钮就可完成模具坐标系的设定。

（2）【产品实体中心】单选项：模具坐标系原点将移至产品实体重心处。选择该选项后，其界面如下图所示，此时需要设定锁定*x/y/z*轴中的一个方向作为开模方向，一般默认锁定

*Z*位置。然后单击【确定】按钮，完成模具坐标系的设定。

（3）【选定面的中心】单选项：模具坐标系的原点将移至所选面的中心位置处。选择该选项后，其界面如下图所示，此时也需要设定锁定*x/y/z*轴中的一个方向作为开模方向，同时还需要选择一个面作为模具坐标系的放置位置。然后单击【确定】按钮，完成模具坐标系的设定。

> **小提示**
>
> 任何时候都可以选择【模具坐标系】命令来重新编辑模具坐标。

15.2.4 设置收缩率

设置产品收缩率用于补偿金属模具与塑料熔体的热胀冷缩差异。后续的分型线选择、补破孔、提取区域及分型面设计等分模操作均以此模型为基础进行。

● 1. 功能常见调用方法

选择【菜单】➤【工具】➤【特定于工艺】➤【注塑模向导】➤【收缩】菜单命令即可，如下图所示。

● 2. 系统提示

系统会弹出【缩放体】对话框，如下图所示。

● 3. 知识点扩展

系统提供了3种设定产品收缩率的类型，下面将分别进行介绍。

（1）【均匀】：该方式是用来设定产品沿坐标轴x、y、z三个方向上收缩率相同的情况，如下图所示。

（2）【轴对称】：该方式是用来设定产品在指定轴的轴向上的收缩率与其他两个方向上的收缩率不同的情况，如下图所示。

（3）【常规】：该方式是用来设定产品在坐标系3个方向上的收缩率均不相同的情况，如下图所示。

15.2.5 多腔模设计

多腔模设计就是将有一定关系的几个产品放在一个模具里注塑成型。

1. 功能常见调用方法

选择【菜单】➤【工具】➤【特定于工艺】➤【注塑模向导】➤【多腔模设计】菜单命令即可，如下图所示。

2. 系统提示

系统会弹出【多模腔设计】对话框，如下图所示。

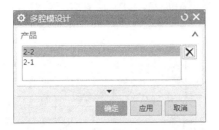

3. 知识点扩展

多腔模设计时的注意事项如下。

（1）如果这时仅加载了一个产品，【多腔模设计】对话框不会出现，而会出现如下图所示的警告信息。

（2）进行多腔模设计时，只有被选作当前产品（即被激活）才能对其进行模具坐标系设定、收缩率设定、模坯设计以及分模等操作。

（3）标准模架和一些标准件（如定位圈、浇口套、顶杆等）被安置在另一个装配分支，并不受激活产品的影响。

（4）需要删除已装载产品时，也可以单击【多腔模设计】按钮 ，进入【多腔模设计】对话框，选中要删除的产品后单击【删除】按钮 。

4. 实战演练——多腔模设计

用户可以在多腔模中对某个部件进行激活，以便对激活部件进行模具坐标系设定、收缩率设定、模坯设计及分模等详细操作，具体操作步骤如下。

步骤01 打开随书资源中的"素材\CH15\2-1.prt"文件，如下图所示。

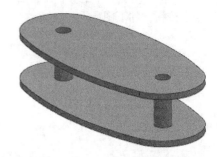

步骤02 选择【菜单】➤【工具】➤【特定于工艺】➤【注塑模向导】➤【初始化项目】菜单命令，系统弹出【初始化项目】对话框后，单击【确定】按钮，如下图所示。

步骤 03 选择【菜单】▶【工具】▶【特定于工艺】▶【注塑模向导】▶【初始化项目】菜单命令，系统弹出【部件名】对话框后，选择"素材\CH15\2-2.prt"文件，并单击【OK】按钮，如下图所示。

步骤 04 系统弹出【部件名管理】对话框后，单击【确定】按钮，如下图所示。

步骤 05 选择【菜单】▶【工具】▶【特定于工艺】▶【注塑模向导】▶【多腔模设计】菜单命令，系统弹出【多腔模设计】对话框后，选中对话框中列出的某一产品，然后单击【确定】按钮，或双击某一产品名便可激活该产品。对激活产品件可以进行模具坐标系设定、收缩率设定、模坯设计及分模等详细操作，如下图所示。

15.2.6 创建工件

● **1. 功能常见调用方法**

选择【菜单】▶【工具】▶【特定于工艺】▶【注塑模向导】▶【工件】菜单命令即可，如下图所示。

● **2. 系统提示**

系统会弹出【工件】对话框，如右图所示。

3. 知识点扩展

系统提供了4种模坯外形定义方式, 如下图所示。

（1）【用户定义的块】

用此种方式定义的模坯外形可以由用户任意设定, 而系统默认的是标准长方块, 如下图所示。

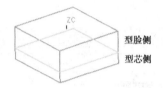

（2）【型腔-型芯】

用此种方式定义模坯时, 系统要求用户选择一个三维实体模型作为型腔和型芯的毛坯。若系统中有适用的模型, 可直接选取其作为型腔和型芯的毛坯; 否则, 单击【工件库】按钮设计适合的型腔和型芯的毛坯, 设计完成后选取所设计的三维实体模型作为型腔和型芯的毛坯。

（3）【仅型腔】

用此种方式定义模坯时, 系统要求用户选择一个三维实体模型作为型腔的毛坯, 若系统中有适用的模型, 可直接选取其作为型腔的毛坯; 否则, 单击【工件库】按钮设计适用的型腔的毛坯, 设计完成后选取所设计的三维实体模型作为型腔模坯。

（4）【仅型芯】

用此种方式定义模坯时, 系统要求用户选择一个三维实体模型作为型腔芯的毛坯, 若系统中有适用的模型, 可直接选取其作为型芯的毛坯; 否则, 单击【工件库】按钮设计适用的型芯的毛坯, 设计完成后选取所设计的三维实体模型作为型芯模坯。

15.2.7 型腔布局

1. 功能常见调用方法

选择【菜单】▶【工具】▶【特定于工艺】▶【注塑模向导】▶【型腔布局】菜单命令即可, 如下图所示。

2. 系统提示

系统会弹出【型腔布局】对话框, 如右图所示。

3. 知识点扩展

系统提供了矩形排列和圆形排列两种模具型腔布局方式, 矩形布局中包含了【平衡】和【线性】两种布局方式, 如下左图所示; 而圆形布局中也包含了【径向】和【恒定】两种布局方式，如下右图所示。用户可以根据需要设置一模多腔模具。

15.3 模具分型工具

💮 **本节视频教程时间：8 分钟**

 　　用户利用"分型"功能，可以顺利完成提取区域、自动补孔、自动搜索分型线、创建分型面、自动生成模具型芯和型腔等操作，可以方便、快捷、准确地完成模具分模工作。

15.3.1 检查区域

● 1.功能常见调用方法

选择【菜单】▶【工具】▶【特定于工艺】▶【注塑模向导】▶【分型工具】▶【检查区域】菜单命令即可，如下图所示。

● 2.系统提示

系统会弹出【检查区域】对话框，如下图所示。

● 3.知识点扩展

模型部件验证显示【计算】、【面】、【区域】和【信息】4个选项卡，分别计算和显示模型中有关拔模、分型等的各类信息。

（1）【计算】选项卡

单击【计算】标签，切换到如左下图所示的界面。在该选项卡中可设置产品实体与方向，并进行计算。

（2）【面】选项卡

单击【面】标签，切换到如下图所示的界面。在该选项卡中可编辑所有面的颜色，并可对面进行分割和面拔模分析。

（3）【区域】选项卡

单击【区域】标签，切换到如下图所示的界面。该选项卡将产品模型的面分为型芯和型腔区域，并允许用户为每个区域设置颜色。

（4）【信息】选项卡

单击【信息】标签，切换到如下图所示的界面。该选项卡提供了各种方便的分析功能，主要针对面、模型和尖角进行检查分析。

15.3.2 定义区域

1. 功能常见调用方法

选择【菜单】➤【工具】➤【特定于工艺】➤【注塑模向导】➤【分型工具】➤【定义区域】菜单命令即可，如下图所示。

2. 系统提示

系统会弹出【定义区域】对话框，如右图所示。

3. 知识点扩展

提取区域和分型线是基于设计区域的结果，在该对话框中显示出部件的面总数和型腔、型芯面数。

面总数=型腔面数+型芯面数

15.3.3 设计分型面

当定义完过渡线和点后，分型环便被分割成分型线段。创建/编辑分型面功能按顺序自动识别每一个分型线段，并提供当前线段有效的构建方式选项创建分型面。过渡线自动地填充或桥接两分型线段间的空隙。编辑分型面则可逐个地编辑每个分型线段所生成的分型面。

● 1. 功能常见调用方法

选择【菜单】▶【工具】▶【特定于工艺】▶【注塑模向导】▶【分型工具】▶【设计分型面】菜单命令即可，如下图所示。

● 2. 系统提示

系统会弹出【设计分型面】对话框，如下图所示。

● 3. 知识点扩展

【设计分型面】对话框中各相关选项含义如下。

- 【公差】文本框：对话框中的公差值控制创建分型面和缝合面时的公差。
- 【分型面长度】文本框：对话框中的距

离值决定了分型面的拉伸距离，以保证分型面有足够的长度修剪成型件。

用户可以进入【编辑分型线】区域对分型线进行编辑操作，单击【遍历分型线】按钮 可以打开【遍历分型线】对话框，如下图所示。

用户可以进入【编辑分型段】区域对分型段进行编辑操作，单击【编辑引导线】按钮 可以打开【引导线】对话框，如下图所示。

引导线创建在分型线段的两端，用于修剪分型片体。引导线可以通过单击 按钮进行自动创建，也可以通过单击 按钮任意选择分型线段的端点放置分型引导线。

最初引导线的方向由系统定义，也可以在【方向】下拉列表中更改方向。用户还可以编辑引导线的长度和角度。

15.4 注塑模向导的其他功能

⊙ **本节视频教程时间：9 分钟**

本节讲解注塑模向导模块的一些其他功能。

15.4.1 模架库

➊ 1. 功能常见调用方法

选择【菜单】➤【工具】➤【特定于工艺】➤【注塑模向导】➤【模架库】菜单命令即可，如下图所示。

➋ 2. 系统提示

系统会弹出【模架库】对话框，如下图所示。

➌ 3. 知识点扩展

用户可以调用UG NX 12.0模具向导提供的电子表格驱动标准模架库，模具设计师也可以在此定制非标准模架。

15.4.2 标准件库

➊ 1. 功能常见调用方法

选择【菜单】➤【工具】➤【特定于工艺】➤【注塑模向导】➤【标准件库】菜单命令即可，如下图所示。

➋ 2. 系统提示

系统会弹出【标准件管理】对话框，如右图所示。

3. 知识点扩展

用户可以随时通过【标准件库】调用系统提供的定位圈、主流道衬套、导柱导套、顶杆和复位杆等模具标准件。

15.4.3 顶杆后处理

顶杆加入的最初状态为标准的长度和形状，而顶杆的长度和形状往往需要与产品形状匹配。【顶杆后处理】命令就用来对顶杆进行修剪，使其长度尺寸和头部形状与产品相匹配。

1. 功能常见调用方法

选择【菜单】➤【工具】➤【特定于工艺】➤【注塑模向导】➤【顶杆后处理】菜单命令即可，如下图所示。

2. 系统提示

系统会弹出【顶杆后处理】对话框，如下图所示。

3. 知识点扩展

【顶杆后处理】对话框中各相关选项含义如下。

（1）类型

【类型】下拉列表如下图所示。

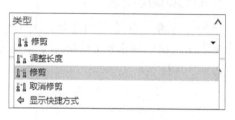

①【调整长度】选项：该修剪方式只改变顶杆的长度而不会改变其头部形状，即其头部端面仍然是平面，所以当型芯表面为曲面时，会使产品产生凹陷。这种修剪方式只适合修剪型芯底面为平面的场合。

②【修剪】选项：该修剪方式可控制顶杆头部端面的形状与型芯表面相一致，用这种方式修剪顶杆不会使产品产生凹痕，所以此种方式常用。

③【取消修剪】选项：该选项用于删除对顶杆的修剪。

（2）配合长度

配合长度提供设置顶杆顶部与型芯孔的公差配合的长度，让顶杆与型芯孔之间在推出部分保持一定距离的动配合。既要让顶杆活动，又不能让塑料溢入顶杆孔。

（3）修剪片体

顶杆必须按照最终的型芯体表面来修剪，但是最终形成的型芯体表面，有时并不全是由分型面功能定义原始的那个分型面。Mold Wizard通过各种修剪片体选择。

① 型芯修剪片体：修剪型芯的分型片体集（默认）。当最终的型芯体表面是由原始的分型面修剪而来时，可用【型芯修剪片体】选项修剪顶杆。

② 型腔修剪片体：修剪型腔的分型片体集。

③ 型芯模型表面：当最终的型芯体表面与原始的分型面不同时，例如用一个实体补丁加材料到型芯上，就需要用【型芯模型表面】来修剪顶杆。

④ 选择面：可以从模型上选择任意面，这时对话框增加一个选择相邻面选项，激活【相邻面】选项可选择一组连续的面修剪顶杆。

15.4.4 腔体

各种标准件、内嵌件设计完成后，还要考虑在相应的模板或模腔上建立与这些部件相同形状的腔体，以供这些部件正确放置。

● 1. 功能常见调用方法

选择【菜单】▶【工具】▶【特定于工艺】▶【注塑模向导】▶【开腔】菜单命令即可，如下图所示。

● 2. 系统提示

系统会弹出【开腔】对话框，如右图所示。

● 3. 知识点扩展

【开腔】对话框中各相关选项含义如下。

（1）【检查腔状态】：单击此按钮，系统就可发现并选择还没建腔的嵌件组和标准件。

（2）【移除腔】：单击此按钮，从所选的模板或模腔中删除腔体。

15.4.5 物料清单

● 1. 功能常见调用方法

选择【菜单】▶【工具】▶【特定于工艺】▶【注塑模向导】▶【物料清单】菜单命令即可，如右图所示。

● 2. 系统提示

系统会弹出【物料清单】对话框，如下图所示。

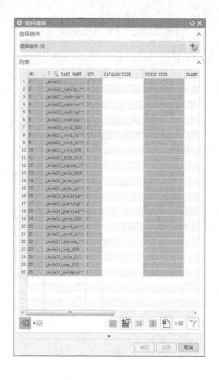

● 3. 知识点扩展

用户可以使用【物料清单】功能对模具零部件进行统计汇总，生成模具零部件汇总清单。

15.5 综合应用——飞轮模具设计

● **本节视频教程时间：40分钟**

本节对飞轮模具进行设计，主要分为两部分内容进行讲解，分别为飞轮模型的创建和飞轮模具的设计。在创建过程中主要会应用到"旋转""修剪片体""扫掠"及"缝合"等命令。

● 第1步：飞轮模型设计

步骤01 采用默认设置，新建一个模型文件，然后选择【菜单】✎【应用模块】▶【特定于工艺】▶【注塑模向导】菜单命令，随即进入模具向导应用模块，出现【注塑模向导】选项卡，如右图所示。

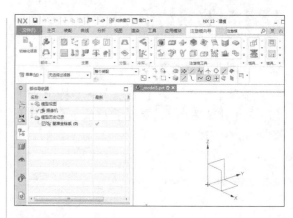

步骤02 选择【菜单】▶【插入】▶【草图】菜

单命令，在绘图区中选择*XC-ZC*基准平面作为草绘面，绘制如下图所示的截面，其余拐角都倒R2的圆角，然后单击🔲按钮退出草图，如下图所示。

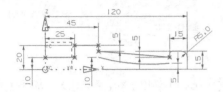

步骤 03 选择【菜单】➤【插入】➤【设计特征】➤【旋转】菜单命令，选择 步骤 02 中绘制的草绘截面，然后选择【指定矢量】中的旋转轴🔼，单击【指定点】按钮🔼，系统弹出【点】对话框后，如下面下图所示，输入旋转中心坐标（0，0，0）。单击【确定】按钮，返回到【旋转】对话框后，进行如下面上图所示的设置。

步骤 04 单击【确定】按钮，旋转效果如下图所示。

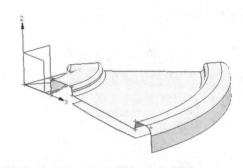

步骤 05 选择【菜单】➤【插入】➤【草图】菜单命令，在绘图区中选择*XC-YC*基准平面作为草绘面，绘制如下面下图所示的截面线串1。单击【偏置曲线】按钮🔽，系统弹出【偏置曲线】对话框后，如下面上图所示，选择线串1来偏置，输入【偏置】下【距离】为"5"，单击【反向】按钮🔀，单击【确定】按钮，得到如下面下图所示的截面线串2，然后单击🔲按钮退出草图。

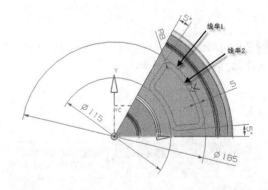

步骤 06 选择【菜单】➤【插入】➤【修剪】➤【修剪片体】菜单命令，勾选【保留】单选项，在线串1外面的任意区域中选择要修剪的片

体1，单击鼠标中键，选择线串1，将【投影方向】改为【沿矢量】，选择【指定矢量】中的 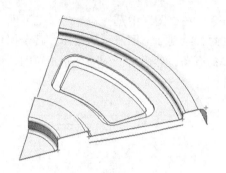 按钮，对话框设置如下图所示。

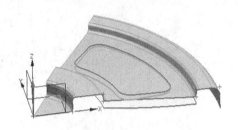

步骤07 单击【确定】按钮，结果如下图所示。

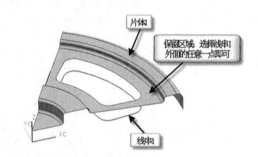

步骤08 使用和上一步相同的方法，用线串2修剪片体2的外侧，如下图所示。

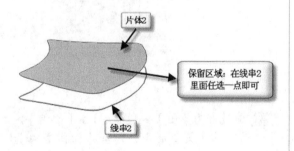

步骤09 选择【菜单】▶【插入】▶【基准/点】▶【基准坐标系】菜单命令，系统弹出【基准坐标系】对话框后，如下第一张图所示，将【类型】改为 原点，X点，Y点。在绘图区域中依次选择端点b作为原点、端点a作为x轴上的点，单击【指定点】按钮，系统弹出【点】对话框后，如下第二张图所示，输入坐标（0，0，0）作为y轴上的点，单击【确定】按钮，如下图所示。

步骤10 绘制如下图所示的圆弧。选择【菜单】▶【插入】▶【曲线】▶【圆弧/圆】菜单命令，依次捕捉点a、点b作为圆弧的起点和终

点，再单击屏幕上的一点作为圆弧上的一点。

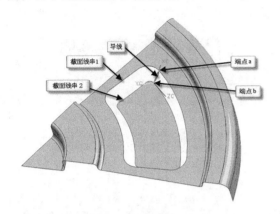

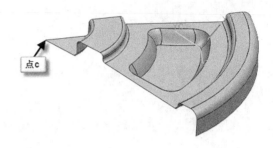

步骤 11 选择【菜单】▶【插入】▶【扫掠】▶
【扫掠】菜单命令，系统弹出如下第一张图所
示的【扫掠】对话框后选择截面线串1，单击鼠
标中键确认。选择截面线串2，单击鼠标中键确
认，再单击鼠标中键结束截面线串的选择。选
择圆弧作为导引线，单击鼠标中键确认，单击
【确定】按钮，创建如下图所示的曲面。

步骤 12 隐藏所有曲线和基准。选择所有曲线和
基准，如下图所示，单击鼠标右键，从弹出的
快捷菜单中选择【隐藏】命令。

步骤 13 缝合所有片体。选择【菜单】▶【插
入】▶【组合】▶【缝合】菜单命令，系统弹
出如下第一张图所示【缝合】对话框后，选择
其中一个曲面作为目标体，再框选其他所有曲
面作为工具体，单击【确定】按钮，完成缝合
操作，如下第二张、第三张图所示。

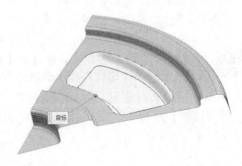

作为镜像平面，单击【确定】按钮，结果如下图所示。

步骤14 选择【菜单】➤【编辑】➤【移动对象】菜单命令，系统弹出如下面上图所示【移动对象】对话框后，选择所有曲面进行旋转，【运动】方式改为【角度】，【指定矢量】选择 ᶻᶜ↑ 作为旋转轴，捕捉点c作为旋转中心点，在【角度】文本框中输入"60°"，按【Enter】键，勾选【复制原先的】单选项，在【非关联副本数】文本框中输入"5"，单击【确定】按钮，结果如下面下图所示。

步骤16 缝合所有片体。选择【菜单】➤【插入】➤【组合】➤【缝合】菜单命令，选择其中一片体作为目标体，再框选图中的所有片体作为工具体，单击【确定】按钮得到实体，如下图所示。

步骤15 镜像所有曲面。选择【菜单】➤【插入】➤【关联复制】➤【镜像特征】菜单命令，在对话框中选择所有曲面，单击鼠标中键，指定【镜像面平】为【新平面】，选择下边的圆边

第2步：飞轮模具设计

步骤 01 进入UG模具设计模块。选择【菜单】➤
【应用模块】➤【特定于工艺】➤【注塑模向导】
菜单命令，随即进入模具向导应用模块，出现
【注塑模向导】选项卡。

步骤 02 加载产品。选择【菜单】➤【工具】➤
【特定于工艺】➤【注塑模向导】➤【初始化
项目】菜单命令，系统弹出【初始化项目】对
话框后，进行如下图所示的参数设置，然后单
击【确定】按钮。

步骤 03 设定模具坐标系。选择【菜单】➤【工

具】➤【特定于工艺】➤【注塑模向导】➤【模
具坐标系】菜单命令，系统弹出【模具坐标
系】对话框后，进行如下图所示的参数设置，
然后单击【确定】按钮。

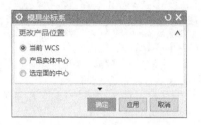

步骤 04 设定模坯。选择【菜单】➤【工具】➤
【特定于工艺】➤【注塑模向导】➤【工件】菜单
命令，系统弹出【工件】对话框后，进行如下图
所示的参数设置并得到模坯，然后单击【确定】
按钮。

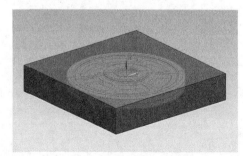

步骤 05 分模。选择【菜单】➤【工具】➤【特
定于工艺】➤【注塑模向导】➤【分型工具】➤
【设计分型面】菜单命令，系统会弹出【设计

分型面】对话框，设置分型线和分型面，结果如下图所示。

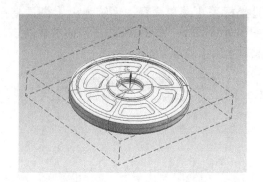 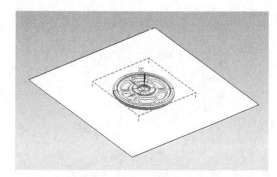

 疑难解答

本节视频教程时间：2分钟

如何创建符合"中国国家标准"的中心线

可以为下列中心线类型创建符合"中国国家标准"的中心线。

- 中心标记
- 完整螺栓圆
- 不完整螺栓圆
- 偏置中心点
- 圆柱中心线
- 长方体中心线
- 不完整圆形中心线
- 完整圆形中心线

要按中国国家标准显示中心线，必须首先在用户默认设置对话框的"制图"模块中将【中心线显示】选项设为【中国国家标准】。

一旦设置了用户默认设置选项，就可以通过选择现有中心线再单击【应用】来更新它。

也可以将基准符号显示用户默认设置改为【中国国家标准】，这将会在基准特征符号对话框中显示"中国国家标准"基准符号。

第16章

钣金设计

本章讲解了UG NX 12.0钣金设计模块的基本概念、常用功能及基本操作过程。通过对钣金设计的学习，用户能够使用钣金设计模块合理地设计钣金零件，仿真钣金件的制造顺序，成形或展开钣金件，过程化地验证设计的合理性。

学习效果

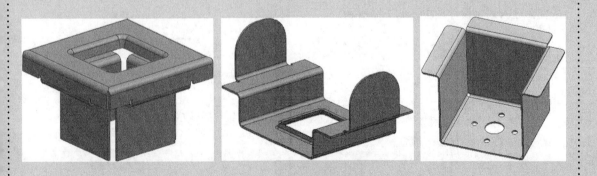

16.1 钣金设计基础

⊙ **本节视频教程时间：5分钟**

　　钣金产品在日常生活中随处可见，从日用家电到汽车、飞机、轮船等，均可见钣金的身影。UG NX 12.0 中的钣金设计模块提供了强大的钣金设计功能，使用户能够轻松、快捷地完成设计工作。

16.1.1 进入NX钣金模块

◢ 1. 功能常见调用方法

　　启动UG NX 12.0 后，可以选择【菜单】➤【文件】➤【新建】菜单命令，在打开的【新建】对话框中选择【NX钣金】类型后，单击【确定】按钮即可，如下图所示。

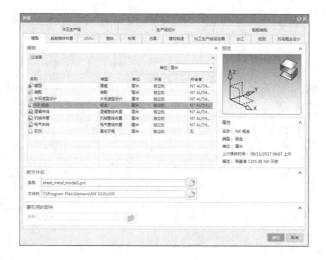

◢ 2. 系统提示

　　系统会进入钣金设计模块，如下图所示。

3. 知识点扩展

如果当前在模型模块中，用户可以选择【应用模块】选项卡，单击【设计】面板中的【钣金】按钮📎，随即进入钣金设计模块，如下图所示。

在钣金设计模块中，主要使用【主页】选项卡中提供的命令来完成设计工作。由于钣金件也属于特征的范围，所以在钣金模块中，可以使用建模模块中"成型特征""特征操作"和"编辑特征"中的部分命令，如圆台、腔体、实例特征等命令。实际上，钣金模块属于建模模块的扩展。

16.1.2 NX钣金首选项

钣金首选项设置可以在设计零件之前定义某些参数，以提高设计效率、减少重复的参数设置。如果设置了首选项参数，在设计过程中或完成后再更改参数设置，可能会导致参数错误。

1. 功能常见调用方法

选择【菜单】▶【首选项】▶【钣金】菜单命令即可，如下图所示。

2. 系统提示

系统会弹出【钣金首选项】对话框，如下图所示。

3. 知识点扩展

【钣金首选项】对话框中各相关选项含义如下。

（1）【部件属性】选项卡

该选项卡用于设置钣金件的全程参数和折弯许可半径公式。

① 【弯曲半径】：钣金件在折弯时的弯曲半径。

② 【让位槽深度】/【让位槽宽度】：钣金件在折弯时所添加止裂口的深度/宽度。

（2）【展平面样处理】选项卡

该选项卡用于设置钣金件的拐角处理和简化平面展开图的方式，如上图所示。

①【处理选项】：该区域用于设置钣金件拐角处理的方式，包括【无】、【倒斜角】和【半径】3个选项。

②【展平面样简化】：用于设置钣金件展开图的简化方式。

③【移除系统生成的折弯止裂口】：该复选项用于控制在创建折弯特征时是否移除工艺缺口。

16.2 钣金特征

钣金特征主要包括钣金弯边、钣金成形/展开和钣金折弯、内嵌弯边和通用弯边、钣金冲压、钣金孔和钣金槽、钣金裁剪、钣金筋槽、钣金桥接、钣金托架、钣金零件的工艺过程和平面展开等。本节对常用的一些钣金特征进行详细讲解。

16.2.1 弯边

"弯边"功能是指沿指定的放置面、长度、宽度、角度、半径及方向创建弯边特征。弯边特征只能在有基础特征的前提下创建。

● 1. 功能常见调用方法

选择【菜单】▶【插入】▶【折弯】▶【弯边】菜单命令即可，如下图所示。

● 2. 系统提示

系统会弹出【弯边】对话框，如下图所示。

● 3. 实战演练——创建弯边特征

为已有基础特征创建弯边特征，具体操作步骤如下。

步骤 01 打开随书资源中的"素材\CH16\1.prt"文件，如下图所示。

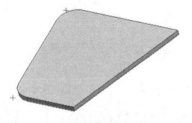

步骤 02 选择【应用模块】选项卡，单击【设计】面板中的【钣金】按钮🪟，随即进入钣金设计模块。选择【菜单】▶【插入】▶【折弯】▶【弯边】菜单命令，在系统弹出的【弯边】对话框中先指定弯边的宽度，再输入长度和角度，即可开始选取依附边，如下图所示。

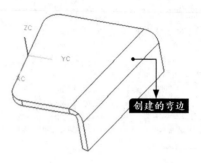

步骤 05 根据所选取的依附边形状和设置的宽度不同，会得到不同形状的弯边结果，如下图所示。

步骤 03 在基础特征上选取一条边作为依附边，如下图所示。

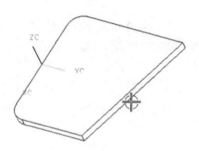

步骤 04 完成依附边选取后，系统将根据【弯边】对话框中的设置生成预览图形，如下图所示。在【弯边】对话框中单击【确定】按钮，完成操作。

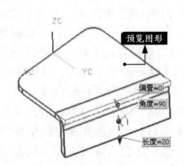

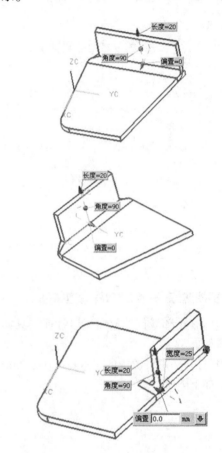

16.2.2 放样弯边

"放样弯边"功能是指通过使用平行参考面上的两个开放轮廓线快速创建一个特征。该功能使用"折弯半径"自动添加折弯，并根据两个开放轮廓自动完成过渡连接。如果想使用不同的折弯半径值，可以在轮廓线中绘制不同半径的弧线来创建。

● 1. 功能常见调用方法

选择【菜单】➤【插入】➤【折弯】➤【放样弯边】菜单命令即可，如下图所示。

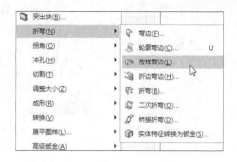

2. 系统提示

系统会弹出【放样弯边】对话框，如下图所示。

3. 实战演练——创建放样弯边特征

为已有轮廓线创建放样弯边特征，具体操作步骤如下。

步骤01 打开随书资源中的"素材\CH16\2.prt"文件，如下图所示。

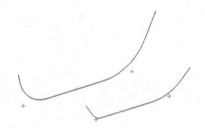

步骤02 选择【应用模块】选项卡，单击【设计】面板中的【钣金】按钮，随即进入钣金设计模块。选择【菜单】▶【插入】▶【折弯】▶【放样弯边】菜单命令，系统弹出【放样弯边】对话框后，只要根据提示指定轮廓线

和顶点，即可完成操作，如下图所示。

步骤03 在对话框中设置剖面线的选取方式后，在绘图工作区中选取一条曲线作为起始剖面线，如下图所示。

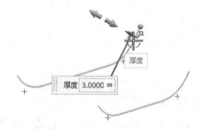

步骤04 在【放样弯边】对话框中单击【起始截面】中的【指定点】按钮，在起始剖面线上选取一点作为起始顶点，该点可以不在剖面线上。

步骤05 在【放样弯边】对话框中单击【终止截面】中的【选择曲线】选项，在绘图工作区中选取第二条曲线作为终止剖面线，使用同样的方法在终止剖面线上选取终止剖面线顶点，该点的位置应与起始剖面线顶点的位置相对应。选取后，系统随即生成钣金件的预览图形，如下图所示。

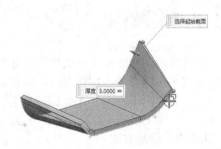

步骤06 在【放样弯边】对话框中单击【确定】

按钮，即可生成放样弯边特征，如下图所示。

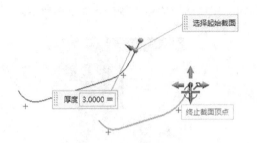

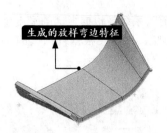

生成的放样弯边特征

16.2.3 轮廓弯边

"轮廓弯边"功能是指通过拉伸代表了特征外形的边来生成特征。它既允许对基础特征、对现有钣金件添加轮廓弯边特征，又允许对由多个折弯和平直边线构成的开放轮廓创建弯边特征。

● 1. 功能常见调用方法

选择【菜单】▶【插入】▶【折弯】▶【轮廓弯边】菜单命令即可，如下图所示。

● 2. 系统提示

系统会弹出【轮廓弯边】对话框，如下图所示。

● 3. 实战演练——创建轮廓弯边特征

创建轮廓弯边特征，具体操作步骤如下。

步骤01 新建一个钣金设计文件，绘制如下图所示的轮廓线。

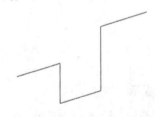

步骤02 选择【菜单】▶【插入】▶【折弯】▶【轮廓弯边】菜单命令，系统弹出【轮廓弯边】对话框后，先在【宽度选项】中指定弯边的宽度形式，再输入特征的宽度值，然后选取一串曲线，如下图所示。

步骤 03 此时系统将根据指定的宽度生成钣金件的轮廓形状，同时会根据首选项的设置显示材料的厚度，如下图所示。

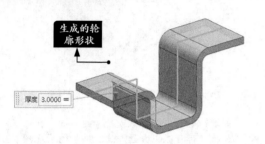

步骤 04 在【轮廓弯边】对话框中单击【确定】按钮，生成的轮廓弯边特征，如下图所示。

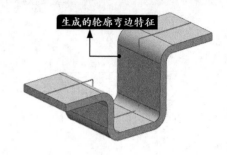

生成的轮廓弯边特征

16.2.4 突出块

通过选择已有草图或草绘外形轮廓，再指定突出块的厚度即可创建突出块特征。需要注意的是，选取的草图轮廓或曲线轮廓必须是封闭的。突出块特征可以是钣金件的基础特征，也可以是附加材料。

● 1. 功能常见调用方法

选择【菜单】▶【插入】▶【突出块】菜单命令即可，如下图所示。

● 2. 系统提示

系统会弹出【突出块】对话框，如下图所示。

● 3. 实战演练——创建突出块特征

为已有草图轮廓创建突出块特征，具体操作步骤如下。

步骤 01 打开随书资源中的"素材\CH16\4.prt"文件，如下图所示。

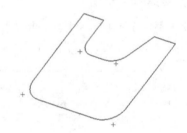

步骤 02 选择【应用模块】选项卡，单击【设计】面板中的【钣金】按钮，随即进入钣金设计模块。选择【菜单】▶【插入】▶【突出块】菜单命令，系统弹出【突出块】对话框后，在绘图区域中选取草图曲线作为轮廓线，如下图所示。

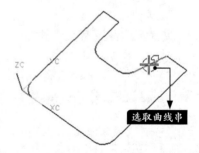

选取曲线串

步骤 03 曲线选取完成后，系统会根据首选项中的设置自动生成预览图形，如下图所示。

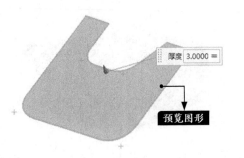

厚度 3.0000 ≡

预览图形

钮，随即生成突出块特征，结果如下图所示。

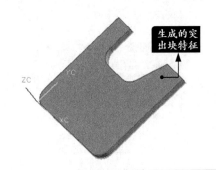

生成的突出块特征

步骤 04 在【突出块】对话框中单击【确定】按

16.3 常用钣金操作

☕ 本节视频教程时间：13分钟

钣金操作主要包括封闭拐角、折弯、二次弯边和伸直等操作。本节对常用的一些钣金操作进行详细讲解。

16.3.1 封闭拐角

"封闭拐角"是将两个相邻的折弯边或类似于折弯边处进行接合操作，使折弯边可完全相接、重叠、完全相交或环形角相交等的操作。

● 1. 功能常见调用方法

选择【菜单】▶【插入】▶【拐角】▶【封闭拐角】菜单命令即可，如下图所示。

折弯(N)
拐角(O) ▶ 封闭拐角(C)...
冲孔(H) ▶ 三折弯角(T)...
切割(T) ▶ 倒角(B)...
调整大小(Z) ▶ 倒斜角(M)...
成形(R)

● 2. 系统提示

系统会弹出【封闭拐角】对话框，如下图所示。

● 3. 实战演练——创建封闭拐角特征

为两个相邻的折弯边创建封闭拐角特征，具体操作步骤如下。

步骤 01 打开随书资源中的"素材\CH16\5.prt"文件，如下图所示。

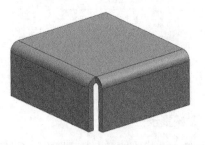

步骤 02 选择【菜单】▶【插入】▶【拐角】▶【封闭拐角】菜单命令，系统弹出【封闭拐角】对话框后，进行如下图所示的参数设置。

步骤04 在【封闭拐角】对话框中单击【确定】按钮，封闭拐角特征创建结果如下图所示。

步骤03 在绘图区域中选择如下图所示的两个相邻参考面。

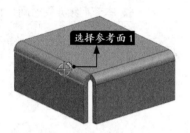

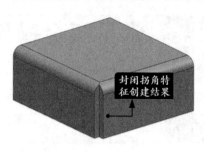

16.3.2 伸直

"伸直"是将已经构建好的折弯体恢复成平板的操作。实行此操作时，系统可以自动计算展平后材料的增量，精确地计算出零件所需要的板料。

● 1. 功能常见调用方法

选择【菜单】▶【插入】▶【成形】▶【伸直】菜单命令即可，如下图所示。

● 3. 实战演练——创建伸直特征

为折弯体创建伸直特征，具体操作步骤如下。

步骤01 打开随书资源中的"素材\CH16\6.prt"文件，如下图所示。

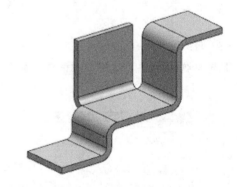

● 2. 系统提示

系统会弹出【伸直】对话框，如下图所示。

步骤02 选择【菜单】▶【插入】▶【成形】▶

【伸直】菜单命令，系统弹出【伸直】对话框
后，在绘图区域中选择如下图所示的面作为固
定面。

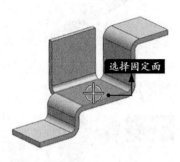

步骤03 在绘图区域中选择如下图所示的面作为
需要展平的面。

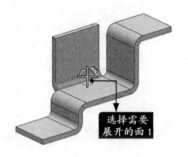

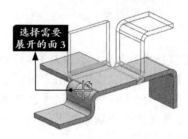

步骤04 在【伸直】对话框中单击【确定】按
钮，折弯体展开后的结果如下图所示。

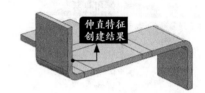

16.3.3 折弯

"折弯"是通过一条折弯线将钣金件折弯成带角度的斜闭钣金件的操作。折弯线可以是预绘
制的，也可以临时绘制，但折弯线必须是直线。

1. 功能常见调用方法

选择【菜单】➤【插入】➤【折弯】➤【折
弯】菜单命令即可，如下图所示。

2. 系统提示

系统会弹出【折弯】对话框，如右图所示。

3. 实战演练——创建折弯特征

通过一条绘制好的折弯线创建折弯特征，
具体操作步骤如下。

步骤 01 打开随书资源中的"素材\CH16\7.prt"文件，如下图所示。

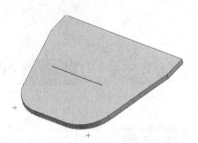

步骤 02 选择【菜单】➤【插入】➤【折弯】➤【折弯】菜单命令，系统弹出【折弯】对话框后，在【折弯线】区域中使用【选择曲线】方式，在绘图工作区中选择如下图所示的直线作为折弯位置参考线。

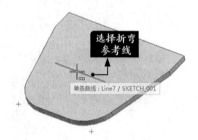

步骤 03 此时将显示折弯的预览形状，用户可以输入角度值，如下图所示。

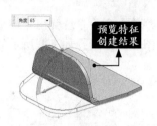

步骤 04 在【折弯】对话框中单击【确定】按钮，折弯特征如下图所示。

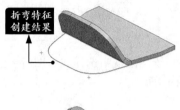

小提示

在创建折弯特征时，应注意折弯参数的设置，不同的折弯方向和不同的角度位置，所得到的折弯特征会有所不同。

16.3.4 二次折弯

"二次折弯"功能可以随意地在一个钣金零件的平板上通过绘制一条折弯线实现轮廓的二次折弯。

1. 功能常见调用方法

选择【菜单】➤【插入】➤【折弯】➤【二次折弯】菜单命令即可，如下图所示。

2. 系统提示

系统会弹出【二次折弯】对话框，如右图所示。

3. 实战演练——创建二次折弯特征

通过草绘折弯线的方式创建二次折弯特征，具体操作步骤如下。

步骤01 打开随书资源中的"素材\CH16\8.prt"文件，如下图所示。

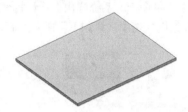

步骤02 选择【菜单】▶【插入】▶【折弯】▶【二次折弯】菜单命令，系统弹出【二次折弯】对话框后，在【二次折弯线】区域内单击【绘制截面】按钮，然后在钣金件上选择一个平面作为草绘平面，如下图所示。

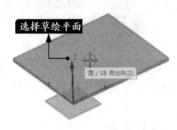

步骤03 在草绘模式下，绘制一条轮廓线，如下图所示。该轮廓线必须是直线，起点必须在钣金件的边上，但对长度没有具体要求，只作为参考，且位置将作为折弯位置。

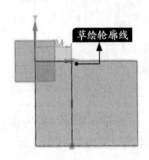

步骤04 草绘完成后，系统将显示二次折弯的高度和位置的预览图形。此时可以输入二次折弯的高度，如下图所示。

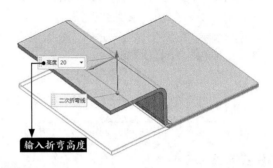

步骤05 在【二次折弯】对话框中可以设置折弯的位置和尺寸的定义方式，如下图所示。

步骤06 在【二次折弯】对话框中单击【确定】按钮，生成的二次折弯特征如下图所示。

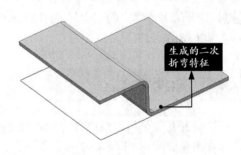

16.3.5　重新折弯

"重新折弯"是将展平后的零件重新折弯回原有形状，实际上是"取消折弯"操作的逆向操作。如果用户在取消折弯后执行了其他的操作，则"重新折弯"功能可以得到某些在折弯状态下无法得到的结构效果。

1. 功能常见调用方法

选择【菜单】▶【插入】▶【成形】▶【重新折弯】菜单命令即可，如下图所示。

2. 系统提示

系统会弹出【重新折弯】对话框，如下图所示。

3. 实战演练——创建重新折弯特征

通过"重新折弯"功能对展平后的零件重新进行折弯操作，具体操作步骤如下。

步骤01 打开随书资源中的"素材\CH16\9.prt"文件，如下图所示。

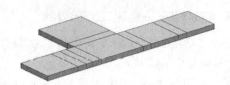

步骤02 选择【菜单】▶【插入】▶【成形】▶【重新折弯】菜单命令，系统弹出【重新折弯】对话框后，在绘图区域中选择如下图所示的面。

选择需要折弯的面1

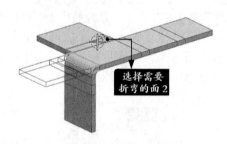

选择需要折弯的面2

步骤03 在【重新折弯】对话框中单击【确定】按钮，重新折弯特征创建结果如下图所示。

重新折弯特征创建结果

16.3.6 法向开孔

"法向开孔"是指以用户自定义的曲线作为切割轮廓线，沿钣金件壁的矢量方向去除材料的操作。如果轮廓线与去除材料的壁不平行，则切割的轮廓将以投影到壁上的形状来定。

1. 功能常见调用方法

选择【菜单】▶【插入】▶【切割】▶【法向开孔】菜单命令即可，如右图所示。

2. 系统提示

系统会弹出【法向开孔】对话框，如下图所示。

3. 实战演练——创建法向开孔特征

在已有钣金件上创建法向开孔特征，具体操作步骤如下。

步骤01 打开随书资源中的"素材\CH16\10.prt"文件，如下图所示。

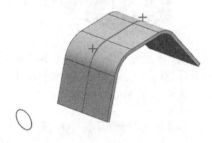

步骤02 选择【菜单】▶【插入】▶【切割】▶【法向开孔】菜单命令，系统弹出【法向开孔】对话框后，选择【切割方法】为【厚度】，如下图所示。

步骤03 在绘图区域中选取一条封闭的曲线作为切割轮廓，如下图所示。

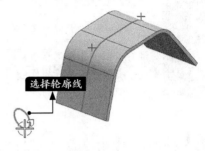

选择轮廓线

步骤04 轮廓线选取完成后，系统将生成切割后的预览图形。此时可以输入切割的深度，最后在【法向开孔】对话框中单击【确定】按钮，完成法向开孔操作，如下图所示。

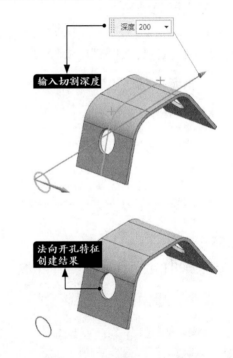

| 小提示 |

如果在进行钣金材料去除操作时，因为某些特殊的情况而无法完成，那么在切割轮廓与要切割的壁平行的情况下，可以使用实体拉伸的方式进行切割。

16.4 钣金高级设计

钣金高级设计主要包括凹坑、冲压材料、倒角和筋等操作。本节对常用的一些钣金高级设计操作进行详细讲解。

16.4.1 百叶窗

使用"百叶窗"命令可以在平板内构建具有端部开口和成形的孔特征。百叶窗的轮廓线必须是单一的线性元素，而且不能是平面的，也不能被展平。

● 1. 功能常见调用方法

选择【菜单】▶【插入】▶【冲孔】▶【百叶窗】菜单命令即可，如下图所示。

● 2. 系统提示

系统会弹出【百叶窗】对话框，如下图所示。

● 3. 实战演练——创建百叶窗特征

为已有的钣金件创建百叶窗特征，具体操作步骤如下。

步骤01 打开随书资源中的"素材\CH16\11.prt"文件，如下图所示。

步骤02 选择【菜单】▶【插入】▶【冲孔】▶【百叶窗】菜单命令，系统弹出【百叶窗】对话框后，进行如下图所示的参数设置。

步骤03 在绘图区域中选择钣金壁上的一条直线作为轮廓线，如下图所示。

选择轮廓线

步骤 04 在【百叶窗】对话框中单击【深度】及【宽度】的☒按钮，对方向进行适当调整，然

后单击【确定】按钮。百叶窗特征创建结果如下图所示。

百叶窗特征
创建结果

16.4.2 筋

使用"筋"命令可以在零件上创建凸起的条纹特征，通常用作加强筋设计。

1. 功能常见调用方法

选择【菜单】▶【插入】▶【冲孔】▶【筋】菜单命令即可，如下图所示。

2. 系统提示

系统会弹出【筋】对话框，如下图所示。

3. 实战演练——创建筋特征

为已有的钣金件创建筋特征，具体操作步

骤如下。

步骤 01 打开随书资源中的"素材\CH16\12.prt"文件，如下图所示。

步骤 02 选择【菜单】▶【插入】▶【冲孔】▶【筋】菜单命令，系统弹出【筋】对话框后，进行如下图所示的参数设置。

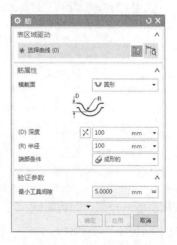

步骤 03 在绘图区域中选择钣金壁上的一条曲线作为轮廓线，如下图所示。

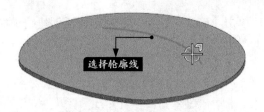

选择轮廓线

定】按钮。筋特征创建结果如下图所示。

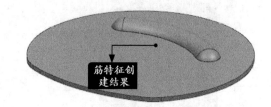

筋特征创建结果

步骤 04 在【筋】对话框中单击【深度】按钮⊠，对方向进行适当调整，然后单击【确

16.4.3 凹坑

"凹坑"是对零件进行无缝压坑处理的一种特殊的冲压成型操作。使用该操作创建特征，材料会发生变形而形成凹坑，但不能被展平。

● 1. 功能常见调用方法

选择【菜单】➤【插入】➤【冲孔】➤【凹坑】菜单命令即可，如下图所示。

● 2. 系统提示

系统会弹出【凹坑】对话框，如下图所示。

● 3. 实战演练——创建凹坑特征

为已有的钣金件创建凹坑特征，具体操作步骤如下。

步骤 01 打开随书资源中的"素材\CH16\13.

prt"文件，如下图所示。

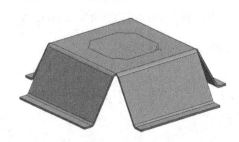

步骤 02 选择【菜单】➤【插入】➤【冲孔】➤【凹坑】菜单命令，系统弹出【凹坑】对话框后，进行如下图所示的参数设置。

步骤 03 在绘图区域中选择钣金壁上的一条曲线作为轮廓线，如下图所示。

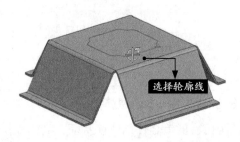

选择轮廓线

步骤 04 在【凹坑】对话框中单击【深度】按钮⊠，对方向进行适当调整，然后单击【确定】按钮。凹坑特征创建结果如下图所示。

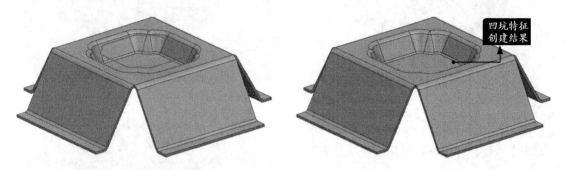

16.4.4 冲压开孔

"冲压开孔"是通过模具去除材料的操作。它与凹坑的成型原理基本一致，区别在于"冲压开孔"操作冲压后不保留底板。

● 1. 功能常见调用方法

选择【菜单】▶【插入】▶【冲孔】▶【冲压开孔】菜单命令即可，如下图所示。

● 2. 系统提示

系统会弹出【冲压开孔】对话框，如下图所示。

● 3. 实战演练——创建冲压开孔特征

为已有的钣金件创建冲压开孔特征，具体

操作步骤如下。

步骤 01 打开随书资源中的"素材\CH16\14.prt"文件，如下图所示。

步骤 02 选择【菜单】▶【插入】▶【冲孔】▶【冲压开孔】菜单命令，系统弹出【冲压开孔】对话框后，进行如下图所示的参数设置。

步骤 03 在绘图区域中选择钣金壁上的一条曲线作为轮廓线，如下图所示。

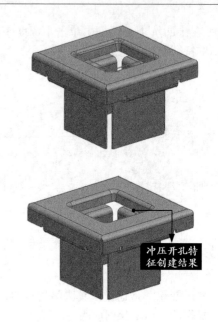

步骤04 在【冲压开孔】对话框中单击【深度】按钮⊠，对方向进行适当调整，然后单击【确定】按钮。冲压开孔特征创建结果如下图所示。

16.4.5 倒角

如果钣金件上有很多的尖角需要处理，可以在打开【倒角】对话框后，直接双击要倒角的某个壁，此时该壁上的尖角将被全部选中，这样就可以实现快速倒角。

● 1. 功能常见调用方法

选择【菜单】➤【插入】➤【拐角】➤【倒角】菜单命令即可，如下图所示。

● 2. 系统提示

系统会弹出【倒角】对话框，如下图所示。

● 3. 实战演练——创建倒角特征

为钣金件上的尖角创建倒角特征，具体操作步骤如下。

步骤01 打开随书资源中的"素材\CH16\15.prt"文件，如下图所示。

步骤02 选择【菜单】➤【插入】➤【拐角】➤【倒角】菜单命令，系统弹出【倒角】对话框后，进行如下图所示的参数设置。

步骤 03 在绘图区域中选择钣金壁上需要倒圆角的尖角，如下图所示。

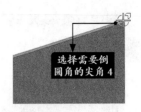

步骤 04 尖角部分选择完成后，系统会自动进行计算。预览结果如下图所示。

步骤 05 在【圆角】对话框中单击【确定】按钮，倒角特征创建结果如下图所示。

16.5 综合应用——防尘罩的创建

🔊 **本节视频教程时间：16分钟**

 本节对防尘罩进行创建，创建过程中主要会进行突出块、弯边、封闭拐角、倒角、法向开孔等操作，具体操作步骤如下。

步骤 01 打开随书资源中的"素材\CH16\16.prt"文件，如下图所示。

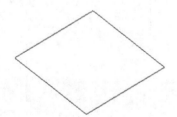

步骤 02 选择【应用模块】选项卡，单击【设计】组中的【钣金】按钮📠，随即进入钣金设计模块。选择【菜单】➤【首选项】➤【钣金】菜单命令，系统弹出【钣金首选项】对话框后，在【部件属性】选项卡中进行如下图所示的参数设置。

步骤 03 选择【菜单】➤【插入】➤【突出块】菜单命令，系统弹出【突出块】对话框后，可以选择已有的曲线作为轮廓线，如下图所示。

选择曲线

步骤 04 选择曲线后，系统将生成预览图形。在【突出块】对话框中单击【确定】按钮，完成基础特征的创建，如下图所示。

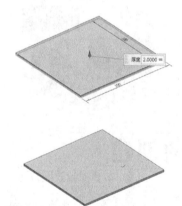

步骤 05 选择【菜单】▶【插入】▶【折弯】▶【弯边】菜单命令，系统弹出【弯边】对话框后，进行如下图所示的参数设置。

步骤 06 在基础特征上选取一条边作为依附边，如下图所示。

步骤 07 在【弯边】对话框中单击⊠按钮，适当调整方向，然后单击【确定】按钮，结果如下图所示。

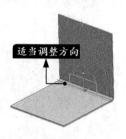

步骤 08 使用同样的方法，依次在基础壁上创建3个弯边特征，如下图所示。

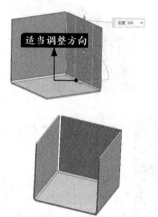

步骤 09 选择【菜单】▶【插入】▶【拐角】▶【封闭拐角】菜单命令，系统弹出【封闭拐角】对话框后，进行如下图所示的参数设置。

步骤 ⑩ 在模型上依次选取要进行封闭拐角的两个弯边特征，如下图所示。

步骤 ⑪ 封闭拐角特征创建结果如下图所示。

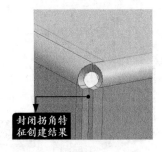

步骤 ⑫ 使用同样的方法和参数将另一侧的两个特征也进行拐角封闭，结果如下图所示。

步骤 ⑬ 选择【菜单】▶【插入】▶【折弯】▶【弯边】菜单命令，系统弹出【弯边】对话框后，选择第一次弯边特征的外边线作为依附边，创建特征，设置弯边长度为"25"、角度为"90"，如下图所示。

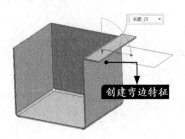

步骤 ⑭ 使用同样的方法和参数创建其余两个弯边特征，结果如下图所示。

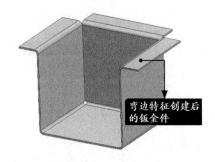

步骤 ⑮ 选择【菜单】▶【插入】▶【拐角】▶【倒角】菜单命令，对钣金件的尖角倒圆角，【半径】值设置为"6"，如下图所示。

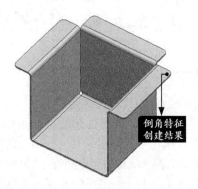

步骤 ⑯ 选择【菜单】▶【插入】▶【切割】▶【法向开孔】菜单命令，直接在模型中选择基础壁上的平面作为草绘平面，如下图所示。

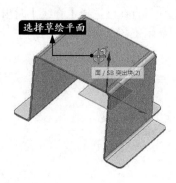

步骤⑰ 选择草绘平面后，系统自动进入草图模式。在草图模式下绘制如下图所示的5个孔切割轮廓。

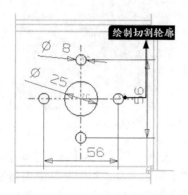

绘制切割轮廓

步骤⑱ 切割草图绘制完成后，在【法向开孔】对话框中输入切割深度"5"，然后单击【确定】按钮，完成操作，如右上图所示。此时，整个模型创建完成，如右下图所示。

创建完成的钣金件

疑难解答

🕐 本节视频教程时间：1分钟

🔹 圆角的类型有哪些

对于圆角，有以下选项。

① 【恒定】：创建具有固定半径的圆角。

② 【线性】：创建具有可变半径的线性圆角。曲率半径从圆角的起点到终点线性更改。

③ 【S形】：创建一个 S 形弯曲的可变半径圆角。

④ 【常规】：通过在脊线上指定多个点并在各个点处指定函数值，创建可变半径的圆角。此选项只有在已选择【脊线】时出现。

右图显示了各个圆角类型的例子。

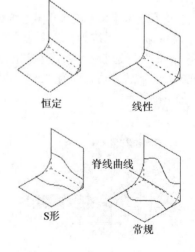

恒定　　　　　线性

脊线曲线

S形

常规

第 17 章

组件装配

学习目标

　　本章主要讲解组件装配的方法和操作过程。装配模块提供了并行的、自下向上和自上向下的产品开发方法，用户在装配的过程中可以进行零部件的设计和编辑。

学习效果

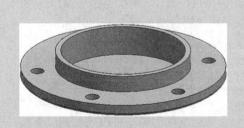

17.1 装配概述

🕐 **本节视频教程时间：26分钟**

装配设计是在零件设计的基础上，进一步对零件进行组合或配合，以满足机器的使用要求和实现设计的功能。装配设计的重点不在于几何造型设计，而是在于确立几何体的空间位置关系。

UG NX 12.0的装配模块功能不仅可以快速地将零部件组合成产品，而且在装配中可以参考其他部件进行部件关联设计，同时可以对装配模型进行间隙分析和重量管理等操作。

17.1.1 装配的概念

装配就是在装配的过程中建立零件之间的配对关系。通过配对条件在零件之间建立约束关系进而确定部件的位置。系统可以根据装配信息自动地生成零件的明细表，明细表的内容随着装配信息的变化而自动更新。在装配模型生成后可以建立爆炸图，并且可以将爆炸图引入到装配图中。

下面介绍装配中的相关术语及概念。

（1）装配部件

装配部件是UG NX 12.0在装配后形成的结果，是由零件和子装配构成的部件。在UG NX 12.0中允许向任意一个.prt文件中添加部件组成装配，因此任意一个.prt文件都可以作为装配部件。

| 小提示 |

在系统中一般不严格区分零件和部件。各部件的实际几何数据并不存储在装配部件文件中，而是存储在各自的部件文件中。

（2）子装配

子装配是在上一级装配中被当作组件引用的装配，而且它也拥有自己的组件。子装配是一个相对的概念，任意一个装配部件都可以在更高级的装配中用作子装配。

（3）主模型

主模型是供后续操作共同引用的部件模型，即同一个主模型可以被工程图、装配、加工、机构分析和有限元分析等模块引用。当主模型改变时，相关的应用也将自动更新。

（4）组件对象

组件对象是一个从装配部件链接到部件主模型的指针实体。一个组件对象包含的信息有部件名称、层、颜色、引用集和装配条件等。

（5）单个部件

单个部件是指在装配外存在的部件几何模型，它没有包含下级组件，但是可以添加到一个装配中去。

（6）配对条件

配对条件是组件装配约束关系的集合。它由一个或多个约束条件组成，用户可以通过这些约束条件限制装配组件的自由度，进而确定组件的位置。

17.1.2 装配的模式与方法

在大多数CAD/CAM（产品设计/产品分析）系统中，可以采用两种不同的装配模式，即多组件装配模式和虚拟装配模式。

多组件装配模式是将部件的所有数据复制到装配中，装配中的部件与所引用的部件没有关联性。这种装配属于非智能的装配，当部件修改时，不会反映到装配中。同时，由于装配时要引用所有部件，因此需要用较大的内存空间，并且会影响装配的工作速度。

虚拟装配模式则是利用部件链接关系建立装配。相比多组件装配模式，该装配模式具有装配时要求的内存空间小、速度快及修改构成的部件时装配能够自动更新等优点。因此，在装配中多采用该种模式。

根据装配体与零件之间的引用关系，有以下3种创建装配体的方法。

（1）自上向下装配

自上向下装配是指先设计完成装配体，并在装配中创建零部件模型，然后拆成子装配体和单个可直接用于加工的零件模型。使用这种装配方法，可以在装配的前后步骤中设计一个组件，或者利用一个黑盒子表示，在那里设计组件部件的一般外形，以此建立装配件与组件的关系。运用这种装配建模技术，在装配步骤中可以建立和编辑组件部件，在装配级上做几何体改变后会立即自动地反映在个别组件中。

（2）自下向上装配

自下向上装配是先创建零部件模型，再组合成子装配，最后生成装配部件的装配方法。这种装配建模的方法可以建立组件装配关系，对数据库中已存在的系列产品零件、标准件及外购件也可以通过此方法加入到装配件中。这种装配建模技术可以在某些高级装配内的孤立状态中设计和编辑组件部件。当打开反映在零件级的几何编辑时，所有利用该组件的装配件会自动地更新。

（3）混合装配

混合装配是将自上向下装配和自下向上装配结合在一起的装配方法。例如，首先创建几个主要部件模型，再将其装配在一起，然后在装配中设计其他的部件，即为混合装配。在实际设计中，可根据需要在两种模式下切换。

17.1.3 装配导航器

装配导航器是UG NX 12.0中进行装配操作的关键工具，是装配部件的图形化显示界面，其结构为树形结构。在该结构中每一个组件显示为一个节点。

● 1. 功能常见调用方法

在UG NX 12.0工作环境左侧的资源导航条中单击 按钮即可，如下图所示。

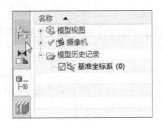

● 2. 系统提示

系统会展开【装配导航器】窗口，如下图所示。

● 3. 知识点扩展

下面对【装配导航器】窗口中各相关内容进行讲解。

（1）装配导航器的设置

在【装配导航器】窗口中空白位置上单击鼠标右键，从弹出的快捷菜单中选择【属性】命令后，打开【装配导航器属性】对话框。其中【列】选项卡用于设置【装配导航器】窗口中显示的参数列信息，如下图所示。

（2）装配导航器中的图标介绍

在【装配导航器】的属性结构中，为了更好地识别各个节点，不同的对象采用了不同的图标。其中的图标含义介绍如下。

➕：单击该图标表示展开装配或子装配，显示其下属部件。单击该图标后，加号则变为减号。

➖：单击该图标表示将装配或子装配折叠起来，不显示其下属部件。单击该图标后，减号则变为加号。

：表示完全加载的装配或子装配。此图标为黄色时，表示装配或子装配在工作部件内；此图标为灰色且有实体边框时，表示装配或子装配是非工作部件；此图标为灰色且有虚边框时，表示装配或子装配被关闭。

：表示完全加载的部件。此图标为黄色时，表示部件在工作部件内；此图标为灰色且有实体边框时，表示部件是非工作部件；此图标为灰色且有虚边框时，表示部件被关闭。

：该图标为检查框。当检查框选中且为红色时，表示当前部件或装配为显示状态；当

检查框选中且为灰色时，表示当前部件或装配为隐藏状态；当检查框为空框时，表示当前部件或装配为关闭状态。

（3）装配导航器中的快捷菜单介绍

在【装配导航器】中的任意组件上单击鼠标右键，会弹出装配快捷菜单，如下图所示。该菜单中的命令讲解如下。

● 【设为工作部件】：将当前选中的部件设置为工作部件。执行该命令后，当前选中的部件显示为高亮状态，其他部件暗显示。

● 【关闭】：用于关闭组件使其数据不出现在装配中，以提高装配的效率。其中的命令有以下两个，如下图所示。

【部件（已修改）】：关闭选择的组件。

【重新打开部件】：重新打开部件。

● 【替换引用集】：用于替换当前的引用集。

● 【替换组件】：用新的组件替换当前组件。

● 【装配约束】：定义组件间的配对关系。

● 【移动】：用于打开【移动组件】对话框，重新定位选中的组件。

- 【抑制】：将当前选中组件的状态设置为不加载状态。
- 【属性】：用于定义当前组件的信息。

在【装配导航器】的空白位置上单击鼠标右键，打开装配导航快捷菜单，如下图所示。该菜单中的命令讲解如下。

- 【包含被抑制的组件】：用于设置在装配导航器中是否显示已经抑制的组件。
- 【WAVE模式】：将装配导航器中的显示模式设置为【WAVE】模式，系统允许产生自

上向下装配和在组件间建立链接关系。

- 【查找组件】：在装配导航器中查找组件，查找后的组件高亮显示。
- 【查找工作部件】：在装配导航器中查找工作组件的名称。
- 【全部折叠】：将装配导航器切换为一级显示状态。
- 【展开所有组件】：将装配导航器树全部展开。
- 【展开至选定的】：将装配导航器树展开至选定的组件。
- 【展开至可见的】：展开装配导航器树中的可见组件。
- 【展开至工作的】：展开装配导航器树中的工作组件。
- 【展开至加载的】：展开装配导航器树中加载的组件。
- 【全部打包】：将装配导航器树中所有的相同节点合成一个节点。
- 【全部解包】：将合成的节点全部展开，还原到原来的状态。
- 【导出至浏览器】：将装配导航器的内容输出到浏览器中。
- 【导出至电子表格】：将装配导航器的内容输出到电子表格中。
- 【更新结构...】：用于更新整个装配结构。
- 【列】：用于设置装配导航器树中需要显示的列。
- 【属性】：设置装配导航器的属性。

17.1.4 引用集

引用集是为了优化模型装配提出的概念，它包含组件中的几何对象，在装配时它代表相应的组件进行装配。它通常包含部件名称、原点、方向、几何体、坐标系、基准轴、基准面和属性等数据。引用集一旦产生就可以单独地装配到部件中，一个部件可以有多个引用集。

在装配中，各个部件包含草图、基准平面和其他的辅助图形数据，若这些数据都显示在装配中就很容易混淆图像，且增大系统的内存消耗，不利于装配工作的进行。引用集用于减少这些混淆，并加快运行的速度。

● 1. 功能常见调用方法

选择【菜单】▶【格式】▶【引用集】菜单命令即可，如下图所示。

● 2. 系统提示

系统会弹出【引用集】对话框，如下图所示。

● 3. 知识点扩展

下面对【引用集】中各相关内容进行讲解。

（1）默认引用集

在装配中，每个零部件有两个默认的引用集。

【整个部件】：该引用集表示引用部件的全部几何数据。添加部件到装配中时如果不选择其他的引用集，系统则默认使用该引用集。

【空】：该引用集表示不包含任何的几何对象。选择部件以该引用集的形式添加到装配中时，在装配中看不到该部件。在装配中若不需要显示部件几何对象，使用该引用集可以加快速度。

> **小提示**
>
> 默认引用集不可以被编辑。

（2）引用集操作

下面对【引用集】对话框中相关功能进行讲解。

● 【添加新的引用集】：该功能用于创建新的引用集，既可以在部件中，也可以在子装配中新建引用集。当在子装配中为某个部件建立引用集时，应使该部件成为工作部件。可以通过单击【创建】图标 激活该功能，然后在【引用集名称】文本框中输入创建的引用集名称，如下图所示。

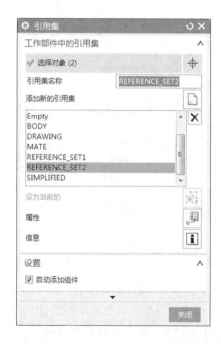

> **小提示**
>
> 引用集名称不可超过30个字符，且中间不可有空格。

● 【删除引用集】：该功能用于删除部件或子装配中已经存在的引用集。只需在【工作部件】列表框中选择需要删除的引用集，然后单击【移除】图标 X，即可将选中的引用集删除。

● 【设为当前的】：该功能用于将高亮显

示的引用集设置为当前引用集。

•【属性】：该功能用于编辑引用集的属性。在【工作部件】列表框中选择需要编辑属性的引用集，单击【属性】图标🖼，弹出【引用集属性】对话框后，在对话框中设置相应的属性，然后单击【确定】按钮，即可完成属性的编辑，如下图所示。

•【信息】：该功能用于查看引用集的信息。在【工作部件】列表框中选择需要查看信息的引用集，然后单击【信息】图标ⓘ，在弹出的【信息】窗口中会列出当前工作部件中所有引用集的名称。

•【自动添加组件】复选项：选中该复选项，当完成引用集名称设置后，系统会自动地将所有的对象作为所选的组件，否则用户可自主选择组件。

17.2 装配预设置

🕐 本节视频教程时间：3分钟

在进行装配之前设置一些参数，可以加快装配的速度。本节就来了解装配预设置参数。

⬤ 1. 功能常见调用方法

选择【菜单】▶【首选项】▶【装配】菜单命令即可，如下图所示。

⬤ 2. 系统提示

系统会弹出【装配首选项】对话框，如右图所示。

⬤ 3. 知识点扩展

下面对【装配首选项】对话框中各相关内

容进行讲解。

- 【显示为整个部件】复选项：用于设置是否显示整个部件。
- 【自动更改时警告】复选项：用于设置在组件自动改变时，系统是否会发出警告提示用户。
- 【检查较新的模板部件版本】复选项：用于设置系统是否自动检查模板部件中的组件是否为最新的组件。
- 【显示更新报告】复选项：用于设置是否显示组件的更新报告。
- 【选择组件成员】复选项：用于设置是否选择组件。即在选择属于某个子装配的组件

时，是否选择子装配的组件而不选择子装配。

- 【描述性部件名样式】下拉列表：用于设置显示部件名称的形式，如下图所示。

其中主要有以下几个选项。

【文件名】：用于设置文件名显示部件。

【描述】：以文件描述的形式显示部件。

【指定的属性】：以指定的属性来显示部件名称。

17.3 自下向上装配

本节视频教程时间：20 分钟

自下向上装配实际上就是真实装配的再现，先设计好装配中的部件，再将部件添加到装配中，这种装配方法应用得最广。

装配的关键是部件的定位，UG NX 12.0中组件的定位有两种方式，即绝对坐标定位方式和配对定位方式。采用这两种方式的操作过程基本一致，只是在指定部件添加信息时选择的定位方式不同。

17.3.1 按绝对坐标定位方式的装配

 1. 功能常见调用方法

选择【菜单】▶【装配】▶【组件】▶【添加组件】菜单命令即可，如下图所示。

 2. 系统提示

系统会弹出【添加组件】对话框，如右图所示。

3. 知识点扩展

下面对【添加组件】对话框中各相关内容进行讲解。

（1）选择部件文件

在对话框中有两种选择部件的方式，一种是从用户在硬盘中已存储的部件文件中选择，另一种是从【已加载的部件】列表框中显示的在当前工作环境中已存在的部件中选择。

（2）指定部件添加信息

如下图所示，直接在【已加载的部件】列表框中选择部件后，弹出组件预览窗口，窗口中为生成该部件的预览图。

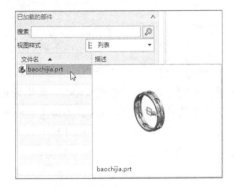

（3）确定组件在装配中的位置

指定组件的添加信息后，单击【位置】区域中【选择对象】选项中的 [图] 按钮，弹出【点】对话框。用点构造器指定的点就是组件在装配中的参考点，即参考位置，如下图所示。

【添加组件】对话框的【放置】区域包括如下图所示的两种定位方式。

① 【移动】：在定义了如何放置添加组件的方式后再放置它们。

② 【约束】：在定义了添加组件的装配约束后，将其与其他组件放在一起。

17.3.2 按约束条件的装配

约束条件是指组件的装配关系，用于确定组件在装配中的位置。装配中两个组件的位置关系分为关联和非关联。关联关系实现了装配的参数化，当一个部件的位置变化时，其关联部件的位置也将随着变化，进而始终保持相对位置不变。

1. 功能常见调用方法

选择【菜单】▶【装配】▶【组件位置】▶【装配约束】菜单命令即可，如右图所示。

● 2. 系统提示

系统会弹出【装配约束】对话框，如下图所示。

● 3. 知识点扩展

下面对【装配约束】对话框中各相关内容进行介绍。

（1）【约束类型】区域

该区域列出了可供选择的配对类型。

● 【接触对齐】 ""|：约束两个组件，使它们彼此接触或对齐。

● 【同心】 ◎：约束两个组件的圆形边或椭圆形边，以使中心重合，并使边的平面共面。

● 【距离】 |·|：该约束类型用于约束两个对象间的最小三维距离。选择该选项时，对话框中的【距离】选项会激活，提示设置距离。距离值可正可负，正负表示相关联对象在目标对象的哪一边。

● 【固定】 ⊥：将组件固定在其当前位置上。

● 【平行】 ∥：该约束类型用于约束两个对象的方向矢量平行。

● 【垂直】 ⊥：该约束类型用于约束两个对象的方向矢量互相垂直。

● 【对齐/锁定】 ⅈ：对齐不同组件中的两个轴，同时防止绕公共轴发生任何旋转。通常，当需要将螺栓完全约束在孔中时，这将作

为约束条件之一。

● 【胶合】 □□：将组件"焊接"在一起，使它们作为刚体移动。

● 【中心】 ⅈ∥ⅈ：该约束类型用于约束两个对象的中心对齐。选择该选项时，对话框中的中心对象选项会被激活，系统提供了以下3种方式供选择，如下图所示。

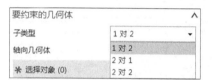

【1对2】：将相配组件上的一个对象的中心，定位到基础组件上两个对象的对称中心上。

【2对1】：将相配组件上的两个对象，定位到基础组件上一个对象上并与其对称。

【2对2】：将相配组件上的两个对象，定位到基础组件上两个对象上并与其对称。

● 【角度】 ⚊：该约束条件用于约束两个对象间的角度，使选取组件在正确的方位上。角度约束是在两个具有方向矢量的对象间进行的。

（2）【设置】区域

● 【布置】下拉列表：指定约束如何影响其他布置中的组件定位，如下图所示。

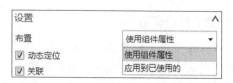

【使用组件属性】：指定【组件属性】对话框的【参数】选项卡上的布置设置将决定位置。布置设置可以是单独定位，也可以是位置

全部相同。

　　【应用到已使用的】：指定将约束应用于当前已使用的布置。

● 【动态定位】复选项：指定 NX 解算约束，并在创建约束时移动组件。

　　如果未选中【动态定位】复选项，则在用户单击【装配约束】对话框中的【确定】按钮或【应用】按钮之前，NX 不解算约束或移动对象。

● 【关联】复选项：指定在关闭【装配约束】对话框时，将约束添加到装配。在保存组件时将保存约束。

　　在清除【关联】复选项后所创建的约束是瞬态的。在单击【确定】按钮以退出对话框或单击【应用】按钮时，它们将被删除。

● 【移动曲线和管线布置对象】复选项：在约束中使用管线布置对象和相关曲线时移动它们。

17.3.3　移动组件

　　使用该功能可以在装配完成后对装配中的组件重新定位。

1. 功能常见调用方法

　　选择【菜单】➤【装配】➤【组件位置】➤【移动组件】菜单命令即可，如下图所示。

2. 系统提示

　　系统会弹出【移动组件】对话框，如下图所示。

3. 知识点扩展

　　下面对【移动组件】对话框中各相关内容进行介绍。

　　【移动组件】对话框中通过【变换】区域可以重新定位装配中的组件位置。

　　该区域中的【运动】下拉列表中提供了10种组件重定位操作方式。

● 【动态】方式：用于通过拖动、使用图形窗口中的屏显输入框或通过【点】对话框来重定位组件。

● 【点到点】方式：用于将选中的组件从一点移动到另一点。选择该方式会弹出【点】对话框，在视图中指定两个点，系统会根据指定点构成矢量和距离移动组件。

● 【根据约束】方式：用于通过创建移动组件的约束来移动组件。

● 【距离】方式：用于定义选定组件的移动距离。

● 【增量 XYZ】方式：允许用户根据 WCS 或绝对坐标系将组件移动指定的 XC、YC 和 ZC 的距离值，如下图所示。

变换		∧
运动	增量 XYZ	▼
参考	WCS - 显示部件	▼
XC	0.0	mm
YC	0.0	mm
ZC	0.0	mm

- 【角度】方式 ✗：用于沿着指定矢量按一定角度移动组件。选择该方式后系统提示设置旋转的中心点，然后提示设置旋转的矢量方向。在【角度】文本框中设置旋转的角度值即可完成定位，如下图所示。

- 【坐标系到坐标系】方式 ⚒：允许用户根据两个坐标系的关系移动组件。
- 【将轴与矢量对齐】方式 ⚲：可使用两个指定矢量和一个枢轴点来移动组件。
- 【根据三点旋转】方式 ⚲：该方式通过使用3个点（枢轴点、起点和终点）旋转组件。

- 【投影距离】方式 ⚲：用于将组件沿着矢量移动，或者将组件移动一段距离。该距离是投影到运动矢量上的两个对象或点之间的投影距离。

当运动设置为【投影距离】时，将显示以下选项，如下图所示。

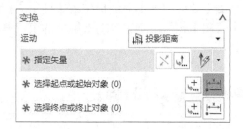

【指定矢量】：用于指定投影轴的矢量。
【选择起点或起始对象】：用于选择测量距离的起点。
【选择终点或终止对象】：用于选择测量距离的终点。

17.3.4 组件的编辑

装配中组件的编辑主要包括组件的抑制和释放、组件的替换及组件的删除等操作。

1.组件的抑制

（1）功能常见调用方法

选择【菜单】▶【装配】▶【组件】▶【抑制组件】菜单命令即可，如下图所示。

（2）系统提示

系统会弹出【类选择】对话框，如右图所示。

（3）知识点扩展

抑制组件用于在当前显示中移去组件，使其不进行装配操作。抑制并不是删除，抑制后的组件数据仍然保存在装配中，用户可以通过释放操作来解除组件的抑制状态。

系统弹出【类选择】对话框后，用户可以根据提示选择需要抑制的组件，选择组件后即可完成操作。组件被抑制后，系统则将选择的组件在装配图中隐藏起来。

组件一旦被抑制后，它既不会在装配工程图中显示，也不会在爆炸视图中显示，在装配导航器中也看不到。对被抑制的组件不能进行干涉检查和间隙分析，不能进行质量分析和重量计算，也不能在装配报告中查看相关的信息。

◆ 2.组件的释放

（1）功能常见调用方法

选择【菜单】➤【装配】➤【组件】➤【取消抑制组件】菜单命令即可，如下图所示。

（2）系统提示

系统会弹出【选择抑制的组件】对话框，如下图所示。

（3）知识点扩展

在列表框中选择需要释放的组件，然后单击【确定】按钮即可对选择的组件取消抑制，这时组件会在绘图工作区中显示出来。

◆ 3. 替换组件

（1）功能常见调用方法

选择【菜单】➤【装配】➤【组件】➤【替换组件】菜单命令即可，如下图所示。

（2）系统提示

系统会弹出【替换组件】对话框，如下图所示。

（3）知识点扩展

根据提示在绘图区域内选择要替换的组件，然后根据对话框中的内容选择合适的选项，随后用添加部件的方法重新载入一个新的部件，即可替换选中的组件。

◆ 4. 删除组件

（1）功能常见调用方法

选择【菜单】➤【编辑】➤【删除】菜单命令即可，如下图所示。

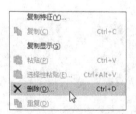

（2）系统提示

系统会弹出【类选择】对话框，如下图所示。

（3）知识点扩展

根据提示在绘图区域内选择需要删除的组件，然后单击【确定】按钮，打开【删除】对话框。在【删除】对话框中单击【确定】按钮即可删除组件，单击【取消】按钮则取消操作，如右图所示。

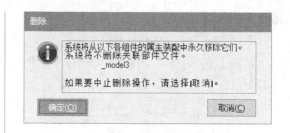

17.4 自上向下装配

 本节视频教程时间：15分钟

自上向下装配更便于设计人员在设计时采用。如果已经设计了产品的主要模块，可以在主要模块的基础上设计其他的模块。

自上向下装配的方法有两种，下面分别进行讲解。

17.4.1 装配方法1

第一种方法是在装配中先建立一个几何模型，然后创建一个新组件，同时将几何模型链接到新组件上。

● 1. 实战演练——装配方法1

对装配方法1进行讲解，具体操作步骤如下。

步骤 01 打开随书资源中的"素材\CH17\1.prt"文件，如下图所示。

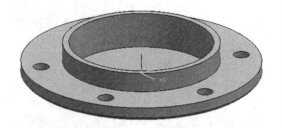

步骤 02 选择【菜单】▶【装配】▶【组件】▶【新建组件】菜单命令，系统会弹出【新组件文件】对话框，通过该对话框可以选择模板、命名及保存，如下图所示。

步骤 03 单击【确定】按钮，打开【新建组件】对话框，如下图所示。

步骤 04 根据提示，在绘图区域内选择如下图所示的实体以指定要复制到新组件的部件。

选择该实体

步骤 05 在【新建组件】对话框中设置如下图所示的参数，单击【确定】按钮，即可在装配中创建一个包含所选几何实体的新组件。

2. 知识点扩展

步骤 05 中【新建组件】对话框中各选项含义如下。

- 【添加定义对象】复选项：从装配中复制所选的几何实体到新组件。
- 【组件名】文本框：用于设置组件的名称。
- 【引用集名称】文本框：用于输入引用集的名称。
- 【图层选项】下拉列表：用于设置组件在装配中的目标层，其中包括以下3个选项。

  【工作的】：将部件放置在装配的当前工作图层。

  【原始的】：将部件放置在原来的图层位置。

  【按指定的】：将部件放置在用户指定的图层位置。选择该选项，其下方的【图层】文本框会被激活，用于指定图层。

- 【图层】文本框：指定组件所在图层。
- 【组件原点】下拉列表：在该下拉列表可以选择是采用【绝对坐标系】还是【WCS】（工作坐标系）创建新组件零件位置。
- 【删除原对象】复选项：从装配中删除所选的几何对象。

17.4.2 装配方法2

第二种方法是先建立一个空的组件，并使其成为工作部件，然后在其中建立几何模型。

1. 实战演练——装配方法2

对装配方法2进行讲解，具体操作步骤如下。

步骤 01 选择【菜单】▶【文件】▶【新建】菜单命令，系统弹出【新建】对话框后，进行如右图所示的设置，并单击【确定】按钮。

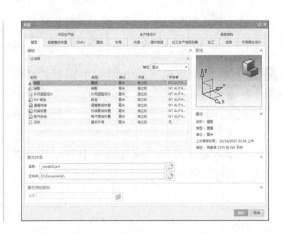

步骤02 系统进入当前新建的模型文件，选择【菜单】▶【装配】▶【组件】▶【新建组件】菜单命令，系统弹出【新组件文件】对话框后，通过该对话框选择模板、命名及保存，如下图所示。

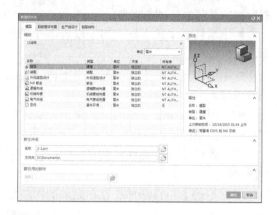

步骤03 单击【确定】按钮，系统弹出【新建组件】对话框后，进行如下图所示的参数设置，并单击【确定】按钮，即可在装配中创建一个新组件。

小提示

由于新组件不包含几何对象，因此装配图无变化。

步骤04 选择【菜单】▶【装配】▶【关联控制】▶【设置工作部件】菜单命令，系统弹出【设置工作部件】对话框后，在【选择已加载的部件】列表框中选择创建的新组件名称，然后单击【确定】按钮，即可将选中的组件设置为工作组件，如下图所示。

小提示

为了在新组件中创建几何对象，需要将其设置为工作部件。

步骤05 直接利用【圆柱】命令创建【直径】和【高度】分别为"80"和"140"的圆柱体模型，此时该圆柱体模型就是在刚建立的组件中的工作部件了，如下图所示。

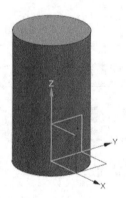

2. 知识点扩展

创建几何模型的方法在这里有两种，一种是直接建模，即在建模环境中建立模型，这里不做介绍了；另一种是通过【WAVE几何链接器】建模。

用直接建模方式创建的几何模型和其他的对象没有配对关系，而通过【WAVE几何链接器】建模方式创建的几何模型和其他的对象则有配对关系。

选择【菜单】▶【插入】▶【关联复制】▶【WAVE几何链接器】菜单命令，打开【WAVE几何链接器】对话框，如下图所示。

【WAVE几何链接器】对话框中【类型】区域的各相关选项含义如下。

- 【复合曲线】：该选项用于将曲线链接到工作部件中。选中此选项后，对话框中的各项如上图所示。直接在绘图工作区中选择曲线或边缘，然后单击【确定】按钮，即可将对象链接到工作部件中。

此时【设置】区域中各选项含义如下。

【关联】复选项：选中该复选项，建立的链接特征与对象关联。

【隐藏原先的】复选项：选中该复选项，产生链接特征后隐藏原来的对象。

【固定于当前时间戳记】复选项：选中该复选项，所选的链接在后面产生的特征将不出现在链接所建立的特征上。

- 【点】：该选项用于将点链接到工作部件中，如下图所示。

- 【基准】：该选项用于将基准平面或基准轴链接到工作部件中。选中此选项后，【WAVE几何链接器】对话框中显示了系统提供的4个【基准类型】选项。直接在绘图工作区中选择基准平面或基准轴，然后单击【确定】按钮，即可将对象链接到工作部件中，如下图所示。

- 【面】：该选项用于将选中的面链接到工作部件中。选中此选项后，【WAVE几何链接器】对话框中的各项如下图所示。【面选项】下拉列表中包括【单个面】、【面与相邻面】、【体的面】和【面链】等选项。【不带孔抽取】复选项用于将选中面上的孔删除。在对话框中设置选项后，在绘图工作区中选择平面，然后单击【确定】按钮，即可将对象链接到工作部件中。

- 【面区域】：该选项用于将选中的区域链接到工作部件中。选中此选项后，先在绘图工作区内选择面作为种子面，然后在绘图工作区内选择面作为边界面，然后单击【确定】按

钮,即可将选中的区域链接到工作部件中,如下图所示。

● 【体】:该选项用于将选中的实体链接到工作部件中。选中此选项后,直接在绘图工作区中选择实体,然后单击【确定】按钮,即可将对象链接到工作部件中,如下图所示。

● 【镜像体】:该选项用于将建立的镜像体链接到工作部件中。选中此选项后,先在绘图工作区中选择实体,然后在绘图工作区中选择镜像平面,最后单击【确定】按钮,即可将选中的区域链接到工作部件中,如下图所示。

● 【管线布置对象】:该选项用于将管线对象链接到工作部件中。选中此选项后,直接在绘图工作区中选择管线对象,然后单击【确定】按钮,即可将对象链接到工作部件中,如下图所示。

17.5 装配爆炸图

🔊 本节视频教程时间: 13分钟

爆炸图（英文名称为Exploded Views），是指产品的立体装配示意图，或者是产品的拆分图，是三维CAD、CAM软件中的一项重要功能。在UG NX 12.0中，爆炸图功能只是装配功能模块中的一项子功能。

在爆炸图中可以方便地观察装配中的零件数量及相互之间的装配关系，它是装配模型中的各个组件按照装配关系沿指定的方向偏离原来位置的拆分图。这些组件仅在爆炸图中重定位，它们在真实装配中的位置不受影响，且在一个模型中可以存在多个爆炸图。

17.5.1 爆炸图的创建

通过爆炸图建立功能可以创建一个新的爆炸图。

● 1. 功能常见调用方法

选择【菜单】▶【装配】▶【爆炸图】▶【新建爆炸】菜单命令即可，如下图所示。

● 3. 知识点扩展

创建爆炸视图实际上只是将当前视图创建为一个爆炸视图，装配中各个组件的位置并没有什么变化，用户还需要利用UG NX 12.0中的自动爆炸功能实现组件的爆炸。

● 2. 系统提示

系统会弹出【新建爆炸】对话框，如右图所示。

17.5.2 自动爆炸图

该功能可以将前面新建的爆炸视图通过【自动爆炸组件】功能生成爆炸图。

● 1. 功能常见调用方法

选择【菜单】▶【装配】▶【爆炸图】▶【自动爆炸组件】菜单命令即可，如右图所示。

2. 系统提示

系统会弹出【类选择】对话框，根据提示选择进行爆炸的组件后，弹出【自动爆炸组件】对话框，如下图所示。

3. 知识点扩展

【距离】文本框用来设置组件爆炸时移动的距离，其值可正可负。

自动爆炸只对具有关联条件的组件有效。

17.5.3 编辑爆炸图

采用自动爆炸后往往效果不尽如人意，因此需要对爆炸图进行调整和编辑。

1. 功能常见调用方法

选择【菜单】▶【装配】▶【爆炸图】▶【编辑爆炸】菜单命令即可，如下图所示。

2. 系统提示

系统会弹出【编辑爆炸】对话框，如下图所示。

3. 知识点扩展

【编辑爆炸】对话框中各相关选项含义如下。

● 【选择对象】单选项：该单选项让选取进行编辑操作的组件。

● 【移动对象】单选项：选中该单选项，可以对选择的对象使用鼠标在绘图工作区中拖动。

● 【只移动手柄】单选项：选中该单选项，只能移动对象的手柄，而不能移动对象。

选中【只移动手柄】单选项，绘图工作区的移动手柄会激活。在移动手柄上选择平移时，对话框中的可变显示区会自动切换。可以在【距离】文本框中输入移动的距离，也可以直接利用移动手柄移动，如下图所示。

小提示

移动手柄上的圆球表示选择，箭头表示按指定坐标轴的方向移动。

17.5.4 操作爆炸图

系统中还为用户提供了操作爆炸图功能，用户通过这些功能可以对爆炸图进行一些常用的修改。常见的操作讲解如下。

1.复位组件

（1）功能常见调用方法

选择【菜单】▶【装配】▶【爆炸图】▶【取消爆炸组件】菜单命令即可，如下图所示。

（2）系统提示

系统会弹出【类选择】对话框，如下图所示。选择进行操作的组件后单击【确定】按钮，即可将选中的组件复位。

（3）知识点扩展

该功能用于将爆炸了的组件复位到原来的状态。

2.删除爆炸图

（1）功能常见调用方法

选择【菜单】▶【装配】▶【爆炸图】▶【删除爆炸】菜单命令即可，如下图所示。

（2）系统提示

系统会弹出【爆炸图】对话框，如下图所示。

（3）知识点扩展

在列表框中列出了已经存在的爆炸图名称，用户可以在列表框中选中要删除的爆炸图名称，然后单击【确定】按钮，即可将选中的爆炸图删除。

正在绘图工作区显示的爆炸图不能被删除，需先将其复位后才能删除。

3.显示爆炸图

（1）功能常见调用方法

选择【菜单】▶【装配】▶【爆炸图】▶【显示爆炸】菜单命令即可，如下图所示。

（2）系统提示

系统会弹出【爆炸图】对话框，如下图所示。

（3）知识点扩展

该功能用于将建立的爆炸图显示到绘图工作区。在列表框中列出了已经存在的爆炸图名称，用户在列表框中选中要显示的爆炸图名称，然后单击【确定】按钮，即可将选中的爆炸图显示在绘图工作区中。

当环境中只有一个爆炸图时，系统不显示该对话框，而是直接将该爆炸图显示在绘图工作区中。

● 4. 隐藏爆炸图

（1）功能常见调用方法

选择【菜单】▶【装配】▶【爆炸图】▶【隐藏爆炸】菜单命令即可，如下图所示。

（2）知识点扩展

该功能用于将显示的爆炸图隐藏起来。选择【隐藏爆炸】命令后，即可将选中的爆炸图隐藏起来，并恢复到原来的状态。

● 5. 隐藏组件

（1）功能常见调用方法

选择【菜单】▶【装配】▶【关联控制】▶【隐藏视图中的组件】菜单命令即可，如下图所示。

（2）系统提示

系统会弹出【隐藏视图中的组件】对话框，如下图所示。

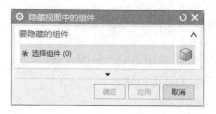

（3）知识点扩展

该功能用于将爆炸图中显示的某个组件隐藏起来。系统弹出【隐藏视图中的组件】对话框后，选择要进行操作的组件后单击【确定】按钮，即可将选中的组件在爆炸图中隐藏起来。

● 6. 显示组件

（1）功能常见调用方法

选择【菜单】▶【装配】▶【关联控制】▶【显示视图中的组件】菜单命令即可，如下图所示。

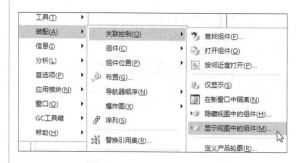

（2）系统提示

系统会弹出【显示视图中的组件】对话框，如下图所示。

（3）知识点扩展

该功能用于将爆炸图中隐藏的某个组件恢复显示。在列表框中选中要显示的组件名称，然后单击【确定】按钮，即可将选中的组件在绘图工作区中重新显示。

17.6 综合应用——轴承的装配

本节视频教程时间：5分钟

本节对轴承进行装配，装配操作前需要创建一个新的模型文件。

第1步：新建装配文件

步骤01 选择【菜单】▶【文件】▶【新建】菜单命令，系统弹出【新建】对话框后，进行如下图所示的设置，并单击【确定】按钮。

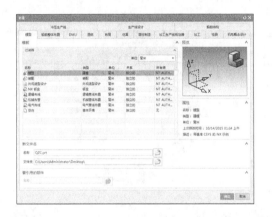

步骤02 进入当前新建的模型文件，选择【菜单】▶【装配】▶【组件】▶【添加组件】菜单命令，打开【添加组件】对话框，如下图所示。

步骤03 单击【添加组件】对话框中的【打开】按钮，弹出【部件名】对话框后，从中选择已经创建好的"neiquan.prt"，添加到当前装配

模块中（坐标：x＝0，y＝0，z＝0），并作为固定零部件，如下图所示。

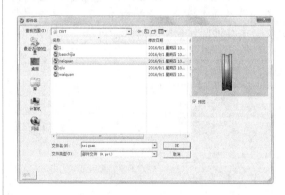

步骤04 单击【OK】按钮，返回【添加组件】对话框，如下图所示。单击【应用】按钮，完成部件的加载。

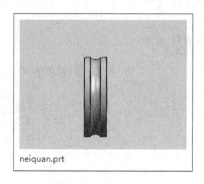

neiquan.prt

步骤 05 重复 **步骤 03** 的操作，加载"baochijia.prt"部件，返回【添加组件】对话框后，将【约束类型】设置为【距离】 ╟·╢，然后在绘图区域中分别选择如下图所示部件的表面。

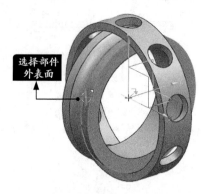

选择部件外表面

选择部件外表面

步骤 06 将距离设置为"6"，然后在【添加组件】对话框中单击【确定】按钮，完成内圈和保持架的配对，结果如下图所示。

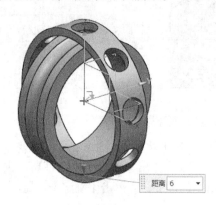

距离 6

● 第2步：移动组件

步骤 01 选择【菜单】➤【装配】➤【组件位置】➤【移动组件】菜单命令，系统弹出【移动组件】对话框后，根据提示在绘图区域内选择需要重新定位的保持架部件，如下图所示。

选择此部件

步骤 02 在【移动组件】对话框中选择【角度】变换方式，然后单击【指定矢量】图标，选择zc轴，并在【角度】文本框中输入旋转角度"90"，如下图所示。

步骤 03 在【移动组件】对话框中单击【确定】按钮，完成部件的重定位，如下图所示。

步骤 04 重复相关的操作，完成滚动体（qiu. prt）与保持架（baochijia.prt）的对齐配对，如下图所示。

步骤 05 重复上述操作，完成内圈（neiquan. prt）与外圈（waiquan.prt）的对齐配对，如下图所示。

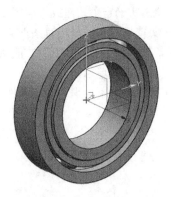

步骤 06 至此完成了深沟球轴承的装配，结果如下图所示，通过旋转视图来观察装配好的轴承。

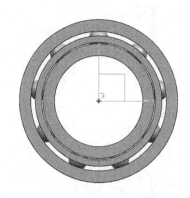

疑难解答

● 本节视频教程时间：3分钟

● 如何转换配对条件

可以使用转换配对条件选项将现有配对条件转换为装配约束。现有配对条件是使用UG NX 6之前版本中的【配对条件】对话框创建的。转换过程是单向的，即用户不能将装配约束转换为配对条件和约束。

小提示

创建或编辑组件阵列时需要使用组件–组件配对约束和组件–数据配对约束，因此无法转换这两种约束。这些配对约束将继续同转换的装配约束一起求解。

　　尽管现有配对条件在UG NX中受支持并在组件更改时会继续更新，但让装配使用UG NX 7.5及更高发行版中的配对条件仍存在缺陷。一些主要缺陷如下。

　　（1）使用【装配约束】对话框或【移动组件】对话框拖动组件时，UG NX无法动态更新配对条件。单击【确定】按钮或【应用】按钮后配对条件会更新，但在拖动期间不会更新。

　　（2）只能通过编辑与配对条件关联的距离或角度表达式来编辑配对条件。否则，只有将装配中的配对条件转换为装配约束后才能做更改。

　　（3）无法删除单独的配对条件。

　　（4）装配序列不会识别配对条件。受配对条件约束的组件在序列中自由移动。

第 **18** 章

运动仿真

学习目标

　　本章主要讲解UG/CAE（Computer Aided Engineering）模块中运动仿真的功能。运动分析模块（Scenario for Motion）是UG/CAE模块中的主要部分，用于建立运动机构模型，并分析其运动规律。

学习效果

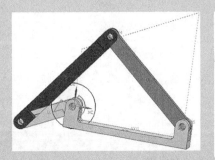 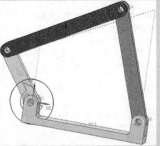 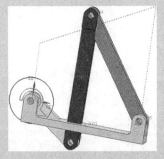

18.1 运动仿真概述

🌐 **本节视频教程时间：3 分钟**

运动仿真是UG/CAE模块中的主要部分，它能对任何二维或三维机构进行复杂的运动学分析、动力分析和设计仿真。

利用UG/Modeling的功能创建一个三维实体模型，利用UG/Motion（运动仿真）的功能给三维实体模型的各个部件赋予一定的运动学特性，再在各个部件之间设立一定的连接关系，即可创建一个运动仿真模型。UG/Motion的功能可以对运动机构进行大量的装配分析工作、运动合理性分析工作，诸如干涉检查、轨迹包络等，从而提供大量运动机构的运动参数。通过对这个运动仿真模型进行运动学或动力学运动分析，用户就可以验证该运动机构设计的合理性，并且可以利用图形输出各个部件的位移、坐标、速度、加速度和力的变化情况，对运动机构进行优化。

运动仿真功能的实现步骤如下。

（1）创建一个运动分析场景。

（2）进行运动模型的构建，包括设置每个零件的连杆特性，设置两个连杆间的运动副和添加机构载荷。

（3）进行运动参数的设置，提交运动仿真模型数据，同时进行运动仿真动画的输出和运动过程的控制。

（4）运动分析结果的数据输出和表格、变化曲线输出，人为地进行机构运动特性的分析。

18.1.1 运动仿真界面的调用

扫掠曲面通过将曲线轮廓沿一条、两条或三条引导线串且穿过空间中的一条路径进行扫掠来创建曲面。当引导线串由脊线或一个螺旋组成时，推荐用户通过扫掠来创建一个特征。

● 1. 功能常见调用方法

在进行运动仿真之前，先要打开UG/Motion的主界面。选择【菜单】➤【应用模块】➤【仿真】➤【运动】菜单命令即可，如下图所示。

● 2. 系统提示

系统会进入运动仿真界面，同时弹出运动仿真的工具选项卡，如下图所示。

18.1.2 运动仿真工作界面介绍

单击Application/Motion后UG NX 12.0界面将做一定的变化，系统将会自动地打开UG/Motion的主界面。该界面分为运动仿真工具选项卡部分、【运动导航器】窗口和绘图区三个部分，如下图所示。

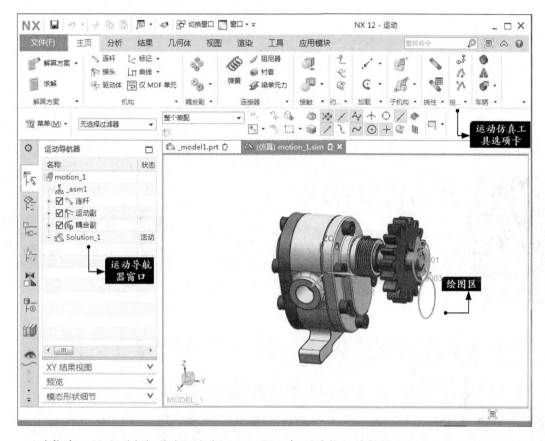

运动仿真工具选项卡部分主要包括UG/Motion各项功能的快捷按钮。运动仿真工具栏区又分为连杆特性和运动副模块、载荷模块、运动分析模块及运动模型管理模块等几个主要模块，如下图所示。

【运动导航器】窗口显示了文件名称，运动场景的名称、类型、状态、环境参数的设置及运动模型参数的设置，如下图所示。运动场景是UG NX 12.0运动仿真的框架和入口，它是整个运动模型的载体，存储了运动模型的所有信息。同一个三维实体模型通过设置不同的运动场景可以创建不同的运动模型，从而实现不同的运动过程，得到不同的运动参数。

18.2 运动模型管理

本节视频教程时间：9 分钟

打开UG/Motion的主界面后，可以通过【运动导航器】窗口和运动仿真工具选项卡对运动模型进行管理。

18.2.1 【运动导航器】窗口

本小节对运动场景的创建、编辑及运动场景参数的设置和信息输出分别进行讲解。

1. 运动场景的创建

在进行运动仿真之前必须创建一个运动模型，而运动模型的数据都存储在运动场景中，所以运动场景的创建是整个运动仿真过程的入口。

利用UG/Modeling的功能创建了一个三维实体模型时必须将该模型设置为一个运动可控模型（Master Model）。完成几何模型的创建后，选择【应用模块】选项卡➤【仿真】组➤【运动】按钮，弹出【运动导航器】窗口，该模型将自动地显示在运动【导航器】窗口中，选中该模型并单击鼠标右键，将弹出一个快捷菜单，如右图所示。

如果在进入运动仿真界面后，【运动导航器】窗口没有相应地打开，用户可以在运动模型工具栏中单击【运动导航器】按钮 ，系统将会自动打开【运动导航器】窗口。

在模型的右键快捷菜单中选择【新建仿真】命令，打开【新建仿真】对话框，如下面上图所示。单击【确定】按钮，系统弹出【环境】对话框后，保持默认选项，如下面下图所示。单击【确定】按钮，将创建一个新的运动场景，默认名称为motion_1、类型为Motion、运动仿真环境为动力学仿真。该信息将显示在【运动导航器】窗口中，并且各运动仿真工具栏项将变为可操作的状态。

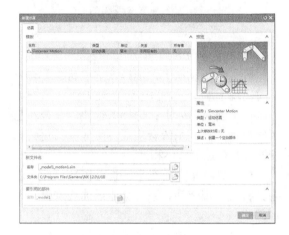

运动场景创建后便可以对三维实体模型设置各种运动参数了。在该场景中设立的所有运动参数都将存储在该运动场景中，由这些运动参数所构建的运动模型也将以该运动场景为载体进行运动仿真。重复该操作可以在同一个运动可控模型下设立各种不同的运动场景。不同的运动场景可包含不同的运动参数，实现不同的运动。

● 2. 运动场景参数的设置和信息的输出

（1）运动场景参数的设置

选择某一运动场景，单击鼠标右键，打开快捷菜单，选择【环境】命令，将弹出【环境】对话框，如下图所示。

该对话框中的各个选项如下。

- 【运动学】单选项。
- 【动力学】单选项。

用户通过不同的选择可以将运动仿真环境设置为运动学仿真或动力学仿真。

（2）运动场景信息的输出

选中某一运动场景，单击鼠标右键，打开快捷菜单，选择【信息】▶【运动连接】命令，如下图所示。

弹出的运动模型参数设置对话框如下图所示。

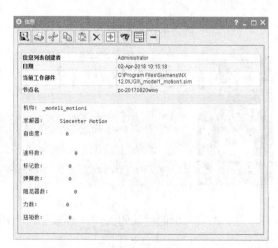

18.2.2 干涉

该功能可用于检查机构的动态干涉。

1. 功能常见调用方法

选择【菜单】▶【工具】▶【封装】▶【干涉】菜单命令即可，如下图所示。

2. 系统提示

系统会弹出【干涉】对话框，如下图所示。

3. 知识点扩展

【干涉】对话框中各相关选项含义如下。

【类型】区域中包含【高亮显示】、【创建实体】、【显示相交曲线】3个选项，如下图所示。

● 【高亮显示】：选择该选项后，若在分析时出现干涉，干涉物体会变亮显示。

● 【创建实体】：选择该选项后，若在分析时出现干涉，系统会生成一个非参数化的相交实体来描述干涉体积。

● 【显示相交曲线】：选择该选项后，若在分析时出现干涉，系统会生成曲线来显示干涉部分。

【设置】区域的【模式】下拉列表中包含【精确实体】和【小平面】两个选项，如下图所示。

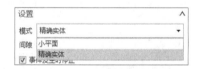

● 【精确实体】：选择该选项后，系统将以精确的实体为干涉对象进行干涉分析。

● 【小平面】：选择该选项后，系统将以小平面为干涉对象进行干涉分析。

【间隙】文本框：该文本框中输入的数值是定义分析时的安全参数。

18.3 连杆及材料

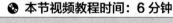

● 本节视频教程时间：6分钟

利用UG/Modeling的功能创建一个三维实体模型后，并不能直接将各个部件按一定的连接关系连接起来，必须给各个部件赋予一定的运动学特性，即让其成为一个可以与别的有着相同特性的部件之间相连接的连杆构件（Link）。

为了组成一个能运动的机构，必须把两个相邻构件（包括机架、原动件、从动件）以一定方式连接起来。这种连接必须是可动连接，而不能是无相对运动的固接（如焊接或铆接）。凡是使两个构件接触而又保持某些相对运动的可动连接，即称为运动副（Joint）。在UG/Motion中两个部件被赋予连杆特性后，就可以用运动副相连接，组成运动机构。

18.3.1 创建连杆

● 1. 功能常见调用方法

选择【菜单】➤【插入】➤【连杆】菜单命令即可，如下图所示。

● 2. 系统提示

系统会弹出【连杆】对话框，如下图所示。

● 3. 知识点扩展

【连杆】对话框中各相关选项含义如下。

（1）【连杆对象】区域

该选项用于选择连杆特性的几何模型。激活【选择对象】按钮后，在图形窗口中选择将要赋予连杆特性的几何模型。

（2）【质量属性选项】区域

该选项用于设置连杆的质量属性创建的方式。创建的方式包括【自动】、【用户定义】

和【无】3个选项。

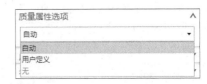

① 【自动】：由系统自动生成连杆的质量属性。

② 【用户定义】：由用户定义质量属性。选择该选项后，下方的【质量与力矩】选项将被自动激活。

（3）【质量与力矩】区域

在【质量属性选项】中选择【用户定义】选项后，【质量与力矩】选项将被激活，激活后的选项如下图所示。

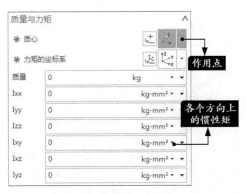

（4）【初始平移速度】区域

该选项用于设置连杆的初始平移速度。选择该选项后，勾选【启用】复选项就可以设置连杆的初始平移速度，如下图所示。

（5）【初始旋转速度】区域

该选项用于设置连杆的初始旋转速度。选择该选项后，勾选【启用】复选项就可以设置连杆的初始旋转速度，如下图所示。

（6）【设置】区域

勾选如下图所示的【无运动副固定连杆】复选项可以将设置的连杆进行固定。

（7）【名称】区域

该选项用于设置连杆的名称，如下图所示。

设置完这些连杆特性参数后，该部件就具有了一定的运动学特性，可以与别的连杆以一定的连接方式相连接，构成运动机构。同时也可以对运动模型进行简化。将连杆的质量属性设置为默认值"0"，单击【确定】按钮后，该部件也将成为连杆。

18.3.2　连杆参数的编辑

当连杆特性参数设置有误时，就必须对各项参数进行修改。在UG/Motion中该项功能是通过运动仿真工具栏区中运动模型管理模块的运动模型部件编辑功能来实现的。

● 1. 功能常见调用方法

选择【运动导航器】窗口中的【连杆】，单击鼠标右键，在弹出的快捷菜单中选择【编辑】命令即可，如下图所示。

● 2. 系统提示

系统会弹出【连杆】对话框，如右图所示。

● 3. 知识点扩展

【连杆】对话框中各项参数的编辑与连杆创建时的参数设置操作完全相同。

用户也可以执行右键菜单中的其他命令对连杆进行相应的编辑操作。

18.4 运动副

☕ 本节视频教程时间：16分钟

运动副基本分为两类——滑动副和转动副。这两类可以是独立的，可以施加驱动。其他几类运动副包括线缆副、螺钉副、齿轮齿条副、齿轮副万向节等，这些运动副不可以独立存在，必须依赖于现有的滑动副与转动副，让它们之间创建一种关系。还有一类运动副也是独立的，但是不能施加驱动。这部分主要讲解滑动副与滑动副之间创建的线缆副关系。

18.4.1 运动副的类型

UG/Motion给用户提供了多种运动副的类型。

1. 功能常见调用方法

选择【菜单】➤【插入】➤【接头】菜单命令即可，如下图所示。

2. 系统提示

系统会弹出【运动副】对话框，如下图所示。

3. 知识点扩展

下面对几种主要使用的运动副类型进行介绍。

（1）【旋转副】

【旋转副】连接可以实现两个相连件绕同一轴做相对的转动，如下图所示。

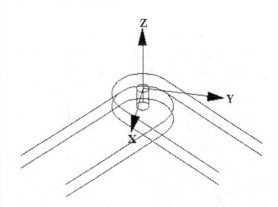

它的两种形式：一种是两个连杆绕同一轴做相对的转动，另一种是一个连杆绕固定在机架上的一根轴进行旋转。两种形式如下图所示。

两个连杆绕同
一轴相对旋转

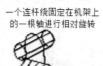

一个连杆绕固定在机架上
的一根轴进行相对旋转

（2）【滑块】

【滑块】连接是两个相连件互相接触并保持着相对的滑动，如下图所示。

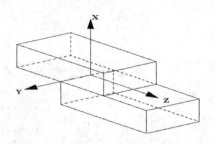

实现一个部件与另一部件的直线相对运动的形式有两种。一种是滑块为一个自由滑块，在另一部件上产生相对滑动；另一种为滑块连接在机架上，在静止表面上滑动。两种形式如下图所示。

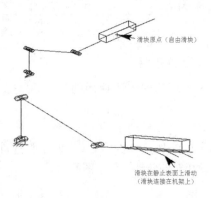

（3）【柱面副】

【柱面副】连接实现了一个部件绕另一个部件（或机架）的相对转动，如下图所示。

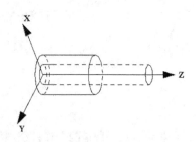

【柱面副】连接也有两种形式。一种是两个部件相连，另一种是一个部件连接在机架上，如下图所示。

（4）【螺旋副】

【螺旋副】连接实现了一个部件绕另一个部件（或机架）做相对螺旋运动，如下图所示。

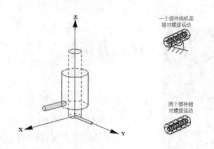

（5）【万向节】

【万向节】让两个部件之间可以绕互相垂直的两根轴做相对的转动，它必须是两个连杆相连的形式，如下图所示。

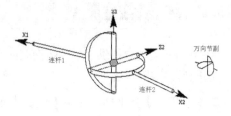

（6）【球面副】

【球面副】连接实现了一个部件绕另一个部件（或机架）做相对的各个自由度的运动，必须是两个连杆相连的形式，如下图所示。

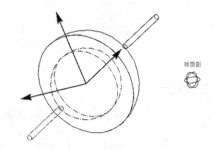

（7）【平面副】

【平面副】可以让两个部件之间以平面相接触，互相约束，如下图所示。

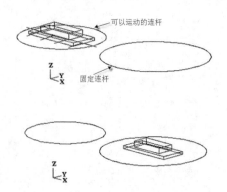

18.4.2 运动副的创建

UG/Motion 中各种运动副的创建方法都是类似的，下面以旋转副为例介绍运动副创建的整个过程。

在创建一个运动场景和设置连杆特性后，可以开始进行运动副创建的操作。选择【菜单】▶【插入】▶【接头】菜单命令，系统打开【运动副】对话框，如下图所示。

● 1.【定义】选项卡

当用户选择不同的连接类型后，该对话框会发生变化。在该对话框中选择连接类型为【旋转副】，对话框中将会显示创建【旋转副】的各个选项，这些选项功能的说明如下。

（1）【操作】区域

该选项给用户提供了创建一个运动副的操作步骤。该选项共包含4个步骤，其中可根据用户的要求省去几项。各个步骤可以引导用户完成运动副参数的设置。各个步骤说明如下。

① 【选择连杆】：该步骤要求用户选择将要进行连接的第一个连杆。

② 【方位类型】：在图形窗口中选择将要进行连接的第一个连杆后，图标将会被自动激活。同时【指定矢量】选项被激活后，系统在该对话框中将自动显示点创建的方式，如右图所示。

在该步骤中要求用户设置运动副在第一个连杆上的位置和方向。运动副的位置是指两个连杆连接或连杆与机架连接时关节点的所在。连杆将在此点与机架或连杆相连接。而不同的运动副其方向的定义是不同的。转动副的方向指的是连杆转动的旋转轴方向，而移动副的方向指的是连杆平移的方向。

用户可以选择一定的点创建方式，并在第一个连杆上创建选择一点作为运动副在第一个连杆上的位置。同时，用户可以选择【方位类型】中的【坐标系】选项，然后单击下面的【坐标系】按钮，打开一个【坐标系】创建对话框，如下图所示。在该对话框中用户可以以一定的方式创建一个坐标系。该坐标系的*ZC*方向即为运动副在第一个连杆上的方向。

（2）【底数】区域

当【啮合连杆】复选项被选中时，如下图所示。在设置完运动副在第一个连杆上的相关参数后，【基座】选项将会被自动激活。此时要求用户在图形窗口中选择与第一个连杆以合页运动副连接的第二个连杆。

在图形窗口中选择将要进行连接的第二个连杆后，第四步图标将会被自动激活，同时【指定矢量】选项也会被激活。系统在该对话框中自动显示点创建的方式。与运动副在第一个连杆上参数的设置方法类似，用户可以完成运动副在第二个连杆上参数的设置。

（3）【设置】区域

①【显示比例】文本框：用于设置运动副在图形窗口中象征符号显示的大小。设置合适的显示比例可以使用户更好地查看两个零件之间的连接关系。

②【名称】文本框：用于设置运动副的名称。用户可以直接在文本框中输入将要创建的运动副的名称，默认值为J001、J002、……

设置完这些参数后，在【运动副】对话框中单击【确定】按钮，就可以将连杆按一定的连接方式连接起来。

● 2.【驱动】选项卡

运动副的驱动力是给运动副设置的初始外在驱动，是该连杆运动的原动力。切换到【驱动】选项卡后，在【旋转】下拉列表中列出了UG/Motion给用户提供的多种驱动力类型，如下图所示。

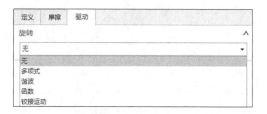

选择不同的驱动力类型，对话框中将显示不同的驱动力设置选项。下拉列表中的相关选项说明如下。

①【无】：选择该选项后，运动副将没有原始的驱动力，其将在其他零件的作用力下进行运动。

②【多项式】：该选项用于给运动副添加一个不变的原始驱动力。选择该选项后，对话框中将会显示设置不变的原始驱动力的各个选项，如下图所示。

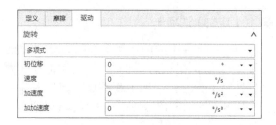

③【谐波】：该选项用于给运动副添加一个谐振变化的原始驱动力。选择该选项后，对话框中将会显示设置不变的原始驱动力的各个选项，如下图所示。

④【函数】：该选项用于给运动副添加一个一般的函数驱动力。选择该选项后，对话

框中将会显示设置不变的原始驱动力的各个选项，如下图所示。

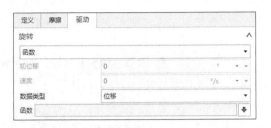

其中可以给运动副外加根据函数变化的驱动力。在上图中单击【函数】文本框右侧的 ⬇ 按钮，然后选择【函数管理器】选项就能打开【XY函数管理器】对话框，如右图所示。

⑤ 【铰接运动】：该选项用于给运动副添加一个铰接的原始驱动力。

18.4.3 运动副参数的编辑

当运动副的参数设置有误时，就必须对各项参数进行修改。与连杆特性相类似，在UG/Motion中该项功能也是通过运动仿真工具栏区中运动模型管理模块的运动模型部件编辑功能来实现的。

● 1. 功能常见调用方法

选择【运动导航器】中的一个运动副，单击鼠标右键，在弹出的快捷菜单中选择【编辑】菜单命令即可，如下图所示。

● 2. 系统提示

系统会弹出【运动副】对话框，如右图所示。

3. 知识点扩展

对各项参数的编辑与运动副创建时的参数设置操作完全相同。

18.5 运动分析

🎬 本节视频教程时间：7分钟

UG/Motion模块嵌入了Mechanical Dynamics公司（MDI）的求解器ADAMS/Kinematics。在创建运动模型的同时，UG/Motion已经为该求解器创建了初始数据或输入文件。运行UG/Motion的运动分析模块可以自动地将初始数据和输入文件导入到求解器中，从而得出运动模型运动后的各种数据，完成运动模型合理性的检查。

18.5.1 运动仿真过程

UG/Motion的运动分析模块可以设置运动分析的类型，并通过对运动分析过程的控制，直观地以动画的形式输出运动模型不同的运动状况，便于用户比较准确地了解所设计运动机构实现的运动形式。

● 1. 功能常见调用方法（运动仿真参数）

选择【菜单】➤【分析】➤【运动】➤【动画】菜单命令即可，如下图所示。

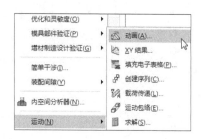

● 2. 系统提示（运动仿真参数）

系统会弹出【动画】对话框，如下图所示。

● 3. 知识点扩展（运动仿真参数）

【时间】和【步长】文本框：用于输入运动控制参数。整个运动模型运动的快慢就是由这两个参数决定的。

【动画】对话框中各相关选项含义如下。

● 【播放】按钮▷：单击该按钮可以查看运动模型在设定的时间和步骤内整个连续的运动过程。运动过程在绘图区会以动画的形式输出。

● 【单步向前】按钮▷|：单击该按钮可以使运动模型在设定的时间和步骤限制范围内向前运动一步，方便用户查看运动模型下一个运动步骤的状态。

● 【单步向后】按钮|◁：单击该按钮可以使运动模型在设定的时间和步骤限制范围内向后运动一步，方便用户查看运动模型上一个运动步骤的状态。

● 【设计位置】按钮：单击该按钮可以使运动模型回到未进行运动仿真前置处理的初始三维实体设计状态。

● 【装配位置】按钮：单击该按钮可以使运动模型回到进行运动仿真前置处理后的ADAMS运动分析模型的状态。

• 【追踪整个机构】按钮 ：单击该按钮可以让用户更为直观地观察运动模型在运动过程中的前后变化。

4. 功能常见调用方法（运动仿真文件的输出）

在【运动导航器】窗口中选中一个场景，单击鼠标右键，将会打开一个快捷菜单。在该菜单中选择【导出】命令，在系统给用户提供的几种动画输出格式中选择一种适当的格式即可，如下图所示。

5. 系统提示（运动仿真文件的输出）

在各种动画输出格式中选择【MPEG】将可以输出一个.mpg文件，选择【动画 GIF】格式将会输出一个.gif文件。不论选择哪一种格式，系统都将弹出相应的动画文件设置对话框。以MPEG为例的对话框如下图所示。

6. 知识点扩展（运动仿真文件的输出）

在上述对话框中用户可以看到该文件的默认名称和动画的帧数。如果用户要自定义文件名，则可以选择【指定文件名】选项；如果用户要查看动画，可以选择【预览动画】选项。单击【预览动画】选项后，系统将会自动打开【预览动画】对话框，如下图所示。单击该对话框中的 ▶ 按钮，可以实现对输出动画的连续播放。

18.5.2 运动分析结果的图表输出

ADAMS求解器能根据运动模型的各项参数计算出运动模型在各个步骤的数据，不仅可以动画的形式输出运动分析的结果，还可以直接以图表的形式输出各个数据。在UG/Motion中该项功能主要是利用外挂的Microsoft Excel软件的功能实现的。

1. 功能常见调用方法

选择【菜单】▶【分析】▶【运动】▶
【XY结果】菜单命令即可，如下图所示。

2. 系统提示

系统会自动展开【XY结果视图】，如右图
所示。

18.6 综合应用——创建三连杆运动机构

● **本节视频教程时间：6分钟**

本节使用3个连杆创建4个旋转副，组成三连杆运动机构。主运动设置在
最短连杆的旋转副内。创建机构的重点在连杆的咬合功能，完成机构创建后
可观察三连杆运动情况。

第1步：创建连杆

三连杆机构一共由4部分组成，其中支持座
是固定的。因此支持座可以不定义连杆，也可
以定义为固定连杆。创建连杆的具体操作步骤
如下。

步骤01 打开随书资源中的"素材\CH18\slg01\
four_bar2.prt"文件，如下图所示。

步骤02 选择【菜单】▶【应用模块】▶【仿
真】▶【运动】菜单命令，进入运动仿真界
面。在【运动导航器】内用鼠标右键单击运动
仿真图标，在快捷菜单中选择【新建仿真】菜

单命令，在打开的【新建仿真】对话框及【环
境】对话框中保持默认设置并单击【确定】按
钮，如下图所示。

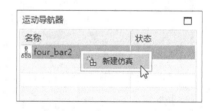

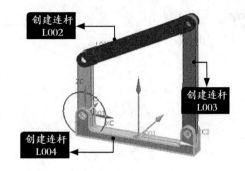

步骤 03 选择【菜单】➤【插入】➤【连杆】菜单命令,系统弹出【连杆】对话框后,选择左边垂直的模型,创建连杆L001,如下图所示。

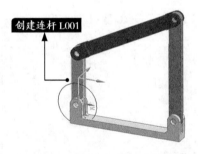

步骤 04 使用相同的方法来创建连杆L002、L003和L004,并设置连杆L004为【无运动副固定连杆】,如下图所示。

● **第2步:创建旋转副**

创建三连杆运动机构的连杆后,需要定义旋转副。这里一共需要定义4个旋转副,其中两个旋转副需要开启咬合功能。创建旋转副的具体操作步骤如下。

步骤 01 选择【菜单】➤【插入】➤【接头】菜单命令,系统弹出【运动副】对话框后,在视图区内选择连杆L001,如下图所示。

步骤 02 单击【指定原点】按钮,在视图区内选择连杆L001下端圆心点为原点,如下图所示。

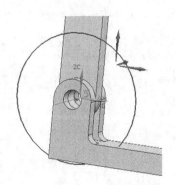

步骤 03 单击【指定矢量】按钮，选择系统提示坐标系中的y轴，如下图所示。

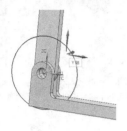

步骤 04 【运动副】对话框中的设置和结果如下图所示。

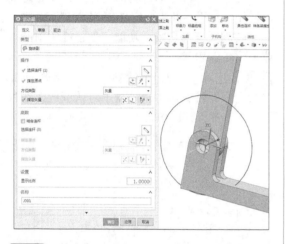

步骤 05 单击【驱动】标签，打开【驱动】选项卡，如下图所示。

步骤 06 单击【旋转】下拉列表右侧的下拉按钮，选择【多项式】类型。在【速度】文本框中输入"55"，如下图所示。

步骤 07 单击【运动副】对话框的【应用】按钮，完成第一个旋转副创建。

小提示

连杆L001、连杆L002之间的运动副可以在它们任意一个连杆中创建，连杆L002、连杆L003之间的运动副也是一样的。

步骤 08 在视图区内选择连杆L002，单击【指定原点】按钮，在视图区内选择连杆L001左端圆心点为原点。单击【指定矢量】按钮，选择系统提示坐标系中的y轴，如下图所示。

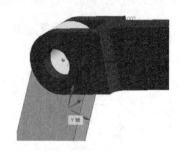

步骤 09 在打开【底数】区域中，勾选【啮合连杆】复选项，激活【底数】选项，如下图所示。

步骤 10 单击【选择连杆】按钮，在视图区内选择连杆L001。

步骤 11 单击【指定原点】按钮，在视图区内选择连杆L001的上端点圆心，使它和连杆L002的原点重合。

步骤12 单击【指定矢量】工具按钮，选择系统提示坐标系中的y轴，使它和连杆L002方位相同。

步骤13 单击【运动副】对话框的【应用】按钮，完成咬合连杆的创建，结果如下图所示。

步骤14 其他位置的创建方法类似，最后完成后的效果如下图所示。

第3步：创建运动分析动画

步骤01 选择【菜单】▶【插入】▶【解算方案】菜单命令，系统弹出【解算方案】对话框后，进行如下图所示的参数设置。

步骤02 选择【菜单】▶【分析】▶【运动】▶【动画】菜单命令，打开【动画】对话框，如下图所示。

步骤03 单击【播放】按钮 ▶ 可以查看运动模型在设定的时间和步骤内整个连续的运动过程，如下图所示。

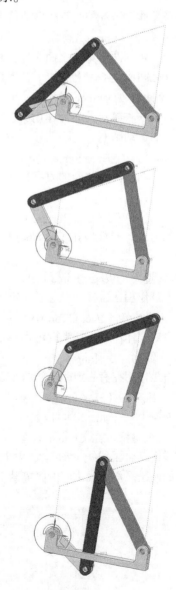

疑难解答

本节视频教程时间：**4分钟**

机构载荷的类型

UG/Motion的功能允许用户给运动机构添加一定的外载荷，使整个运动模型工作在真实的工程状态下，尽可能地使其运动状态与真实的情况相吻合。一个被应用的力只能设置在运动机构的两个连杆之间、运动副上或是连杆与机架之间。它可以被用来模拟两个零件之间的弹性连接、模拟弹簧和阻尼的状态，以及模拟传动力与原动力等多种零件之间的相互作用。

UG/Motion给用户提供了多种机构载荷，这些机构载荷涵盖了大部分实际工程状态中机构的受力形式。

下面来具体介绍各种载荷类型的特点。

（1）弹簧力（Spring）

弹簧力显示为两个零件之间在特定的方向上一定距离的状态下相互之间的载荷作用，相当于在两个连杆之间或运动副上添加了一个弹簧。

（2）缓冲力（Damper）

缓冲力是一种黏滞的缓冲作用力，可以被添加在两个连杆之间、连杆与机架之间及平动的运动副和转动的运动副上。

（3）标量力（Scalar Force）

标量力是两个连杆之间的直接作用力，只需设置力的大小，力的施加点和作用点分别在两个相互作用的连杆上。

（4）标量力矩（Scalar Torque）

外加的力矩，只能应用于转动副上。正的标量力矩表示添加在转动副上绕z轴顺时针旋转的力矩。

（5）矢量力（Vector Force）

矢量力是作用在连杆上设定了一定的方向和大小的力。

（6）矢量力矩（Vector Torque）

矢量力矩是作用在连杆上设定了一定的方向和大小的力矩。

（7）套筒力（Bushing）

套筒力是作用在有一定距离的两个零件之间的力，它同时起到力和力矩的效果。

（8）三维碰撞（3D Contact）

三维碰撞（3D contact）可以实现一个球与连杆或是机架上选定的一个面之间碰撞的效果。

（9）二维碰撞（2D Contact）

二维碰撞结合了线线运动副类型的特点和碰撞载荷类型的特点。二维碰撞允许用户设置作用在连杆上的两条平面曲线之间的碰撞载荷。

第 19 章

工程图

学习目标

本章详细地讲解了UG NX 12.0工程图模块中的工程图构建。工程制图模块通过已创建的3D模型产生投影视图并进行尺寸标注。工程图功能与生产加工的环节密切相关。

学习效果

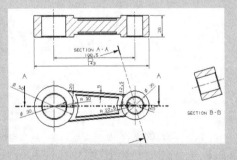
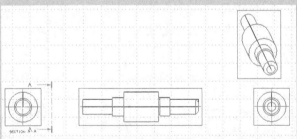

19.1 工程图模块概述

● **本节视频教程时间：4分钟**

工程图即日常所说的"图纸"，是生产实践中用于指导生产的重要技术文件之一。在生产实践中直接面对生产技术人员的工程图一般为二维图样，它包含图样、尺寸、技术要求和工艺要求等内容。

工程图模块是UG NX 12.0提供的非常实用的模块之一。在利用实体建模功能创建零件或装配模型后，可以将其引用到UG NX 12.0的工程图功能中，创建零件或装配模型的二维工程图样。由于UG NX 12.0工程图模块所创建的二维工程图是通过三维实体模型的二维投影得到的，实体模型的尺寸、形状和位置的任何改变，二维工程图都会自动做出相应变化，在实际应用中极大地减少了用户修改模型的工作量。

● 1. 功能常见调用方法

选择【菜单】▶【应用模块】▶【设计】▶【制图】菜单命令即可，如下图所示。

● 2. 系统提示

系统自动进入工程图模块，并弹出【工作表】对话框，如下图所示。

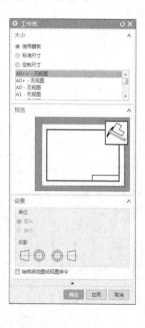

● 3. 知识点扩展

通过【工作表】对话框可以定义图纸页名称，并指定图纸参数（如大小、比例、单位和投影等）来创建新图纸页。

进入工程图模块后，工程图设计界面中常见的选项面板包括【尺寸】选项面板、【注释】选项面板、【编辑设置】选项面板、【视图】选项面板及【表】选项面板等，如下图所示。

（1）【尺寸】选项面板

该面板主要用于工程图尺寸标注和尺寸编辑，如下图所示。

（2）【注释】选项面板

该面板主要在图纸中需要添加注释时被使用，如下图所示。

（3）【编辑设置】选项面板

该面板主要用于对视图进行编辑，如下图所示。

（4）【视图】选项面板

该面板主要在图纸中添加各种布局时被使用，如下图所示。

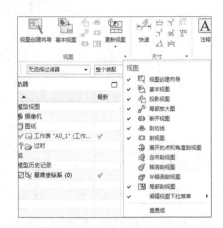

（5）【表】选项面板

该面板主要在图纸中生成表格时被使用，方便用户绘制、修改零件明细表，如下图所示。

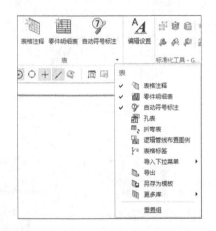

19.2 工程图的创建与编辑

 本节视频教程时间：6分钟

 　　工程图管理功能包括创建工程图、打开工程图、删除工程图和编辑工程图等。

19.2.1 创建工程图

该功能用于在当前模型文件中新建一张或多张图纸。通常新建的图纸需要指定工程图的名称、图幅大小、绘图单位、视图默认比例和投影角度等工程图参数。

1. 功能常见调用方法

选择【菜单】▶【插入】▶【图纸页】菜单命令即可，如下图所示。

2. 系统提示

系统会弹出【工作表】对话框，如下图所示。

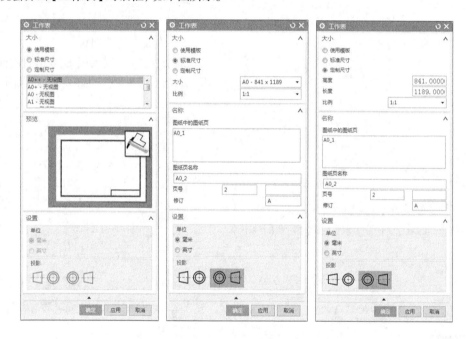

3. 知识点扩展

【工作表】对话框中各相关选项含义如下。

● 【图纸页名称】：该文本框用于输入新建工程图的名称。该名称最多可包含30个字符，但不能含空格，输入的名称系统不区分大小写，而是自动地转换为大写方式。

● 【大小】：该选项用于指定图样的尺寸规格，可以直接从图纸规格下拉列表中选择合适的图纸规格；也可以在选中【定制尺寸】单选项时，在【长度】文本框和【高度】文本框中输入图纸的长度和高度，自定义图纸尺寸。图纸规格随所选工程图单位的不同而不同。当选取的工程图单位为【毫米】时，图纸规格下拉列表中的选项如下图所示。

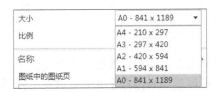

当选取的工程图单位为【英寸】时，图纸规格下拉列表中的选项如下图所示。

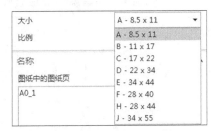

- 【比例】：该选项用于设置工程图中各类视图的比例大小，系统默认的比例为1:1。
- 【投影】：该选项用于设置视图的投影角度方式，系统提供了【第一角投影】◰◎和【第三角投影】◎◱两种投影角度。

小提示

按照我国的制图标准，一般应选择【第一角投影】的投影方式，而美国多采用【第三角投影】的投影方式。

19.2.2 打开工程图

该功能用于打开已有的工程图，使其成为当前工作图纸，以方便用户进一步编辑。在【部件导航器】中的【图纸】目录树上双击需要打开的图纸名称，选中后【部件导航器】中的图纸名称后面标注了"工作"字样，如下图所示。

19.2.3 删除工程图

该功能用于删除选中的工程图。可以通过在【部件导航器】中的【图纸】目录树上选中要删除的图纸名称，直接按【Delete】键删除，也可以在要删除的图纸名称上单击鼠标右键，在弹出的快捷菜单中选择【删除】命令，如下图所示。

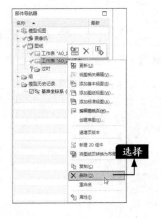

19.2.4 编辑工程图

在向创建的工程图添加视图的过程中，如果发现原来设置的工程图参数不符合要求（例如图幅、比例等不合适），可以对已有工程图的有关参数进行修改。只需在【部件导航器】中的【图纸】目录树下的图纸名称处双击，或在图纸名称处单击鼠标右键，在弹出的快捷菜单中选择【编辑图纸页】命令，如下图所示，在弹出的【工作表】对话框中进行编辑即可。可按前面介绍的创建工程图的方法，在对话框中修改已有工程图的名称、尺寸、比例和单位等参数。完成修改后，系统就会以新的工程图参数来更新已有的工程图。

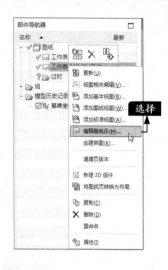

小提示

在编辑工程图时，投影角度参数只能在没有产生投影视图的情况下被修改。只有打开的图纸才可以进行编辑操作。

19.3 视图管理

🕐 **本节视频教程时间：28 分钟**

制图中的视图管理功能包括添加基本视图、添加投影视图、添加局部放大视图、定义视图边界、移动或复制视图、对齐视图和编辑视图等。

19.3.1 添加基本视图

该功能用于将各种视图添加到当前工程图的指定位置上。

⚫ 1. 功能常见调用方法

选择【菜单】➤【插入】➤【视图】➤【基本】菜单命令即可，如下图所示。

⚫ 2. 系统提示

系统会弹出【基本视图】对话框，如下图所示。

3. 知识点扩展

【基本视图】对话框中各相关选项含义如下。

- 【选择部件】按钮 📦：单击该按钮，可以在【已加载的部件】列表框中选择部件，并将其作为视图添加到图纸上。
- 【比例】下拉列表：设置向图纸中添加视图时视图的显示比例。在该下拉列表中可以通过定制比例和按表达式定比例两种方式来自定义比例，如下图所示。

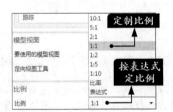

- 【要使用的模型视图】下拉列表：从下拉列表中选择相应的视图名称，将鼠标光标移至图纸中，单击即可将相应的视图显示在图纸中，如下图所示。

选择视图名称，在图纸中单击后，弹出【投影视图】对话框，如下图所示。

- 【设置】按钮 🔧：单击该按钮，弹出【基本视图设置】对话框。该对话框用于进行相关的视图参数设置，若已经预设置好，则无须定义、修改，如下图所示。

- 【定向视图工具】按钮 🔄：设置视图的定向方式。单击该按钮，弹出【定向视图】对话框，可以通过其中的图标实现定向，如下图所示。

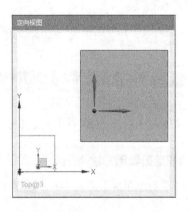

19.3.2 添加投影视图

该功能用于对复杂部件引入特定角度（投影角度）的模型视图到工程图纸中。

● 1. 功能常见调用方法

选择【菜单】➤【插入】➤【视图】➤【投影】菜单命令即可，如下图所示。

● 2. 系统提示

系统会弹出【投影视图】对话框，如下图所示。

● 3. 知识点扩展

【投影视图】对话框中的多数选项和【基本视图】对话框中选项的含义相同，现将不同选项的含义介绍如下。

- 【自动判断】选项：自动判断关联铰链线。
- 【已定义】选项：用于定义固定方向的铰链线。

> **小提示**
>
> 铰链线为和投影方向垂直的参考线。

- 【指定矢量】下拉列表：可以通过矢量构造定义铰链线方向，只有选择【已定义】选项后，该选项才会被激活，如下图所示。

- 【反转投影方向】按钮⊠：改变铰链线的方向。

> **小提示**
>
> 因为所有创建的投影视图都是对已有的基本视图进行投影后得到的，因此一旦基本视图改变了，投影视图也将随之改变。

19.3.3 添加局部放大视图

该功能用于对复杂部件引入局部放大的模型视图到工程图纸中。

● 1. 功能常见调用方法

选择【菜单】➤【插入】➤【视图】➤【局部放大图】菜单命令即可，如下图所示。

2. 系统提示

系统会弹出【局部放大图】对话框，如下图所示。

3. 知识点扩展

【局部放大图】对话框中的多数选项和【基本视图】对话框中的选项含义相同，现将不同选项的含义介绍如下。

- 【按拐角绘制矩形】和【按中心和拐角绘制矩形】选项：用于创建矩形边界的局部放大图。

- 【圆形】选项：用于创建圆周边界的局部放大图。

- 【标签】选项：该下拉列表中包括【无】、【圆】、【注释】、【标签】、【内嵌】和【边界】等选项，按照其下拉列表中的样式，在父视图中创建局部放大视图的范围样式，如下图所示。

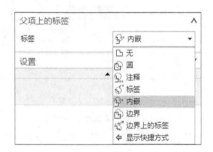

19.3.4 实战演练——添加连接件局部放大视图

本小节为连接件添加局部放大视图，放大比例为5:1，具体操作步骤如下。

步骤 01 打开随书资源中的"素材\CH19\1.prt"文件，如下图所示。

步骤 02 选择【菜单】▶【应用模块】▶【设计】▶【制图】菜单命令，系统自动进入工程图模块，如右图所示。

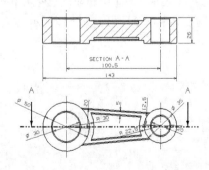

步骤 03 选择【菜单】▶【插入】▶【视图】▶【局部放大图】菜单命令，系统弹出【局部放大图】对话框后，选择【类型】区域下的【圆形】选项，并单击【标签】右侧的下三角按

钮，在弹出的下拉列表中选择【注释】选项，如下图所示。

步骤 04 在绘图区域内单击要放大区域的中心位置，如下图所示。

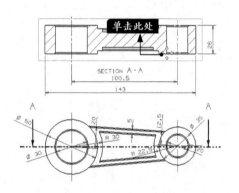

步骤 05 平移光标到要放大区域的边界位置并单击鼠标左键，如下图所示。

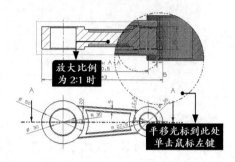

步骤 06 单击【比例】区域的下三角按钮，在弹出的下拉列表中选择【5：1】选项，设置放大比例为5：1，并单击绘图区域的适当位置，完成局部放大视图的添加，如下图所示。

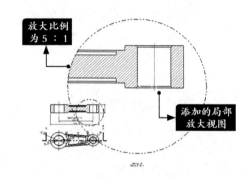

19.3.5 移动或复制视图

可以通过该功能移动或复制视图。

● 1. 功能常见调用方法

选择【菜单】▶【编辑】▶【视图】▶【移动/复制】菜单命令即可，如下图所示。

● 2. 系统提示

系统会弹出【移动/复制视图】对话框，如右图所示。

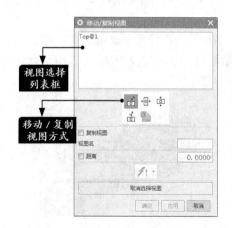

● 3. 知识点扩展

在UG NX 12.0中，系统提供了以下5种移动或复制视图的方式。

- 【至一点】：选取该选项后，系统可以将选中的视图移动或复制到指定的点。
- 【水平】：选取该选项后，系统可以将选中的视图沿水平方向移动或复制到指定的位置。
- 【竖直】：选取该选项后，系统可以将选中的视图沿竖直方向移动或复制到指定的位置。
- 【垂直于直线】：选取该选项后，系统可以将选中的视图沿与一条直线垂直的方向移动或复制到指定的位置。
- 【至另一图纸】：选取该选项后，系统可以将选中的视图移动或复制到指定的另一张图纸上。

- 【复制视图】复选项：该选项用于指定视图的操作方式是移动还是复制。
- 【视图名】文本框：用于指定进行操作的视图名称。
- 【距离】文本框：用于指定移动或复制的距离。选中该复选项，系统会按照文本框中指定的距离值移动或复制视图。

> **小提示**
>
> 该距离为按照指定方向测量的距离。

- 【取消选择视图】按钮：该按钮用于取消已经选择过的视图，以进行新的视图设置。

19.3.6 对齐视图

该功能用于将不同的视图按照指定的条件进行对齐。

1. 功能常见调用方法

选择【菜单】▶【编辑】▶【视图】▶【对齐】菜单命令即可，如下图所示。

2. 系统提示

系统会弹出【视图对齐】对话框，如右图所示。

3. 知识点扩展

【视图对齐】对话框中各相关选项含义如下。

（1）对齐方式

系统提供了以下5种视图对齐的方式。

- 【叠加】：设置各个视图中的基准点进行叠加对齐。

- 【水平】：设置各个视图的基准点进行水平对齐。
- 【竖直】：设置各个视图的基准点进行竖直对齐。
- 【垂直于直线】：设置各个视图的基准点垂直某一直线对齐。
- 【自动判断】：根据选取的基准点不同，系统自动判断采用何种方式对齐。

（2）视图对齐选项

视图对齐选项用于设置对齐时的基准点（视图对齐时的参考点），对齐基准点的方式有以下3种。

- 【模型点】：该选项用于指定模型中的一点作为基准点。
- 【对齐至视图】：该选项用于指定视图的中心点作为基准点。
- 【点到点】：该选项按点到点的方式对齐各个视图中所选择的点。选择该选项，需要在各个对齐视图中指定对齐视点。

19.3.7 定义视图边界

定义视图边界用于为图纸上的特定成员视图指定视图边界类型。

● 1. 功能常见调用方法

选择【菜单】▶【编辑】▶【视图】▶【边界】菜单命令即可，如下图所示。

● 2. 系统提示

系统会弹出【视图边界】对话框，如下图所示。

● 3. 知识点扩展

【视图边界】对话框中各相关选项含义如下。

（1）视图列表框

该选项用于设置要定义边界的视图。选择视图的方法有以下两种。

① 在视图列表框中选择视图。

② 直接在绘图工作区中选择视图。

当视图选择错误时，可以单击【重置】按钮重新选择视图。

（2）视图边界类型

用于设置视图边界的类型，系统提供了以下4个选项，如下图所示。

- 【断裂线/局部放大图】：该类型边界利用截断线或局部放大图边界线来设置任意形状的视图边界，即仅显示被定义的边界曲线围绕的视图部分。选中该选项后，系统提示选择边界线，用户可以在视图中选择已定义的截断线或局部放大图边界线。

> **小提示**
>
> 如果要定义这种形式的边界，首先要创建与视图关联的截断线。

- 【手工生成矩形】：该选项设置的边界利用在选择的视图中按住鼠标左键并拖曳来形成矩形边界，该边界也可随模型的更改而自动地调整视图的边界。

- 【自动生成矩形】：该选项设置的矩形边界可随模型的更改而自动地调整视图的矩形边界。

- 【由对象定义边界】：该选项是通过选择要包围的对象来定义视图的范围，可以在视图中调整视图边界来包围所选择的对象。选中该选项后，系统提示选择要包围的对象和点，可以单击【包含的点】按钮或【包含的对象】按钮，在视图中选择要包围的点或对象。

（3）其他选项

- 【链】按钮：选取链接曲线，该按钮只有选择【截断线/局部放大图】选项时才会被激活。选取曲线的开始段和结束段，系统会自动地完成整条链接曲线的选取。

- 【取消选择上一个】按钮：取消上一次

选择的曲线，该按钮只有选择【截断线/局部放大图】选项时才会被激活。

- 【锚点】按钮：锚点是将视图边界固定在视图中指定对象的相关联的点上，使边界随指定点的位置变化而变化。指定锚点后，当模型修改时，即使模型产生了位置的变化，视图边界也会跟着指定点进行移动。

- 【边界点】按钮：该按钮用于指定边界点来设置视图边界。

- 【包含的点】按钮：该按钮用于选择视图边界要包围的点，该按钮只有在选择了【由对象定义边界】选项时才会被激活。

- 【包含的对象】按钮：该按钮用于选择视图边界要包围的对象。该按钮只有在选择了【由对象定义边界】选项时才会被激活。

- 【父项上的标签】下拉列表：该下拉列表只有在选择了局部放大视图时才会被激活，用于指定局部放大视图的父视图是否显示标签。

19.3.8 视图相关编辑

该功能用于编辑视图对象的颜色、线型、线宽及对象可见性等参数。

1. 功能常见调用方法

选择【菜单】➤【编辑】➤【视图】➤【视图相关编辑】菜单命令即可，如下图所示。

下图所示。

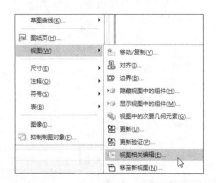

2. 系统提示

系统会弹出【视图相关编辑】对话框，如

3. 知识点扩展

【视图相关编辑】对话框中各相关选项含义如下。

（1）添加编辑

该选项组用于让用户选择进行视图编辑的方式，系统提供了以下5种编辑操作的方式。

● 【擦除对象】：用于擦除在当前视图中选取的对象。选择该图标时系统提示选取擦除的对象，然后系统会擦除所选对象。

小提示

擦除对象不同于删除操作，擦除操作仅仅是将所选取的对象隐藏起来，不进行显示。但该选项无法擦除有尺寸标注的对象。

● 【编辑完整对象】：用于编辑视图或工程图中所选完全对象的显示方式，编辑的内容包括颜色、线型和线宽等。

● 【编辑着色对象】：用于编辑视图中所选对象的局部着色和透明度。

● 【编辑对象段】：用于编辑视图中所选对象的某个分段的显示方式，编辑的内容包

括颜色、线型和行间距因子等。

● 【编辑剖视图背景】：用于编辑产生的剖视图背景，以产生新的剖视图背景。

（2）删除编辑

该选项组用于删除前面所做的某些编辑操作，系统提供了以下3种删除编辑操作的方式。

● 【删除选定的擦除】：用于删除前面所做的擦除操作，使前面擦除的对象重新显示出来。

● 【删除选定的编辑】：用于删除所选视图先前进行的某些修改，使先前编辑的对象回到原来的显示状态。

● 【删除所有编辑】：用于删除所选视图先前进行的所有编辑操作，使所有对象全部回到原来的显示状态。

（3）转换相依性

该选项组用于设置对象在视图与模型间进行切换，系统提供了以下两种操作方式。

● 【模型转换到视图】：用于将模型中存在的单独对象切换到视图中。

● 【视图转换到模型】：用于将视图中存在的单独对象切换到模型中。

19.3.9　更新视图

1. 功能常见调用方法

选择【菜单】▶【编辑】▶【视图】▶【更新】菜单命令即可，如下图所示。

2. 系统提示

系统会弹出【更新视图】对话框，如右图所示。

3. 知识点扩展

【更新视图】对话框中各相关选项含义如下。

● 【显示图纸中的所有视图】复选项：用于选择工程图中所有的视图，包括过时视图和非过时视图。

● 【选择所有过时视图】按钮：用于选择工程图中的过时视图。

● 【选择所有过时自动更新视图】按钮：用于自动选择工程图中的过时视图。

19.4 剖视图的应用

❉ 本节视频教程时间：16分钟

 剖视图的应用包括剖视图、半剖视图、旋转剖视图、局部剖视图及折叠/展开等其他剖视图的应用。

19.4.1 剖视图

用一个或多个直的剖切平面通过整个部件实体而得到的剖视图。

● 1. 功能常见调用方法

选择【菜单】➤【插入】➤【视图】➤【剖视图】菜单命令即可，如下图所示。

● 2. 系统提示

系统会弹出【剖视图】对话框，如下图所示。

● 3. 实战演练——创建连接件的剖视图

创建连接件的剖视图，具体操作步骤如下。

步骤 01 打开随书资源中的"素材\CH19\1.prt"文件，如下图所示。

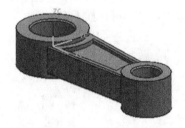

步骤 02 选择【菜单】➤【应用模块】➤【设计】➤【制图】菜单命令，系统自动进入工程图模块，如下图所示。

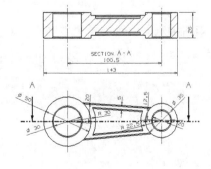

步骤 03 选择【菜单】▶【插入】▶【视图】▶
【剖视图】菜单命令，系统弹出【剖视图】对
话框后，【截面线段】区域的【指定位置】按
钮⊕会自动被激活，在绘图区域内指定截面线
段的位置，如下图所示。

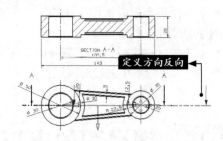

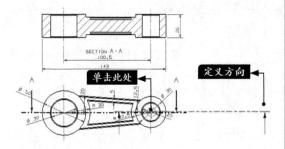

步骤 05 平移光标到工程图纸的适当位置并单击
鼠标，此时得到的剖视图，如下图所示。

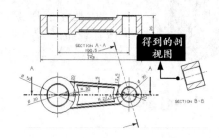

步骤 04 单击【铰链线】区域的【反转剖切方
向】按钮☒，使定义的方向反向，如下图所示。

19.4.2 半剖视图

通常用来创建对称零件的剖视图。半剖视图由一个剖切段、一个箭头段和一个折弯段组成。

1. 功能常见调用方法

选择【菜单】▶【插入】▶【视图】▶【剖
视图】菜单命令即可，如下图所示。

3. 知识点扩展

在【剖视图】对话框的【截面线】组中，将
【方法】设置为【半剖】，即可创建半剖视图，
如下图所示。

2. 系统提示

系统会弹出【剖视图】对话框，如下图所示。

19.4.3 旋转剖视图

该功能通常用于生成多个截面上的零件剖切结构。旋转剖视图包含1~2个支架，每个支架可由多个剖切段、弯折段和箭头段组成，均相交于一个旋转中心点。所有的剖切线都绕一个旋转中心旋转，而且所有的剖切面将展开在一个公共平面上。

1. 功能常见调用方法

选择【菜单】➤【插入】➤【视图】➤【剖视图】菜单命令即可，如下图所示。

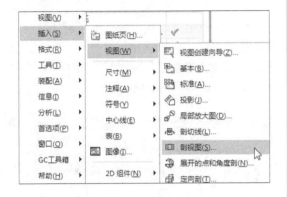

2. 系统提示

系统会弹出【剖视图】对话框，如下图所示。

3. 知识点扩展

在【剖视图】对话框的【截面线】组中，将【方法】设置为【旋转】，即可创建旋转剖视图，如下图所示。

19.4.4 局部剖视图

局部剖视图用于放大显示零件的某一部分，它的边界既可以定义为圆形，也可以定义为矩形。

1. 功能常见调用方法

选择【菜单】➤【插入】➤【视图】➤【局部剖】菜单命令即可，如下图所示。

2. 系统提示

系统会弹出【局部剖】对话框，如下图所示。

3. 知识点扩展

【局部剖】对话框中各相关选项含义如下。

（1）创建局部剖视图

选中【创建】单选项，系统进行创建局部剖操作。在创建【局部剖】对话框中包含5个操作步骤按钮，这5个操作步骤按钮讲解如下。

● 【选择视图】：提示选取进行局部剖操作的视图（父视图）。选择创建局部剖操作时，该按钮会自动被激活。可以在绘图工作区中选择已创建局部剖视边界的视图作为父视图，也可以在对话框中的视图列表框中直接选择需要进行操作的视图名称。

● 【指出基点】：提示选取指定剖切位置的点（基点）。选取视图后，该图标会自动被激活。

● 【指出拉伸矢量】：提示选择拉伸方向。在指定基点后，该图标会自动被激活，如下图所示。这时绘图工作区中会显示默认的投影方向，可以接受默认方向，也可以用矢量功能选项指定其他的方向作为拉伸方向。

● 【选择曲线】：提示选取曲线作为局部剖视图的剖切范围。完成基点选择和拉伸方向的指定后，该图标会被激活，如下图所示。可以利用对话框中的【链】按钮选择曲线，也可以直接在视图中选择。当需要对上次的选取

进行更改时，可以单击【取消选择上一个】按钮取消前一次的选择。如果选择的剖切边界符合要求，确定后，系统会在选择的视图中生成局部剖视图。

● 【修改边界曲线】：如果对选取的边界曲线不满意，可以利用该步骤对其进行编辑修改。完成边界曲线的编辑后，系统会在选择的视图中生成新的局部剖视图。

（2）编辑局部剖视图

在【局部剖】对话框中选中【编辑】单选项，打开编辑【局部剖】对话框，该对话框中的选项与创建局部剖视图的一样。

（3）删除局部剖视图

在【局部剖】对话框中选中【删除】单选项，打开删除【局部剖】对话框。在绘图工作区中选择已创建的局部剖视图，然后单击【确定】按钮或【应用】按钮，系统会自动删除所选的局部剖视图；如果选中【删除断开曲线】复选项，则在删除局部剖视图的同时也会将局部视图的边界一起删除，如下图所示。

19.4.5 其他剖视图

剖视图的应用除了以上所讲的几种外，还有其他一些剖视图，如折叠的剖视图、展开的点到

点剖视图、展开的点和角度剖视图、图示剖视图及断开剖视图等。可以通过选择【插入】▶【视图】菜单命令的子菜单中的选项进行相应的操作，操作方法与前几种类似，这里不再赘述，如下图所示。

19.4.6 实战演练——创建轴的工程图

本小节为轴的三维模型创建工程图，并添加其投影视图和剖视图，具体操作步骤如下。

第1步：新建图纸页

步骤 01 打开随书资源中的"素材\CH19\2.prt"文件，如下图所示。

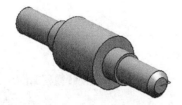

步骤 02 选择【菜单】▶【应用模块】▶【设计】▶【制图】菜单命令，系统自动进入工程图模块。

步骤 03 选择【菜单】▶【插入】▶【图纸页】菜单命令，系统弹出【工作表】对话框后，在【大小】下拉列表中选择【A1-594×841】选项，其他选项接受系统的默认设置，如下图所示。

步骤 04 选择【菜单】▶【插入】▶【视图】▶【视图创建向导】菜单命令，系统弹出【视图创建向导】对话框后，部件自动选择为"2.prt"，在【模型视图】列表框中选择【俯视图】选项，如下图所示。

步骤 05 单击【完成】按钮创建俯视图，如下图所示。

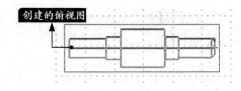

● **第2步：创建投影视图**

步骤 01 选择【菜单】▶【插入】▶【视图】▶【投影】菜单命令，系统会弹出【投影视图】对话框。

步骤 02 在如下图所示的两个位置上单击添加投影视图，并单击【投影视图】对话框上的【关闭】按钮退出操作。

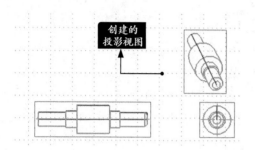

创建的投影视图

● **第3步：创建剖视图**

步骤 01 选择【菜单】▶【插入】▶【视图】▶【剖视图】菜单命令，系统弹出【剖视图】对话框后，选择【截面线】区域的【方法】中的【简单剖/阶梯剖】选项，并在工程图上的适当位置上单击以指定父视图，如下图所示。

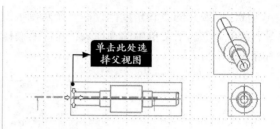

单击此处选择父视图

步骤 02 平移光标至如下图所示的位置上单击以指定剖视图的位置。

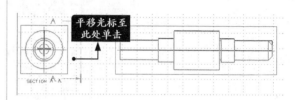

平移光标至此处单击

步骤 03 单击【剖视图】对话框中的【关闭】按钮，完成轴工程图的创建，如下图所示。

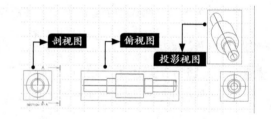

剖视图　　俯视图　　投影视图

19.5　工程图中的符号插入

● 本节视频教程时间：23分钟

　　工程图中的符号一般分为实用符号、用户自定义符号、ID符号和定制符号等几种。

19.5.1　插入实用符号

　　该功能的作用是将实用符号插入到工程图纸中。

● **1. 功能常见调用方法**

　　选择【菜单】▶【插入】▶【注释】菜单命令或【菜单】▶【插入】▶【中心线】菜单命令，然后选择相应子命令即可，如下图所示。

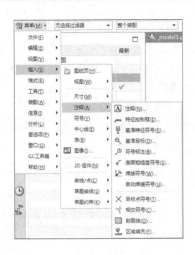

2. 知识点扩展

由于符号较多，这里仅对其中常用的符号进行介绍。

（1）焊接符号

该选项可以在公制和英制部件及图纸中创建各种焊接符号，如下图所示。焊接符号属于关联性符号，在模型发生变化或标记过时后会重新放置。用户可以编辑焊接符号属性，如文本大小、字体、比例和箭头尺寸。

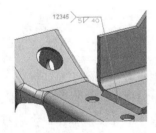

（2）目标点符号 ✕

若选择该选项，弹出对话框的可变显示区中会显示相关的选项，如下图所示。它用于在对象上产生目标点。

可变显示区中的【高度】和【角度】文本框用于设置目标点的高度和旋转角度。可以用鼠标光标在绘图工作区中选择任意的点，如果选择的目标点靠近视图中的几何对象，则在几何对象上产生一个目标点；如果选择的目标点远离视图中的几何对象，则直接在屏幕中产生一个目标点。

（3）相交符号

若选择该选项，对话框的可变显示区中会显示相关的选项。它用于在选取对象上产生交叉点符号作为交点的标识，如下图所示。

其中【延伸】用于设置交点标记的大小。可以用光标在视图中选择两条曲线（可以是直线，也可以是圆弧），系统会在两条选择曲线的交叉点处自动地产生一个交叉点标记。交叉点标记与选择的曲线相关联，如果曲线的位置发生了变化，交叉点标记也会跟着移动。

（4）中心标记⊕

若选择该选项，系统弹出【中心标记】对话框显示相关的选项，如下图所示。它用于在所选的共线点或圆弧中产生中心线，或在所选取的单个点或圆弧上插入线性中心线。

选择该选项后，在可变显示区中指定线性中心线的参数，并用点位置选项选择一个或多个圆弧的中心点或控制点，系统就会在所选位置插入指定参数的线性中心线，并在选择点位置产生一条垂直线。该对话框中各个选项的含义如下。

- 【位置】下拉列表：用于选择线性中心线的插入位置。
- 【创建多个中心标记】复选项：设置是否插入多条中心线。产生的中心线与选中的圆弧或控制点是关联的，因此当它们的位置有了变化，中心线也会跟着变化。

小提示

如果有3个或3个以上位于同一直线上的圆创建了线性中心线，修改其中的某个圆，使其位置不再共线，那么它们之间的中心线就会自动移去。

- 【(A) 缝隙】文本框：设置A参数，即中心线中长线段与短线段的间隔距离。
- 【(B) 中心十字】文本框：设置B参数，即中心线中的短线段长度。
- 【(C) 延伸】文本框：设置C参数，即中

心线在圆弧边外的伸出长度。

- 【角度】：设置角度参数，即中心线角度。该选项在撤选【从视图继承角度】复选项时会被激活。

（5）螺栓圆↻

若选择该选项，弹出对话框的可变显示区中会显示相关的选项，如下图所示。它用于为沿圆周分布的螺纹孔或控制点插入带孔标记的完整环形中心线。

在【螺栓圆中心线】对话框中，系统提供了两种产生完整螺栓圆的方法，分别为【通过3个或多个点】和【中心点】。下面对相关选项进行详细讲解。

- 【通过3个或多个点】方法：该方法利用选择的3个点来确定环形中心线的直径。可以利用点位置选项选择同一圆周上3个以上的圆弧中心或控制点，系统会在选择位置上按指定参数插入环形中心线，并在选择位置上产生一个孔标记。
- 【中心点】方法：该方法利用选择的中心点与第一个选择点的距离确定环形中心线的直径。先用点位置选项选择环形中心线的中心点，再选择同一圆周上1个以上的圆弧中心或控制点，系统就会在选择位置按指定参数插入环形中心线，并在选择位置上产生一个孔标记。
- 【整圆】复选项：若不选择该选项，对

话框的可变显示区和完整螺栓圆的一致。它用于为沿圆周分布的螺纹孔或控制点插入带孔标记的部分环形中心线。

（6）圆形

若选择该选项，弹出对话框的可变显示区中会显示相关的选项，如下图所示。它用于在沿圆周分布的长方体对象上产生完整圆形中心线。其中各个选项的含义及其生成方式的用法与螺栓圆中心线相同，这里就不介绍了。

（7）对称

若选择该选项，弹出对话框的可变显示区中会显示相关的选项，如下图所示。它用于在对象上产生对称的中心线。

（8）2D中心线

若选择该选项，弹出对话框的可变显示区

中会显示相关的选项，如下图所示。它用于在所选取的长方体对象上产生中心线。

（9）3D中心线

若选择该选项，弹出对话框的可变显示区中会显示相关的选项，如下图所示。它用于在所选取的圆柱面或非圆柱面对象上产生圆柱中心线。

可以采用以下几种方式来产生圆柱中心线。

● 选择圆柱面的两端面产生圆柱面中心线。

● 直接选择圆柱面产生圆柱面的中心线。

● 在非圆柱面上产生中心线。

（10）自动

若选择该选项，弹出对话框的可变显示区

中会显示相关的选项，如下图所示。它用于在选取的视图上自动标注中心线。

（11）偏置中心点符号

若选择该选项，弹出对话框的可变显示区中会显示相关的选项，如下图所示。它用于为大半径圆弧尺寸通过偏移圆弧中心点设置半径尺寸标注位置，即在所选取的圆弧上产生新的定义点并产生中心线。

在该对话框中，通过输入偏置值的方式来指定偏置中心点的位置。要产生一个偏移中心点，需要设置偏置方式、输入偏置值和设置显示方式。下面分别进行介绍。

● 【偏置】下拉列表：该下拉列表中的选项用于设置偏移中心点的位置方式，系统中提供了以下6种偏移方式，如下图所示。

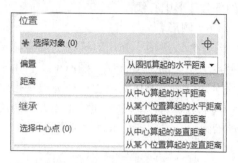

【从圆弧算起的水平距离】：该方式放置偏移中心点在水平方向上（x轴），其偏移值是偏移点到圆弧边的距离。

【从中心算起的水平距离】：该方式放置偏移中心点在水平方向上（x轴），其偏移值是偏移点到圆弧中心的距离。

【从某个位置算起的水平距离】：该方式放置偏移中心点在水平方向上（x轴），它距圆弧中心的距离等于绘图工作区中选择点到中心的距离。

【从圆弧算起的竖直距离】：该方式放置偏移中心点在垂直方向上（y轴），其偏移值是偏移点到圆弧边缘的距离。

【从中心算起的竖直距离】：该方式放置偏移中心点在垂直方向上（y轴），其偏移值是偏移点到圆弧中心的距离。

【从某个位置算起的竖直距离】：该方式放置偏移中心点在垂直方向上（y轴），它距圆弧中心的距离等于绘图工作区中选择点到中心的距离。

● 【距离】文本框：可以在文本框中输入偏置值。如果输入的是负值，则表示偏置方向在坐标轴的负方向。

● 【显示为】下拉列表：该下拉列表中的选项用于设置偏移中心点的显示方式，系统提供了3种显示方式，如下图所示。

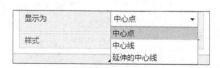

【中心点】：以中心点的方式显示偏置中心点。

【中心线】：以中心线的方式显示偏置中心点。

【延伸的中心线】：以中心线延长线的方式显示偏置中心点。

19.5.2 用户定义符号

● 1. 功能常见调用方法

选择【菜单】▶【插入】▶【符号】▶【定义定制符号】菜单命令即可，如下图所示。

● 2. 系统提示

系统会弹出【定义定制符号】对话框，如右图所示。

● 3. 知识点扩展

使用【定义定制符号】命令可以在图纸上放置用户提供的或以前创建的符号。放置在图纸上的用户定义符号可以是单独出现的符号，也可以添加到现有制图对象上。可使用文本编辑器和【注释】对话框中的用户定义选项将用户定义符号嵌入文本。

19.5.3 插入符号标注

符号（标识符号）工程图标注在操作中常常作为标注对象或基准的序号。

● 1. 功能常见调用方法

选择【菜单】▶【插入】▶【注释】▶【符号标注】菜单命令即可，如下图所示。

● 2. 系统提示

系统会弹出【符号标注】对话框，如右图所示。

● 3. 知识点扩展

【符号标注】对话框中各相关选项含义如下。

● 【类型】区域：可以通过单击该区域的选项来选择需要插入ID符号的类型。系统提供了【圆】、【分割圆】、【顶角朝下三角形】、【顶角朝上三角形】、【正方形】、【分割正方形】、【六边形】、【分割六边形】、【象限圆】、【圆角方块】和【下划线】11种符号类型，每一种符号类型可以配合该符号的文本选项，在符号标注中放置文本内容，如右图所示。

● 【文本】文本框：根据选择的符号标注不同，系统自动将该文本框激活，可以在其中输入文本内容。

● 【大小】文本框：设置符号显示大小。

19.5.4 插入定制符号

● 1. 功能常见调用方法

选择【菜单】➤【插入】➤【符号】➤【定制】菜单命令即可，如下图所示。

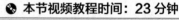

● 2. 系统提示

系统会弹出【定制符号】对话框，如右图所示。

● 3. 知识点扩展

用户可以在图纸上放置用户提供的或以前创建的符号。

 19.6 工程图标注

🔖 本节视频教程时间：23分钟

利用标注功能，可以向工程图中添加的标注包括尺寸标注、形位公差、制图符号和文本注释等。

19.6.1 尺寸标注

尺寸标注用于标识对象的尺寸大小。由于UG工程图模块和三维实体造型模块是完全关联的，因此在工程图中进行尺寸标注就是直接引用三维模型的尺寸。如果三维模型被修改，工程图中的相应尺寸会自动更新，从而保证了工程图与模型的一致性。

● 1. 功能常见调用方法

选择【菜单】▶【插入】▶【尺寸】菜单命令，然后选择相应的子菜单命令即可，如下图所示。

● 2. 系统提示

选择相应的子菜单后，可以打开相应的对话框，例如选择【角度】子菜单命令，会打开【角度尺寸】对话框，如下图所示。

● 3. 知识点扩展

下面对各种尺寸标注方式的含义进行讲解。

- 【快速】：若选择该选项，会由系统自动判断出选用哪一种尺寸标注类型进行尺寸标注。
- 【线性】：该选项用于标注工程图中所选对象间的水平尺寸。
- 【径向】：该选项用于标注工程图中所选圆（或圆弧）的半径或直径尺寸，但标注不过圆心。
- 【角度】：该选项用于标注工程图中所选两直线之间的角度。
- 【倒斜角】：该选项用于标注工程图中所选倒斜角尺寸。
- 【厚度】：该选项用于标注工程图中所选对象的厚度尺寸。
- 【弧长】：该选项用于标注工程图中所选圆弧的弧长尺寸。
- 【周长】：该选项用于创建周长约束以控制选定直线或圆弧的集体长度。
- 【坐标】：该选项通过在工程图中定义一个原点作为设置距离的参考点，通过该参考点给出选择对象的水平或竖直方向的坐标。

● 4. 实战演练——创建水平尺寸标注

为轴承创建水平尺寸标注，具体操作步骤如下。

步骤 01 打开随书资源中的"素材\CH19\3.prt"文件，如下图所示。

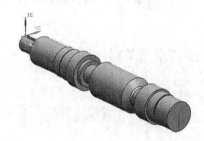

步骤02 选择【菜单】▶【应用模块】▶【设计】▶【制图】菜单命令，系统自动进入工程图模块。

步骤03 选择【菜单】▶【插入】▶【图纸页】菜单命令，系统弹出【工作表】对话框后，在【大小】下拉列表中选择【A1-594×841】选项，其他选项接受系统的默认设置，如下图所示。

步骤04 选择【菜单】▶【插入】▶【视图】▶【视图创建向导】菜单命令，系统弹出【视图创建向导】对话框后，部件自动选择为"3.prt"，在【模型视图】列表框中选择【俯视图】选项，如下图所示。

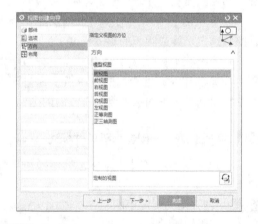

步骤05 单击【完成】按钮创建俯视图，如下图所示。

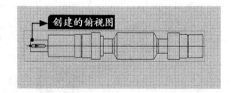

步骤06 选择【菜单】▶【插入】▶【尺寸】▶【线性】菜单命令，系统弹出【线性尺寸】对话框后，单击【设置】区域的【设置】按钮，打开【线性尺寸设置】对话框，选择【文本】▶【尺寸文本】选项卡，并在【高度】文本框中输入"10"，如下图所示。

步骤07 在工程图中的如下图所示位置上单击。

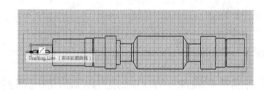

步骤08 平移光标至工程图另一点处单击，并向下平移光标到适当位置上单击以指定尺寸标注位置，如下图所示。

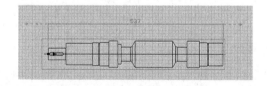

步骤09 重复**步骤07**至**步骤08**的操作，完成其他对象的水平标注，结果如下图所示。

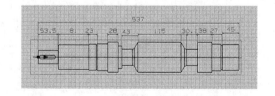

19.6.2 注释标注

文本注释用于创建和编辑注释、标签及符号等选项。

1. 功能常见调用方法

选择【菜单】▶【插入】▶【注释】▶【注释】菜单命令即可，如下图所示。

2. 系统提示

系统会弹出【注释】对话框，如下图所示。

3. 知识点扩展

下面对【注释】对话框中各相关选项含义进行介绍。

（1）【原点】区域

在注释文本创建模式或编辑模式时该区域显示为不同的选项。

● 【指定位置】选项：该选项用来放置文本，仅在文本创建模式下显示。

（2）【文本输入】区域

该区域用来输入文本或符号。

● 【编辑文本】区域如下图所示。

可以通过该编辑区直接输入或修改文本。

● 【格式设置】区域如下图所示。可以通过该编辑区对文本的格式进行设置。

● 【符号】区域：可以利用该区域标注制图符号、文本注释、形位公差符号和用户定义符号，也可以设置标注的样式和关系。下面介绍【制图】符号和【形位公差】符号选项。

①【制图】符号选项：选择【制图】符号选项，【类别】的选项区域会自动切换，如下图所示。

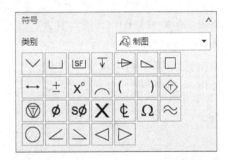

在视图中标注制图符号时，可以在符号选项中单击某个制图符号图标，将其添加到文本编辑区。添加制图符号后，可以选择一种定位制图符号的方法将其放到视图中的指定位置。

如果要在视图中添加分数或双行文本，可以先指定分数的显示形式（系统提供了4种形式），并在其对应的文本框中输入文本内容，再选择一种注释定位方式将其放到视图中的指定位置。

如果要编辑已存在的制图符号，可以在视图中直接选取要编辑的符号。所选符号在视图中会加亮显示，其内容也会显示在文本编辑器的编辑窗口中，可以对其进行修改。

②【形位公差】符号选项：【形位公差】符号选项的内容如下图所示。

形位公差符号是将几何尺寸和公差符号组合在一起形成的组合符号，该类型符号用于标注对象的形状参数和基准参考之间的位置和形状关系。

如果要编辑已存在的形位公差符号，可以在视图中直接选取要编辑的公差符号。所选符号会在视图中加亮显示，其内容也会显示在文本编辑器的编辑窗口中，可以对其进行修改。

（3）【设置】区域

单击该区域中的【设置】按钮，打开【注释设置】对话框，如下图所示。

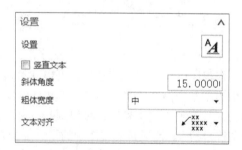

通过该对话框，可以为当前的注释或标签设置文字首选项。

4. 实战演练——创建文本注释标注

为轴承创建文本注释标注，具体操作步骤如下。

步骤 01 打开随书资源中的"素材\CH19\4.prt"文件，进入制图模块，如下图所示。

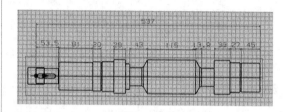

步骤 02 选择【菜单】▶【插入】▶【注释】▶【注释】菜单命令，系统弹出【注释】对话框后，单击【设置】按钮，打开【注释设置】对话框，在【高度】文本框中输入"15"，如下图所示，然后单击【关闭】按钮。

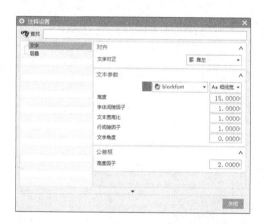

步骤 03 在【注释】对话框的【文本输入】编辑区内输入"UG NX 12.0"，如下图所示。

步骤 04 在下图所示位置上单击，并按住鼠标左键不放拖动光标至适当位置上以指定指引线，松开左键并单击以指定放置位置。

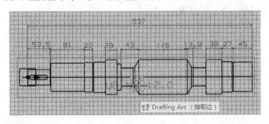

步骤 05 拖动光标至适当位置上松开左键以指定

引导线，并单击以指定文本注释的放置位置，如下图所示。

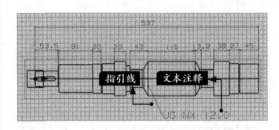

步骤 06 单击【关闭】按钮，完成文本注释的操作。

19.6.3 粗糙度符号标注

表面粗糙度为表示工程图中对象表面粗糙程度的指标，通过【表面粗糙度】对话框可以进行粗糙度符号的标注。

● 1. 功能常见调用方法

选择【菜单】▶【插入】▶【注释】▶【表面粗糙度符号】菜单命令即可，如下图所示。

● 2. 系统提示

系统会弹出【表面粗糙度】对话框，如右图所示。

● 3. 知识点扩展

对话框上部的图标用于选择表面粗糙度符号，对话框中部的可变显示区用于设置选取表面粗糙度类型的标注参数和表面粗糙度的单位及文本尺寸，对话框下部的选项用于指定表面粗糙度的相关对象类型和确定表面粗糙度符号的位置。下面讲解【表面粗糙度】对话框中一些主要选项的用法。

（1）【指引线】区域

【类型】下拉列表：该选项用于设置指引线的类型，其包含选项如下图所示。

（2）参数设置区域

可根据系统提供的符号参数含义示意图设置符号参数，如下图所示。

（3）【设置】区域

• 【圆括号】下拉列表：用于指定标注表面粗糙度符号时是否带括号，其中包含以下4个选项，如下图所示。

①【无】：若选择该选项，标注的表面粗糙度不带括号。

②【左侧】：若选择该选项，标注的表面粗糙度带左括号。

③【右侧】：若选择该选项，标注的表面粗糙度带右括号。

④【两侧】：若选择该选项，标注的表面粗糙度两边都带括号。

（4）标注对象类型选择

该区域用于设置与表面粗糙度符号相关的对象类型。

19.7 编辑绘图对象

🔊 **本节视频教程时间：17分钟**

　　编辑绘图对象包括移动制图对象、编辑指引线、编辑组件、编辑制图对象关联性及抑制制图对象等操作。

19.7.1 移动制图对象

该功能用于移动尺寸、符号、指引线和注释等对象。

⭕ **1. 功能常见调用方法**

选择【菜单】▶【编辑】▶【注释】▶【原点】菜单命令即可，如右图所示。

2. 系统提示

系统会弹出【原点工具】对话框，如下图所示。

3. 知识点扩展

下面对【原点工具】对话框中相关选项含义进行介绍。

- 【拖动】⊹：利用鼠标拖动来确定进行工程图操作的对象的位置。
- 【相对于视图】：设置制图对象和某个视图相关联。当视图移动或移除时，制图对象也会随着发生相应的变化。

小提示

只有文本注释和标注符号才可以进行这种操作。

- 【水平文本对齐】：设置制图对象和现有的文本或注释水平对齐，即在进行尺寸标注时系统要求用户选择已存的文本或注释作为对齐基准。
- 【竖直文本对齐】：该方式和【水平文本对齐】基本一致，只不过对齐的方式为竖直对齐。
- 【对齐箭头】：设置尺寸标注与符号和已存在的箭头对齐，即在进行尺寸标注时系统要求用户选择已存在的箭头作为对齐基准。
- 【点构造器】：设置尺寸标注和利用点构造器创建的原点对齐。
- 【偏置字符】：将尺寸和已存在的尺寸、文字或注释按照指定的字符数进行对齐。

4. 实战演练——创建文本注释标注移动效果

为轴承创建文本注释标注移动效果，具体操作步骤如下。

步骤01 打开随书资源中的"素材\CH19\5.prt"文件，进入制图模块，如下图所示。

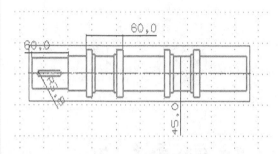

步骤02 选择【菜单】▶【编辑】▶【注释】▶【原点】菜单命令，系统弹出【原点工具】对话框后，单击【水平文本对齐】按钮，选择水平文本对齐方式，如下图所示。

步骤03 根据提示，在绘图区域内选择水平尺寸以指定要编辑的注释，如下图所示。

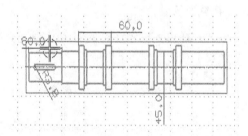

步骤04 再次单击【水平文本对齐】按钮，并在绘图区域内选择另一水平尺寸以指定对准注释，如下图所示。

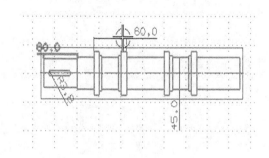

步骤 05 单击【应用】按钮，并平移光标以指定注释的新位置，如下图所示。

步骤 06 单击【取消】按钮退出操作，结果如下图所示。

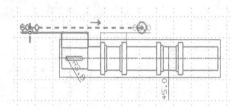

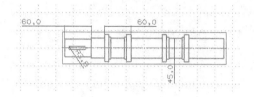

19.7.2 编辑注释对象

该功能用于增加和移去文本注释、形位公差符号或符号文本中的指引线。

● 1. 功能常见调用方法

选择【菜单】▶【编辑】▶【注释】▶【注释对象】菜单命令即可，如下图所示。

● 2. 系统提示

单击选择需要编辑注释的对象，系统会弹出【注释】对话框，如下图所示。

● 3. 实战演练——删除注释对象的指引线

为注释对象的指引线执行删除操作，具体操作步骤如下。

步骤 01 打开随书资源中的"素材\CH19\6.prt"文件，进入制图模块，如下图所示。

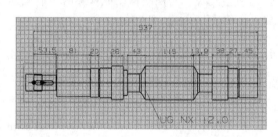

步骤 02 选择【菜单】▶【编辑】▶【注释】▶【注释对象】菜单命令，系统会弹出【注释】对话框，选择注释指引线后如下图所示。

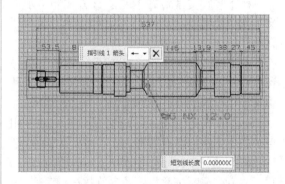

步骤 03 在【注释】对话框中单击【删除】按钮
✕ 删除注释，然后单击【关闭】按钮，完成指
引线的移除操作，结果如下图所示。

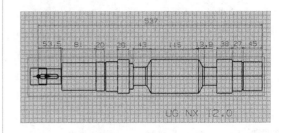

19.7.3 编辑注释文本

该功能用于编辑注释的文本内容。

● 1. 功能常见调用方法

选择【菜单】▶【编辑】▶【注释】▶【文
本】菜单命令即可，如下图所示。

● 2. 系统提示

系统会弹出【文本】对话框，如下图所示。

● 3. 实战演练——编辑注释文本

为注释文本的内容执行更改操作，具体操
作步骤如下。

步骤 01 打开随书资源中的"素材\CH19\7.prt"
文件，进入制图模块，如下图所示。

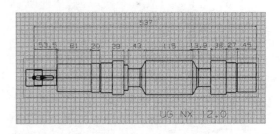

步骤 02 选择【菜单】▶【编辑】▶【注释】▶
【文本】菜单命令，系统弹出【文本】对话框
后，在绘图区域内选择需要编辑的注释对象，
如下图所示。

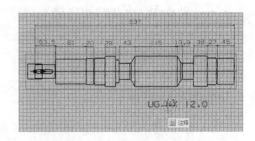

步骤 03 在【文本】对话框中可以修改文本内容为"NX 12",如下图所示。

步骤 04 在【文本】对话框中单击【关闭】按钮,结果如下图所示。

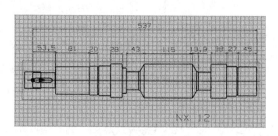

19.7.4 抑制制图对象

该功能用于抑制尺寸、公差、文本注释和电子表格等制图对象的显示。

● 1. 功能常见调用方法

选择【菜单】▶【编辑】▶【抑制制图对象】菜单命令即可,如下图所示。

● 2. 系统提示

系统会弹出【抑制制图对象】对话框,如右图所示。

● 3. 知识点扩展

当要抑制某个制图对象时,先选中【表达式】选项,再从系统弹出的【表达式】对话框的表达式列表框中选择使制图对象值为0的表达式,并返回【抑制制图对象】对话框,然后在视图中选择一个或多个要抑制的对象,所选对象就会在视图中消失。

19.7.5 工程图的其他功能

本小节对工程图中的图样功能进行讲解。

● 1. 功能常见调用方法

选择【菜单】▶【格式】▶【模式】菜单命令即可,如下图所示。

2. 系统提示

系统会弹出【图样】对话框，如下图所示。

3. 知识点扩展

下面对【图样】对话框中各相关选项含义进行讲解。

● 【调用图样】：该选项用于调用存在的图样到当前工程图。

● 【展开图样】：添加到工程图中的图样是一个整体，与原图样关联。如果要将组成图样的图素变为当前工程图的一部分，则需要拆散并释放图样。该选项用于将添加的图样拆散释放。

> **小提示**
>
> 图样释放以后，可以在工程图中单独编辑图样中的各个图素。但是这些图素不再与原来的图样关联，不能对图样再进行更新操作。

● 【更新图样】：该选项用于更新图样。如果多张工程图引用同一个图样，那么用户在修改图框中的某项内容时，既可以利用【释放

图样】功能再修改每张工程图，也可以先修改图样文件，再对各张工程图进行更新。很明显，该方法效率更高。

修改完图样后，选取该选项会弹出【更新图样】对话框，如下图所示。该对话框中的选项用于设置选择类型。选择默认的【类选择】方式后，系统会弹出【对象选择】对话框。选择要更新的图样后，系统会自动更新所选图样。

● 【替换图样】：该选项用于将当前工程图引用的图样用另一个图样替换，并保持比例、原点和方向不变。在对话框中选取该选项会弹出【替换图样】对话框。该对话框含有以下两个选项，如下图所示。【仅选定的图样】选项表示只替换图样；【含相同主模型数据的所有图样】选项表示在替换图样的同时，图样中的所有主模型数据也会引入到当前工程图中。

● 【编辑显示参数】：该选项用于编辑图样的显示参数。在对话框中选取该选项后会弹出【类选择】对话框，如下图所示，提示用户选取要编辑的图样。

● 【列出关联的部件】：该选项用于显示当前部件中图样的相关数据。选择该选项会弹

出【信息】窗口，其中列出了当前部件所调用的图样信息。

●【列出图样错误】：该选项用于显示前一个图样操作时的出错信息。选择该选项会弹出【信息】窗口，其中列出了在进行前一个图样操作时产生的出错信息。

●【创建图样点】：该选项用于产生一个新的图样点。选取该选项后会弹出【点】对话框，利用点构造器设置新的图样点，如下图所示。

19.8 综合应用——对轴图形进行尺寸标注

● 本节视频教程时间：7分钟

本节对轴图形进行尺寸标注，标注过程中主要会应用到符号文本、形位公差及表面粗糙度的标注，具体操作步骤如下。

 打开随书资源中的"素材\CH19\8.prt"文件，进入制图模块，如下图所示。

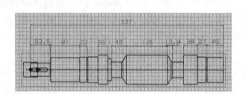

 选择【菜单】▶【插入】▶【注释】▶【符号标注】菜单命令，系统弹出【符号标注】对话框后，在该对话框的【类型】区域内选择【圆】选项，在【文本】文本框中设置基准为"A"，在【大小】文本框中设置符号大小为"15"，如下图所示。

 单击【设置】区域的【设置】按钮，进行如下图所示的设置，并单击【关闭】按钮，返回【符号标注】对话框。

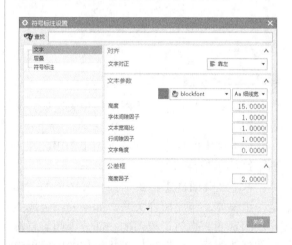

 在如下图所示位置上单击以指定插入符号的起点。

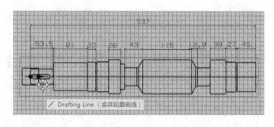

 平移光标到另一点处单击以指定放置位

置，并关闭【符号标注】对话框，结果如下图所示。

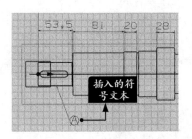

步骤 06 选择【菜单】▶【插入】▶【注释】▶【注释】菜单命令，系统弹出【注释】对话框后，在【文本输入】区域的【形位公差】列表中单击【圆跳动】按钮，在【格式设置】文本框中直接输入"0.015"，在【形位公差】列表中单击【圆柱度】按钮，在【格式设置】文本框中直接输入"0.005"，如下面上图所示。单击【设置】区域的【设置】按钮，在弹出的【注释设置】对话框中设置字体的【高度】为"10"，如下面下图所示。

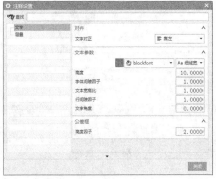

步骤 07 根据提示，在绘图区域内插入如下图所示的形位公差，并关闭【注释】对话框。

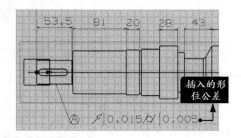

步骤 08 选择【菜单】▶【插入】▶【注释】▶【表面粗糙度符号】菜单命令，系统弹出【表面粗糙度】对话框后，在对话框上部选择表面粗糙度符号类型为【需要除料】，如下图所示。

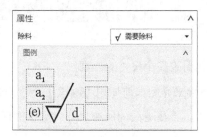

步骤 09 在对话框的【上部文本（a1）】文本框中输入"0.8"，并依次设置该粗糙度类型的圆括号、单位、文本尺寸等相关参数，如下图所示。

步骤 10 根据提示，在绘图区域内需要进行标注的地方依次单击以指定此类标注，并关闭【表面粗糙度】对话框，结果如下图所示。

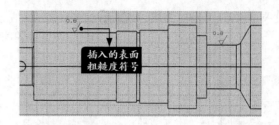

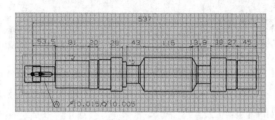

疑难解答

🕒 **本节视频教程时间：2分钟**

如何更改多个尺寸的外观

下面来介绍如何使用【继承】命令同时更改多个尺寸的外观。

步骤01 选择要更改的所有尺寸，如下图所示。

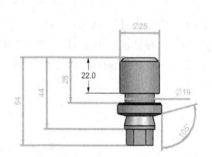

步骤02 将光标置于其中一个选定的尺寸上，单击鼠标右键并单击【设置】命令 📐。

步骤03 在【设置】对话框中，展开【继承】组。

步骤04 从【设置源】列表中选择【选定对象】。

步骤05 在图形窗口中，选择要从哪一个尺寸继承显示特征，如下图所示。

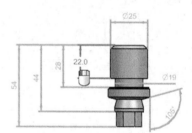

步骤06 单击【关闭】可接受更改，如下图所示。

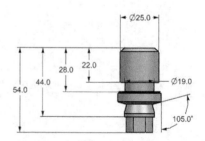

小提示

还可以选择多个尺寸并利用【设置】对话框中的选项更改选定尺寸的特定参数。

第5篇
实战案例

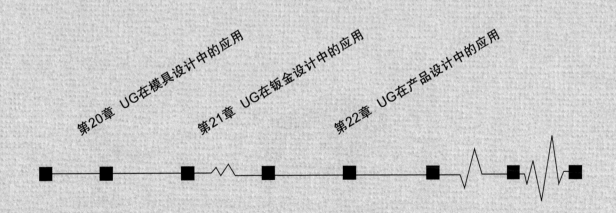

第**20**章

UG在模具设计中的应用

学习目标

　　本章将对UG NX 12.0在模具设计中的应用进行讲解，主要会对单片文件夹模具设计、托架模具设计、墙面插座保护壳模具设计进行讲解。

学习效果

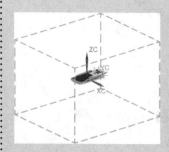
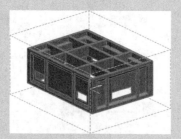

20.1 单片文件夹模具设计

🔊 本节视频教程时间：42分钟

文件夹主要用于将同类文件进行归类存放，在办公中应用较多。

20.1.1 创建单片文件夹整体造型

本小节对单片文件夹整体造型进行创建，创建过程中主要会应用到"拉伸""阵列特征"等命令，具体操作步骤如下。

步骤 01 选择【菜单】▶【文件】▶【新建】菜单命令，系统弹出【新建】对话框后，进行相应的设置，并单击【确定】按钮，创建一个新的模型文件，如下图所示。

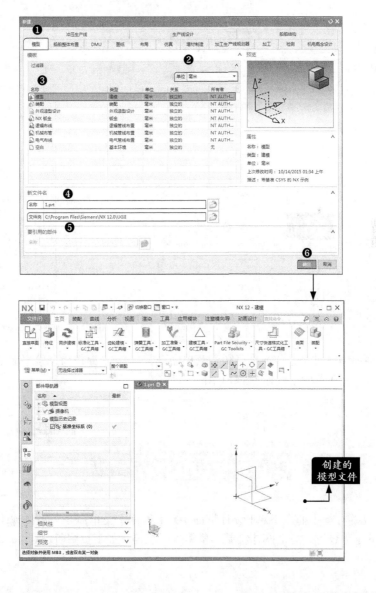

步骤 02 选择【菜单】▶【插入】▶【草图】菜单命令，系统弹出【创建草图】对话框后，直接按照系统默认的*XC-YC*平面进入草图平面，绘制如下图所示的草图，然后单击【完成草图】按钮 ▨ 退出草图。

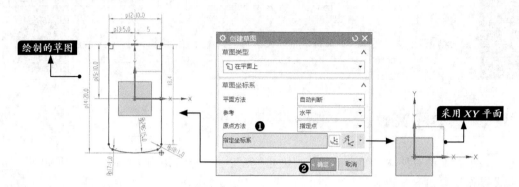

步骤 03 选择【菜单】▶【插入】▶【设计特征】▶【拉伸】菜单命令，系统弹出【拉伸】对话框后，在【限制】区域和【布尔】区域进行如下图所示的参数设置，选择刚才绘制的草图相应的曲线并进行拉伸。

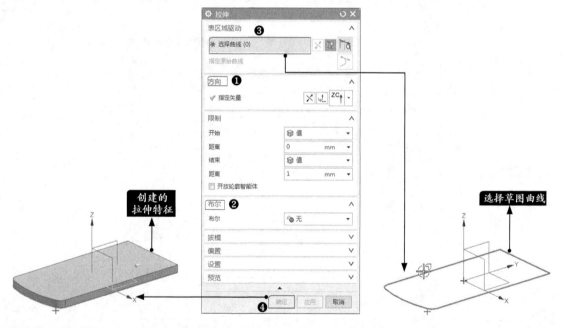

步骤 04 选择【菜单】▶【插入】▶【草图】菜单命令，以*YZ*平面作为草绘平面绘制如下图所示的草图，然后单击【完成草图】按钮 ▨ 退出草图。

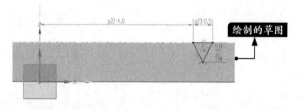

步骤 05 选择【菜单】▶【插入】▶【设计特征】▶【拉伸】菜单命令，系统弹出【拉伸】对话框后，进行相应的参数设置，并对刚才绘制的草图进行拉伸，如下页图所示。

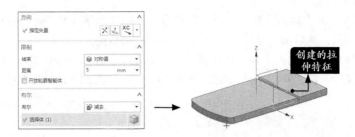

步骤 06 选择【菜单】▶【插入】▶【关联复制】▶【阵列特征】菜单命令，在【阵列特征】对话框中进行相应的参数设置，其中【布局】指定为"线性"，【数量】指定为"27"，【节距】指定为"0.5"，然后在绘图区域中选择要进行阵列操作的特征（刚创建的拉伸特征）。单击【确定】按钮，系统自动创建线性阵列特征，如下图所示。

步骤 07 选择【菜单】▶【插入】▶【草图】菜单命令，选择如下左图所示的曲面作为草绘平面并进行草图绘制，然后单击【完成草图】按钮 ❖ 退出草图，结果如下右图所示。

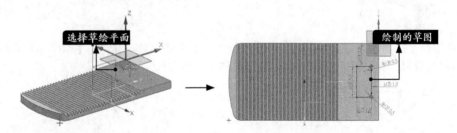

步骤 08 选择【菜单】▶【插入】▶【设计特征】▶【拉伸】菜单命令，系统会弹出【拉伸】对话框，进行相应的参数设置，并对刚才绘制的草图进行拉伸，如下图所示。

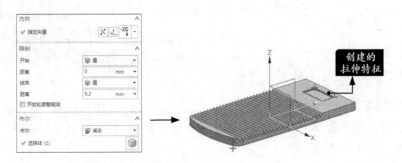

步骤09 选择【菜单】▶【插入】▶【草图】菜单命令，以基准平面YZ面作为草绘平面进行草图的绘制，如下左图所示，然后单击【完成草图】按钮 退出草图。

步骤10 选择【菜单】▶【插入】▶【设计特征】▶【拉伸】菜单命令，在【拉伸】对话框中进行如下中图所示的参数设置，并对刚才绘制的草图进行拉伸，结果如下右图所示。

20.1.2 创建单片文件夹细节部分

本小节对单片文件夹细节部分进行创建，创建过程中主要会应用到"拉伸""镜像特征"等命令，具体操作步骤如下。

步骤01 选择【菜单】▶【插入】▶【基准/点】▶【基准平面】菜单命令，以YZ基准平面作为参考平面，偏置距离设置为"5"，适当调整方向，进行新平面的创建，如下图所示。

步骤02 选择【菜单】▶【插入】▶【草图】菜单命令，以刚才创建的新平面作为草绘平面进行草图的绘制，然后单击【完成草图】按钮 退出草图，如下右图所示。

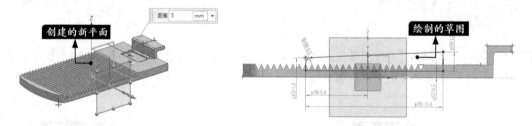

步骤03 选择【菜单】▶【插入】▶【设计特征】▶【拉伸】菜单命令，在【拉伸】对话框中进行相应的参数设置，并对刚才绘制的草图进行拉伸，如下图所示。

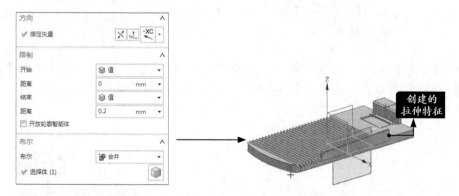

步骤04 继续以步骤01中创建的新平面作为草绘平面进行如下左图所示的草图绘制。

步骤05 调用【拉伸】命令，在【拉伸】对话框中进行如下中图所示的参数设置，并对刚才绘制的草图进行拉伸，如下右图所示。

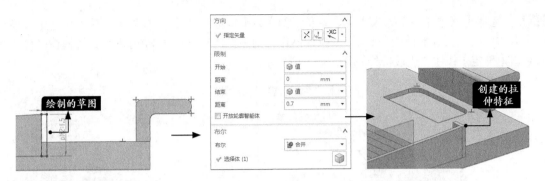

步骤 06 继续以**步骤 01** 中创建的新平面作为草绘平面进行如下左图所示的草图绘制。

步骤 07 调用【拉伸】命令，在【拉伸】对话框中进行如下中图所示的参数设置，并对刚才绘制的草图进行拉伸，如下右图所示。

步骤 08 继续以**步骤 01** 中创建的新平面作为草绘平面进行如下左图所示的草图绘制。

步骤 09 调用【拉伸】命令，在【拉伸】对话框中进行如下中图所示的参数设置，并对刚才绘制的草图进行拉伸，如下右图所示。

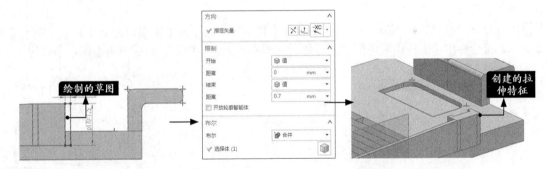

步骤 10 继续以**步骤 01** 中创建的新平面作为草绘平面进行如下左图所示的草图绘制。

步骤 11 调用【拉伸】命令，在【拉伸】对话框中进行如下中图所示的参数设置，并对刚才绘制的草图进行拉伸，如下右图所示。

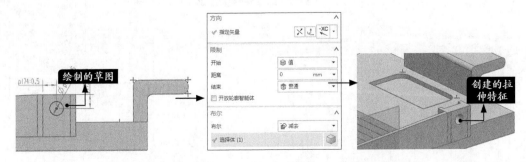

步骤⑫ 选择【菜单】➤【插入】➤【关联复制】➤【镜像特征】菜单命令，系统弹出【镜像特征】对话框后，先选取前面创建的5个拉伸体作为要镜像的特征，以YZ基准平面为镜像平面，然后单击【确定】按钮，生成镜像特征，如下图所示。

20.1.3 创建单片文件夹模具

本小节进行单片文件夹模具设计，主要进行定义模具坐标系、区域检查和区域定义等操作，具体操作步骤如下。

步骤① 进入UG模具设计模块。选择【菜单】➤【应用模块】➤【特定于工艺】➤【注塑模向导】菜单命令，随即进入模具向导应用模块，出现【注塑模向导】选项卡。

步骤② 加载产品。选择【菜单】➤【工具】➤【特定于工艺】➤【注塑模向导】➤【初始化项目】菜单命令，系统弹出【初始化项目】对话框后，进行如下左图所示的参数设置，然后单击【确定】按钮。

步骤③ 设定模具坐标系。选择【菜单】➤【工具】➤【特定于工艺】➤【注塑模向导】➤【模具坐标系】菜单命令，系统弹出【模具坐标系】对话框后，进行如下中图所示的参数设置，然后单击【确定】按钮。

步骤④ 设定模坯。选择【菜单】➤【工具】➤【特定于工艺】➤【注塑模向导】➤【工件】菜单命令，系统会弹出【工件】对话框，进行如下右图所示的参数设置，然后单击【确定】按钮。

步骤 05 检查区域。选择【菜单】▶【工具】▶【特定于工艺】▶【注塑模向导】▶【分型工具】▶【检查区域】菜单命令，系统弹出【检查区域】对话框后，单击【计算】选项卡中的【计算】按钮 ，然后单击【确定】按钮，如下图所示。

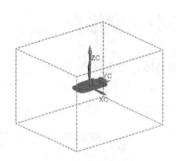

步骤 06 定义区域。选择【菜单】▶【工具】▶【特定于工艺】▶【注塑模向导】▶【分型工具】▶【定义区域】菜单命令，系统弹出【定义区域】对话框后，在【区域名称】下方选择【所有面】选项，勾选【设置】区域中的【创建区域】复选项和【创建分型线】复选项，然后单击【确定】按钮，如下图所示。

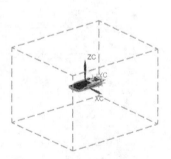

步骤 07 分模。选择【菜单】▶【工具】▶【特定于工艺】▶【注塑模向导】▶【分型工具】▶【设计分型面】菜单命令，系统弹出【设计分型面】对话框后，可以设置分型线和分型面。下图为单击【自动创建分型面】按钮 后的结果。

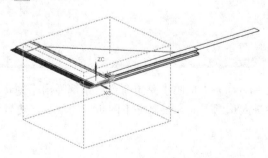

20.2 托架模具设计

本节视频教程时间：52 分钟

托架主要用于承重。在不同的环境下，对托架的要求也不相同。

20.2.1 创建托架整体造型

本小节对托架整体造型进行创建，创建过程中主要会应用到"拉伸"命令，具体操作步骤如下。

步骤 01 选择【菜单】▶【文件】▶【新建】菜单命令，系统弹出【新建】对话框后，进行相应的设置，并单击【确定】按钮，创建一个新的模型文件，如下图所示。

步骤 02 选择【菜单】▶【插入】▶【草图】菜单命令，系统弹出【创建草图】对话框后，直接按照系统默认的*XC-YC*平面进入草图平面，绘制如下图所示的草图，然后单击【完成草图】按钮 退出草图。

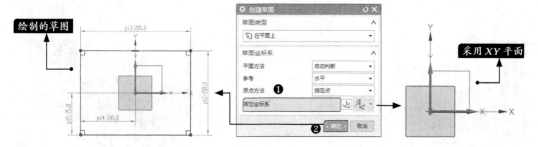

步骤 03 选择【菜单】▶【插入】▶【设计特征】▶【拉伸】菜单命令，系统弹出【拉伸】对话框后，在【限制】区域和【布尔】区域内进行如下中图所示的参数设置，在刚才绘制的草图中选择如下右图所示的曲线并进行拉伸，结果如下右图所示。

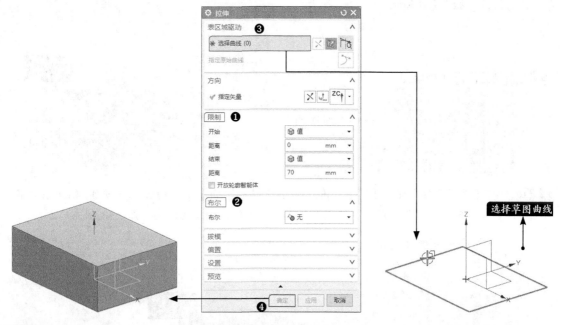

步骤 04 继续调用【草图】命令，以模型的上表面为草绘平面进行如下左图所示的草图绘制。

步骤 05 调用【拉伸】命令，在【拉伸】对话框中进行如下中图所示的参数设置，并对刚才绘制的草图进行拉伸，如下右图所示。

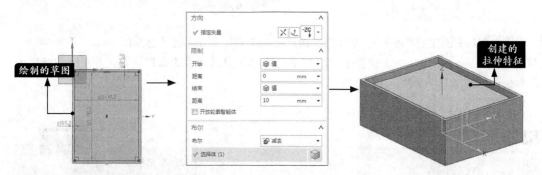

步骤 06 继续调用【草图】命令，以基准平面XY面为草绘平面进行如下左图所示的草图绘制。

步骤 07 调用【拉伸】命令，在【拉伸】对话框中进行如下中图所示的参数设置，并对刚才绘制的草图进行拉伸，如下右图所示。

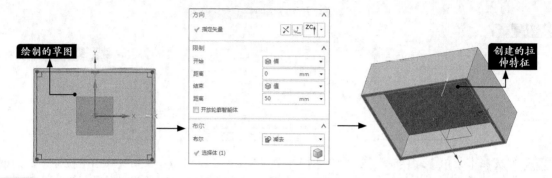

步骤 08 继续调用【草图】命令，以基准平面XY面为草绘平面进行如下左图所示的草图绘制。

步骤 09 调用【拉伸】命令，在【拉伸】对话框中进行如下中图所示的参数设置，并对刚才绘制的草图进行拉伸，如下右图所示。

步骤 10 选择【菜单】➤【插入】➤【基准/点】➤【基准平面】菜单命令，选择基准平面XY面为参考平面，偏置距离设置为"70"，适当调整方向，进行新平面的创建，如下图所示。

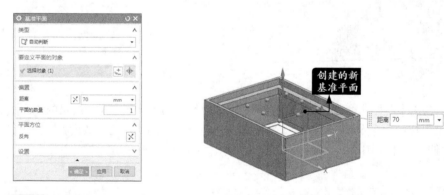

步骤 11 以 **步骤 10** 中创建的新平面作为草绘平面进行如下左图所示的草图绘制。

步骤 12 调用【拉伸】命令，在【拉伸】对话框中进行如下中图所示的参数设置，并对刚才绘制的草图进行拉伸，如下右图所示。

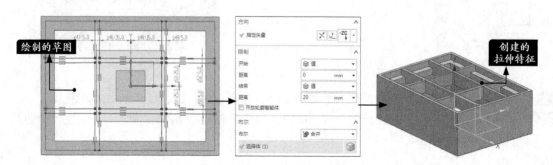

20.2.2　创建托架细节部分

本小节对托架细节部分进行创建，创建过程中主要会应用到"拉伸""镜像特征"命令，具体操作步骤如下。

步骤01 选择【菜单】▶【插入】▶【基准/点】▶【基准平面】菜单命令，选择基准平面*XZ*面为参考平面，偏置距离设置为"75"，适当调整方向，进行新平面的创建，如下图所示。

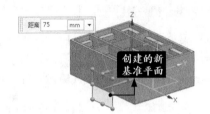

步骤02 以**步骤01**中创建的新平面作为草绘平面进行如下左图所示的草图绘制。

步骤03 调用【拉伸】命令，在【拉伸】对话框中进行如下中图所示的参数设置，并对刚才绘制的草图进行拉伸，如下右图所示。

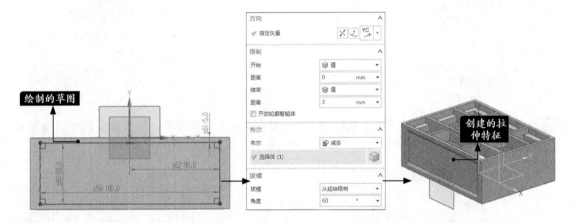

步骤04 继续以**步骤01**中创建的新平面作为草绘平面进行如下左图所示的草图绘制。

步骤05 调用【拉伸】命令，在【拉伸】对话框中进行如下中图所示的参数设置，并对刚才绘制的草图进行拉伸，如下右图所示。

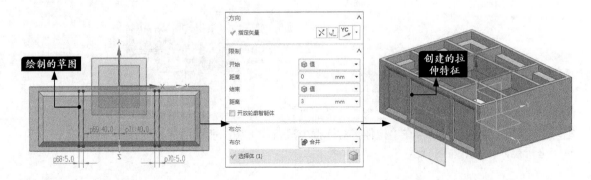

步骤 06 继续以 **步骤 01** 中创建的新平面作为草绘平面进行如下左图所示的草图绘制。

步骤 07 调用【拉伸】命令，在【拉伸】对话框中进行如下中图所示的参数设置，并对刚才绘制的草图进行拉伸，如下右图所示。

步骤 08 选择【菜单】▶【插入】▶【关联复制】▶【镜像特征】菜单命令，系统弹出【镜像特征】对话框后，先选取 **步骤 02** 至 **步骤 05** 创建的拉伸体作为要镜像的特征，以 XZ 基准平面为镜像平面，然后单击【确定】按钮，生成镜像特征，如下图所示。

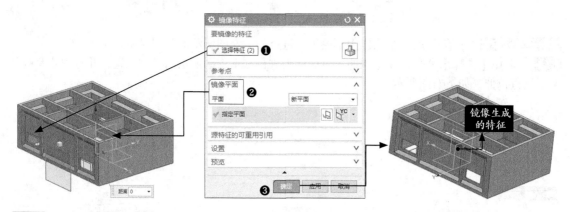

步骤 09 选择【菜单】▶【插入】▶【基准/点】▶【基准平面】菜单命令，选择基准平面 YZ 面为参考平面，偏置距离设置为"100"，适当调整方向，进行新平面的创建，如下图所示。

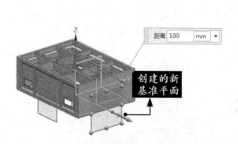

步骤 10 以 **步骤 09** 中创建的新平面作为草绘平面进行如下左图所示的草图绘制。

步骤 11 调用【拉伸】命令，在【拉伸】对话框中进行如下中图所示的参数设置，并对刚才绘制的草图进行拉伸，如下右图所示。

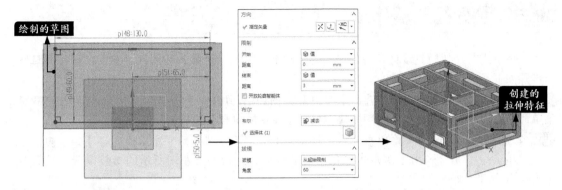

步骤12 继续以**步骤09**中创建的新平面作为草绘平面进行如下左图所示的草图绘制。

步骤13 调用【拉伸】命令，在【拉伸】对话框中进行如下中图所示的参数设置，并对刚才绘制的草图进行拉伸，如下右图所示。

步骤14 继续以**步骤09**中创建的新平面作为草绘平面进行如下左图所示的草图绘制。

步骤15 调用【拉伸】命令，在【拉伸】对话框中进行如下中图所示的参数设置，并对刚才绘制的草图进行拉伸，如下图所示。

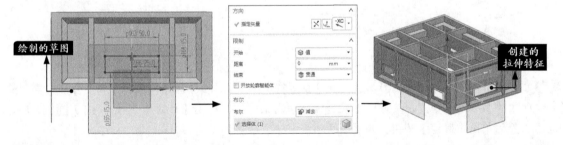

步骤16 选择【菜单】➤【插入】➤【关联复制】➤【镜像特征】菜单命令，系统弹出【镜像特征】对话框后，先选取**步骤10**至**步骤13**创建的拉伸体作为要镜像的特征，以*YZ*基准平面为镜像平面，然后单击【确定】按钮，生成镜像特征，如下图所示。

20.2.3 创建托架模具

本小节进行托架模具设计，主要进行定义模具坐标系、区域检查和区域定义等操作，具体操作步骤如下。

步骤 01 进入UG模具设计模块。选择【菜单】▶【应用模块】▶【特定于工艺】▶【注塑模向导】菜单命令，随即进入模具向导应用模块，出现【注塑模向导】选项卡。

步骤 02 加载产品。选择【菜单】▶【工具】▶【特定于工艺】▶【注塑模向导】▶【初始化项目】菜单命令，系统弹出【初始化项目】对话框后，进行如下左图所示的参数设置，然后单击【确定】按钮。

步骤 03 设定模具坐标系。选择【菜单】▶【工具】▶【特定于工艺】▶【注塑模向导】▶【模具坐标系】菜单命令，系统弹出【模具坐标系】对话框后，进行如下中图所示的参数设置，然后单击【确定】按钮。

步骤 04 设定模坯。选择【菜单】▶【工具】▶【特定于工艺】▶【注塑模向导】▶【工件】菜单命令，系统弹出【工件】对话框后，进行如下右图所示的参数设置，然后单击【确定】按钮。

步骤 05 检查区域。选择【菜单】▶【工具】▶【特定于工艺】▶【注塑模向导】▶【分型工具】▶【检查区域】菜单命令，系统弹出【检查区域】对话框后，单击【计算】选项卡中的【计算】按钮，然后单击【确定】按钮，如下图所示。

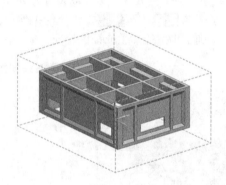

步骤 06 定义区域。选择【菜单】▶【工具】▶【特定于工艺】▶【注塑模向导】▶【分型工具】▶

【定义区域】菜单命令，系统弹出【定义区域】对话框后，在【区域名称】下方选择【所有面】
选项，勾选【设置】区域中的【创建区域】复选项和【创建分型线】复选项，然后单击【确定】按
钮，如下图所示。

步骤 07 分模。选择【菜单】➤【工具】➤【特定于工艺】➤【注塑模向导】➤【分型工具】➤【设
计分型面】菜单命令，系统弹出【设计分型面】对话框后，可以设置分型线和分型面。下图为系
统默认的创建结果。

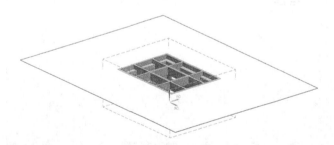

20.3 墙面插座保护壳模具设计

🎥 **本节视频教程时间：26 分钟**

墙面插座在日常生活中应用比较广泛，其保护壳除了可以起到保护作用
外，还具有美观效果。

20.3.1 创建墙面插座保护壳造型

本小节对墙面插座保护壳造型进行创建，创建过程中主要会应用到"拉伸""壳""镜像特
征"等命令，具体操作步骤如下。

步骤 01 选择【菜单】➤【文件】➤【新建】菜单命令，系统弹出【新建】对话框后，进行相应的
设置，并单击【确定】按钮，创建一个新的模型文件，如下图所示。

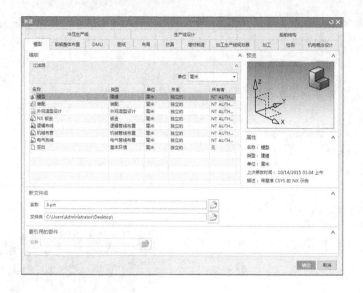

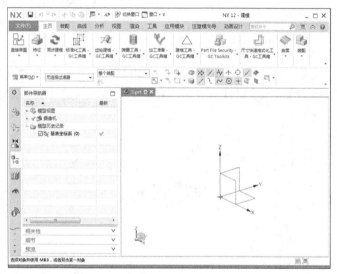

步骤 **02** 选择【菜单】▶【插入】▶【草图】菜单命令，系统弹出【创建草图】对话框后，将基准坐标系 *XZ* 平面作为草绘平面，绘制如下图所示的草图，然后单击【完成草图】按钮 ▨ 退出草图。

步骤 **03** 选择【菜单】▶【插入】▶【设计特征】▶【拉伸】菜单命令，系统弹出【拉伸】对话框后，在【限制】区域和【布尔】区域内进行如下中图所示的参数设置，在刚才绘制的草图上选择如下右图所示的曲线并进行拉伸，结果如下图所示。

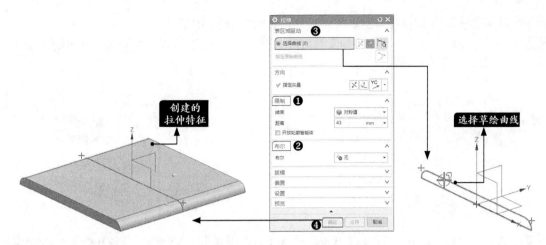

步骤 04 选择【菜单】➤【插入】➤【偏置/缩放】➤【抽壳】菜单命令，系统弹出【抽壳】对话框后，【厚度】值设置为"1"，并在绘图区域中对模型的下表面进行抽壳操作，如下图所示。

步骤 05 选择【菜单】➤【插入】➤【基准/点】➤【基准平面】菜单命令，选择基准平面XZ面为参考平面，偏置距离设置为"43"，适当调整方向，进行新平面的创建，如下图所示。

步骤 06 以**步骤 05**中创建的新平面作为草绘平面进行如下左图所示的草图绘制。

步骤 07 调用【拉伸】命令，在【拉伸】对话框中进行如下中图所示的参数设置，并对刚才绘制的草图进行拉伸，如下右图所示。

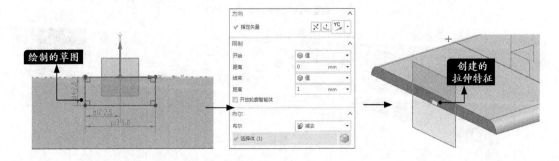

步骤 08 以基准平面*XY*面作为草绘平面进行如下左图所示的草图绘制。

步骤 09 调用【拉伸】命令，在【拉伸】对话框中进行如下中图所示的参数设置，并对刚才绘制的草图进行拉伸，如下右图所示。

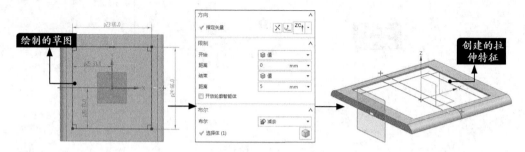

步骤 10 选择【菜单】➤【插入】➤【基准/点】➤【基准平面】菜单命令，选择基准平面*XZ*面为参考平面，偏置距离设置为"20"，适当调整方向，进行新平面的创建，如下图所示。

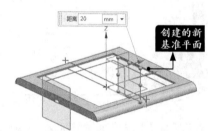

步骤 11 以 **步骤 10** 中创建的新平面作为草绘平面进行如下左图所示的草图绘制。

步骤 12 调用【拉伸】命令，在【拉伸】对话框中进行如下中图所示的参数设置，并对刚才绘制的草图进行拉伸，如下右图所示。

步骤 13 选择【菜单】➤【插入】➤【关联复制】➤【镜像特征】菜单命令，系统弹出【镜像特征】对话框后，先选取 **步骤 11** 至 **步骤 12** 创建的拉伸体作为要镜像的特征，以*XZ*基准平面为镜像平面，然后单击【确定】按钮，生成镜像特征，如下图所示。

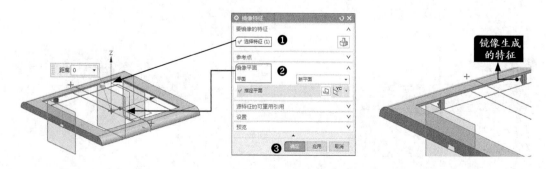

步骤⑭ 继续调用【镜像特征】命令，先选取 **步骤⑪** 至 **步骤⑬** 创建的拉伸体和镜像体为镜像特征，以YZ基准平面为镜像平面，然后单击【确定】按钮，生成镜像特征，如下图所示。

20.3.2 创建墙面插座保护壳模具

本小节进行墙面插座保护壳模具设计，主要进行定义模具坐标系、区域检查和区域定义等操作，具体操作步骤如下。

步骤① 进入UG模具设计模块。选择【菜单】▶【应用模块】▶【特定于工艺】▶【注塑模向导】菜单命令，随即进入模具向导应用模块，出现【注塑模向导】选项卡。

步骤② 加载产品。选择【菜单】▶【工具】▶【特定于工艺】▶【注塑模向导】▶【初始化项目】菜单命令，系统弹出【初始化项目】对话框后，进行如下左图所示的参数设置，然后单击【确定】按钮。

步骤③ 设定模具坐标系。选择【菜单】▶【工具】▶【特定于工艺】▶【注塑模向导】▶【模具坐标系】菜单命令，系统弹出【模具坐标系】对话框后，进行如下中图所示的参数设置，然后单击【确定】按钮。

步骤④ 设定模坯。选择【菜单】▶【工具】▶【特定于工艺】▶【注塑模向导】▶【工件】菜单命令，系统弹出【工件】对话框后，进行如下右图所示的参数设置，然后单击【确定】按钮。

步骤 05 检查区域。选择【菜单】▶【工具】▶【特定于工艺】▶【注塑模向导】▶【分型工具】▶【检查区域】菜单命令，系统弹出【检查区域】对话框后，单击【计算】选项卡中的【计算】按钮 ，然后单击【确定】按钮，如下图所示。

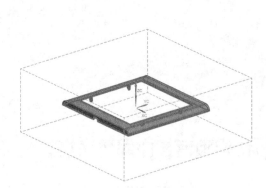

步骤 06 定义区域。选择【菜单】▶【工具】▶【特定于工艺】▶【注塑模向导】▶【分型工具】▶【定义区域】菜单命令，系统弹出【定义区域】对话框后，在【区域名称】下方选择【所有面】选项，勾选【设置】区域中的【创建区域】复选项和【创建分型线】复选项，然后单击【确定】按钮，如下图所示。

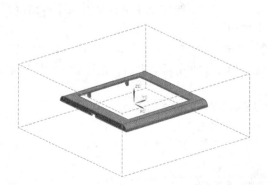

步骤 07 分模。选择【菜单】▶【工具】▶【特定于工艺】▶【注塑模向导】▶【分型工具】▶【设计分型面】菜单命令，系统弹出【设计分型面】对话框后，可以设置分型线和分型面。下图为系统默认的创建结果。

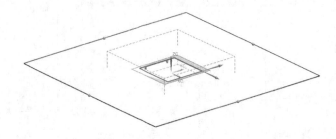

第 21 章

UG在钣金设计中的应用

学习目标

　　本章将对UG NX 12.0在钣金设计中的应用进行讲解，包括顺逆开关保护壳、水嘴底座、暖气罩造型的绘制方法。

学习效果

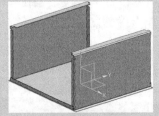
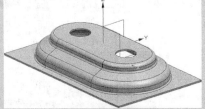
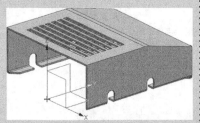

21.1 创建顺逆开关保护壳

🕐 **本节视频教程时间：15分钟**

顺逆开关主要用于连通、断开电源或负载，可用于设备需正、反两方向旋转的环境。

21.1.1 创建开关保护壳整体造型

本小节对开关保护壳整体造型进行创建，创建过程中主要会应用到"突出块""弯边""腔""镜像特征"等命令，具体操作步骤如下。

步骤 01 选择【菜单】▶【文件】▶【新建】菜单命令，系统弹出【新建】对话框后，进行相应的设置，并单击【确定】按钮，创建一个新的NX钣金文件，如下图所示。

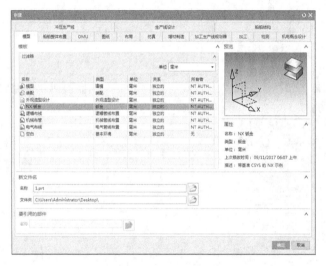

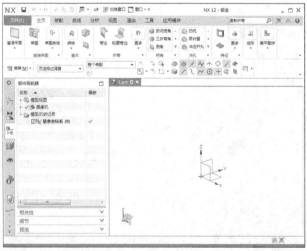

步骤 02 选择【菜单】▶【插入】▶【草图】菜单命令，系统弹出【创建草图】对话框后，直接按照系统默认的*XC-YC*平面进入草图平面，绘制如下图所示的草图，然后单击【完成草图】按钮

退出草图。

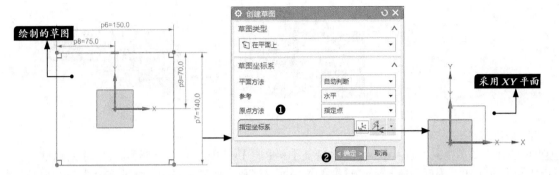

步骤 03 选择【菜单】▶【插入】▶【突出块】菜单命令，系统弹出【突出块】对话框后，为刚才绘制的草图创建突出块特征，选中草图曲线，设置厚度值为"1"，如下图所示。

步骤 04 选择【菜单】▶【插入】▶【折弯】▶【弯边】菜单命令，系统弹出【弯边】对话框后，进行相应的参数设置，然后选择突出块特征的一条边进行弯边操作，如下图所示。

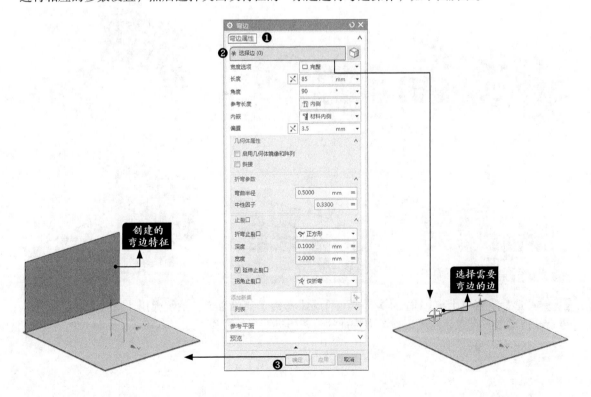

步骤 05 重复 **步骤 04** 的弯边操作，其中弯边长度设置为"10"，其余参数不变，如下图所示。

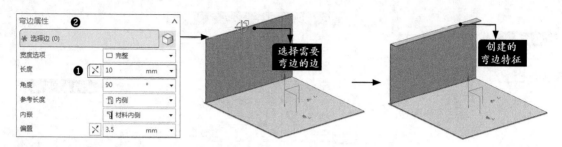

步骤 06 选择【菜单】▶【插入】▶【设计特征】▶【腔】菜单命令，系统弹出【腔】对话框后，单击【矩形】按钮，根据系统提示，选取放置平面。选取平面后会弹出【水平参考】对话框，根据提示选取一条边缘线作为水平参考方向。系统弹出【矩形腔】对话框后，设置各项参数，单击【确定】按钮。系统弹出【定位】对话框后，采用两次【线落在线上】方式进行定位，选择参考边界，然后单击【确定】按钮创建腔体，具体流程如下图所示。

步骤 07 使用同样的方法，在另一侧的对称位置生成同样的腔体。

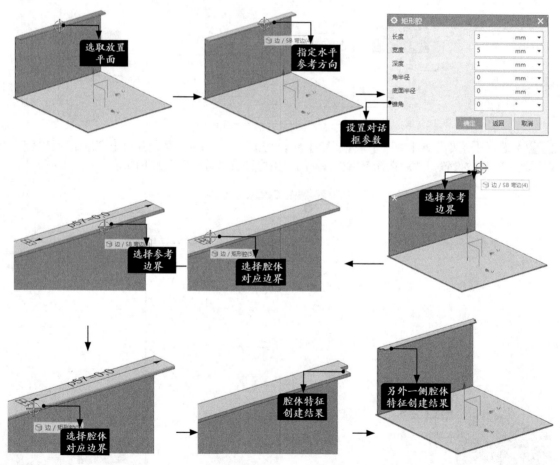

步骤 08 选择【菜单】▶【插入】▶【折弯】▶【弯边】菜单命令，系统弹出【弯边】对话框后，进行相应的参数设置，然后选择弯边特征的一条边进行弯边操作，如下图所示。

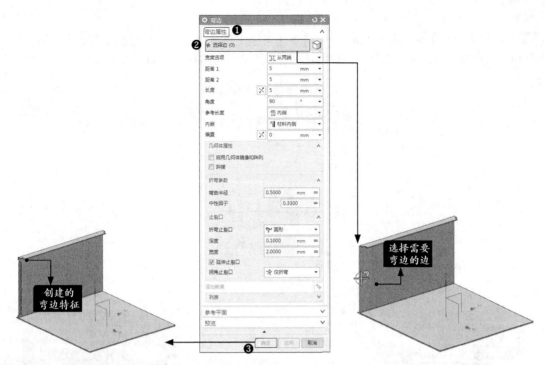

步骤09 重复 **步骤08** 的操作，对另一个对称边进行相同的弯边操作，结构如下图所示。

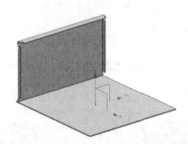

步骤10 选择【菜单】▶【插入】▶【关联复制】▶【镜像特征】菜单命令，系统弹出【镜像特征】对话框后，先选取前面创建的弯边特征作为要镜像的特征，指定YZ基准平面为镜像平面，然后单击【确定】按钮，镜像生成另一侧的弯边特征，如下图所示。

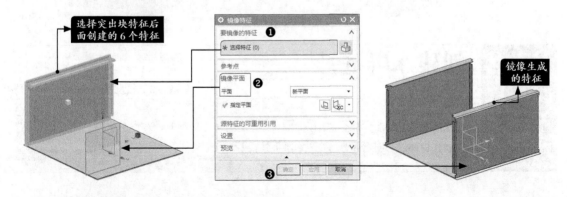

21.1.2 创建开关保护壳细节特征

本小节对开关保护壳细节特征进行创建，创建过程中主要会应用到"弯边"命令，具体操作步骤如下。

步骤 01 选择【菜单】►【插入】►【折弯】►【弯边】菜单命令，系统弹出【弯边】对话框后，进行相应的参数设置，然后选择突出块特征的一条边进行弯边操作，如下图所示。

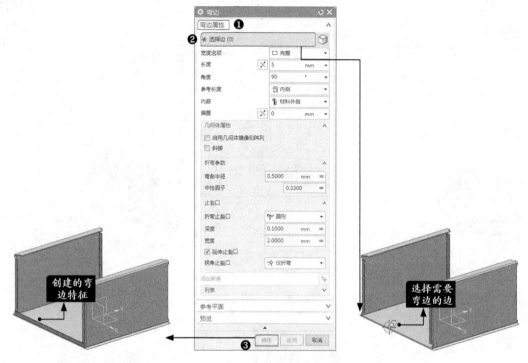

步骤 02 重复 步骤 01 的操作，对另一个对称边进行相同的弯边操作，如下图所示。

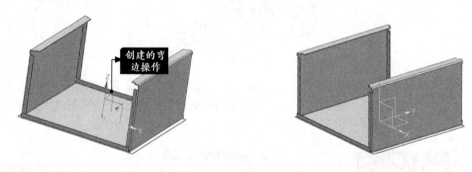

21.2 创建水嘴底座

 🔵 本节视频教程时间：16分钟

水嘴底座的创建主要会应用到"拉伸""突出块"等命令，操作过程中可以先在建模环境中创建部分特征，然后将其转换为钣金特征，继续进行创建。

21.2.1 创建水嘴底座整体造型

水嘴底座整体造型可以在建模环境中进行创建，创建过程中主要会应用到"拉伸""边倒圆"等命令，具体操作步骤如下。

步骤01 选择【菜单】▶【文件】▶【新建】菜单命令，系统弹出【新建】对话框后，进行相应的设置，并单击【确定】按钮，创建一个新的模型文件，如下图所示。

步骤02 选择【菜单】▶【插入】▶【草图】菜单命令，系统弹出如下中图所示的【创建草图】对话框后，直接按照系统默认的*XC-YC*平面进入草图平面，绘制如下左图所示的草图，然后单击【完成草图】按钮🔲退出草图，结果如下右图所示。

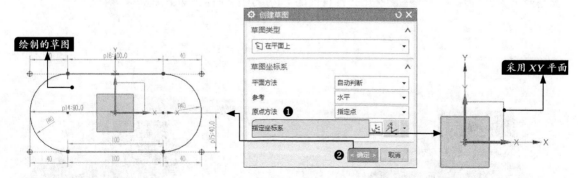

步骤03 选择【菜单】▶【插入】▶【设计特征】▶【拉伸】菜单命令，系统弹出【拉伸】对话框

后，进行相关的参数设置，并对刚才绘制的草图进行拉伸，如下图所示。

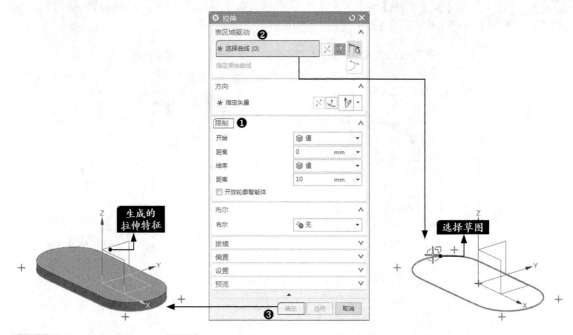

步骤04 重复拉伸操作，对**步骤03**中拉抻特征的下边缘进行拉伸，注意拔模角度的设置，如下图所示。

步骤05 重复拉伸操作，对**步骤04**中拉抻特征的下边缘进行拉伸，如下图所示。

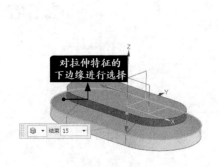

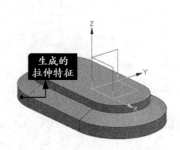

步骤 06 选择【菜单】▶【插入】▶【细节特征】▶【边倒圆】菜单命令，系统弹出【边倒圆】对话框后，可以采用添加新集的方式将3个位置以不同的半径值同时进行边倒圆操作，如下图所示。

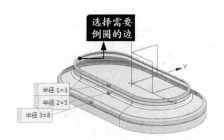  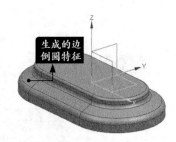

21.2.2 创建水嘴底座细节造型

水嘴底座细节造型可以切换到钣金环境中进行创建，创建过程中主要会应用到突出块、孔等命令，具体操作步骤如下。

步骤 01 选择【菜单】▶【应用模块】▶【钣金】菜单命令，切换到钣金环境，然后选择【菜单】▶【插入】▶【转换】▶【转换为钣金】菜单命令，系统弹出如下中图所示的【转换为钣金】对话框后，在绘图区域中选择如下左图所示的面，并单击【转换为钣金】对话框中的【确定】按钮，结果如下右图所示。

步骤 02 选择【菜单】▶【插入】▶【基准/点】▶【基准平面】菜单命令，系统弹出【基准平面】对话框后，以XY平面作为参考平面进行新平面的创建，如下图所示。

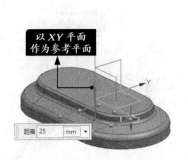  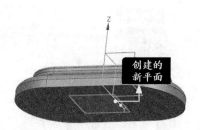

步骤 03 选择【菜单】▶【插入】▶【草图】菜单命令，系统弹出如下右图所示的【创建草图】对话框后，将新创建的平面作为绘图平面，绘制如下左图所示的草图，然后单击【完成草图】按钮 退出草图。

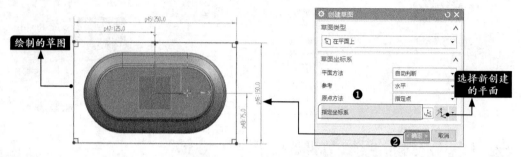

步骤 04 选择【菜单】▶【插入】▶【突出块】菜单命令，系统弹出【突出块】对话框后，在绘图区域中选择刚才创建的草图对象，对其进行突出块特征的创建，如下图所示。

步骤 05 选择【菜单】▶【插入】▶【设计特征】▶【孔】菜单命令，系统弹出【孔】对话框后，在绘图区域中单击指定如下左图所示的几个点，以指定孔位置，进行孔特征的创建，结果如下右图所示。

步骤 06 选择【菜单】▶【插入】▶【冲孔】▶【实体冲压】菜单命令，系统弹出【实体冲压】对话框后，在绘图区域中分别选择目标体及刀具，并单击【确定】按钮，如下图所示。

21.3 创建暖气罩造型

🌐 本节视频教程时间：39分钟

暖气罩的创建主要会应用到"拉伸""壳""倒斜角""阵列特征"等命令。操作过程中可以先在建模环境中创建部分特征，然后将其转换为钣金特征，继续进行创建。

21.3.1 创建暖气罩整体造型

暖气罩整体造型可以先在建模环境中进行创建，然后再转换到钣金环境中继续创建，创建过程中主要会应用到"拉伸""壳""倒斜角""折弯"等命令，具体操作步骤如下。

步骤01 选择【菜单】▶【文件】▶【新建】菜单命令，系统弹出【新建】对话框后，进行相应的设置，并单击【确定】按钮，创建一个新的模型文件，如下图所示。

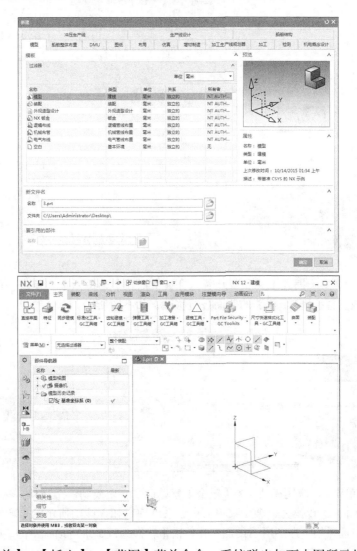

步骤02 选择【菜单】▶【插入】▶【草图】菜单命令，系统弹出如下中图所示的【创建草图】对

话框后，按照*YC-ZC*平面进入草图平面，绘制如下左图所示的草图，然后单击【完成草图】按钮
退出草图。

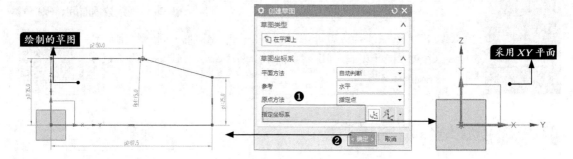

步骤 03 选择【菜单】➤【插入】➤【设计特征】➤【拉伸】菜单命令，系统弹出【拉伸】对话框
后，在【限制】区域和【布尔】区域内进行如下中图所示的参数设置，选择如下右图所示的曲线。
并对刚才绘制的草图进行拉伸，结果如下左图所示。

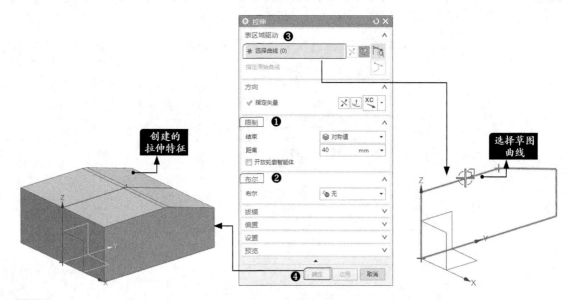

步骤 04 选择【菜单】➤【插入】➤【偏置/缩放】➤【抽壳】菜单命令，系统弹出【抽壳】对话框
后，在绘图区域内选择模型3个相邻的侧面进行移除，如下图所示。

步骤 05 选择【菜单】➤【应用模块】➤【钣金】菜单命令，切换到钣金环境，然后选择【菜单】➤
【插入】➤【转换】➤【转换为钣金】菜单命令，系统弹出如下中图所示的【转换为钣金】对话框
后，在绘图区域中选择如下左图所示的面，并单击【转换为钣金】对话框中的【确定】按钮，结果
如下右图所示。

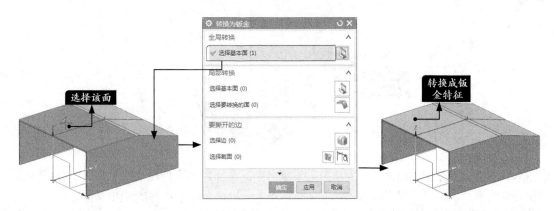

选择【菜单】➤【插入】➤【拐角】➤【倒斜角】菜单命令，系统弹出【倒斜角】对话框后，在【偏置】区域的【距离】文本框中输入偏置距离"5.5"，完成模型中4个棱角边缘的倒斜角操作，如下图所示。

步骤07 选择【菜单】➤【插入】➤【草图】菜单命令，系统弹出【创建草图】对话框后，选择如下左图所示的曲面作为草绘平面，进行直线段的绘制，然后单击【完成草图】按钮 退出草图，结果如下右图所示。

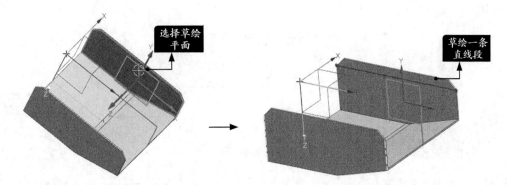

步骤08 选择【菜单】➤【插入】➤【折弯】➤【折弯】菜单命令，系统弹出【折弯】对话框后，在绘图区域内选择刚才绘制的草绘直线作为折弯线，进行折弯特征的创建，如下图所示。

步骤09 重复**步骤**07 至**步骤**08，对另外一侧对称边执行相同的操作，如下图所示。

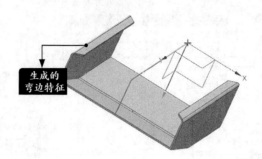

步骤⑩ 选择【菜单】▶【插入】▶【草图】菜单命令，系统弹出【创建草图】对话框后，以*YZ*平面作为草绘平面进行圆弧和直线段的绘制，然后单击【完成草图】按钮 ▩ 退出草图。

步骤⑪ 选择【菜单】▶【插入】▶【折弯】▶【轮廓弯边】菜单命令，系统弹出【轮廓弯边】对话框后，选择刚才创建的草图进行轮廓弯边特征的创建，如下图所示。

步骤⑫ 选择【菜单】▶【插入】▶【拐角】▶【倒斜角】菜单命令，系统弹出【倒斜角】对话框后，在【偏置】区域的【距离】文本框中输入偏置距离"5.5"，完成模型中两个棱角边缘的倒斜角操作，如下图所示。

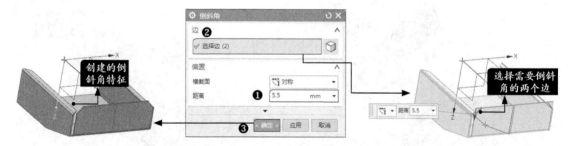

步骤⑬ 选择【菜单】▶【插入】▶【草图】菜单命令，系统弹出【创建草图】对话框后，选择如下左图所示的曲面作为草绘平面，进行直线段的绘制，然后单击【完成草图】按钮 ▩ 退出草图，结果如下右图所示。

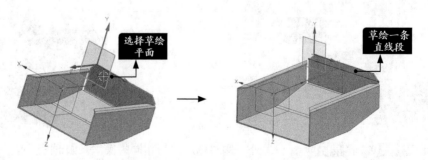

步骤⑭ 选择【菜单】➤【插入】➤【折弯】➤【折弯】菜单命令，系统弹出【折弯】对话框后，在绘图区域内选择刚才绘制的草绘直线作为折弯线，进行折弯特征的创建，如下图所示。

21.3.2 创建暖气罩细节造型

暖气罩细节造型的创建过程中主要会应用到伸直、拉伸、重新折弯、百叶窗、阵列特征等命令，具体操作步骤如下。

步骤① 选择【菜单】➤【插入】➤【成形】➤【伸直】菜单命令，系统弹出如下中图所示的【伸直】对话框后，在绘图区域中选择如下左图所示的固定面及如下右图所示的折弯面进行伸直操作。

步骤② 在【伸直】对话框中单击【确定】按钮，完成伸直特征的创建，然后对于另外对称的一侧执行相同的操作，结果如下图所示。

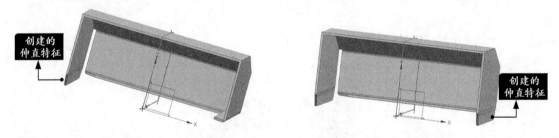

步骤③ 选择【菜单】➤【插入】➤【草图】菜单命令，系统弹出【创建草图】对话框后，以下左图所选曲面为草绘平面，进行草图的绘制，然后单击【完成草图】按钮 退出草图，结果如下右图所示。

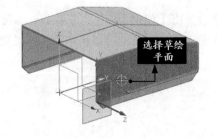

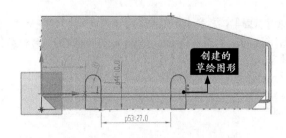

步骤 04 选择【菜单】▶【插入】▶【切割】▶【拉伸】菜单命令，系统弹出【拉伸】对话框后，进行相关的参数设置，并对刚才绘制的草图进行拉伸，如下图所示。

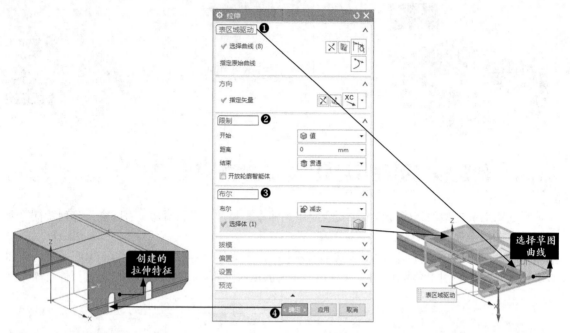

步骤 05 选择【菜单】▶【插入】▶【成形】▶【重新折弯】菜单命令，系统弹出【重新折弯】对话框后，在绘图区域内选择相应的折弯面，并单击【确定】按钮，如下图所示。

步骤 06 对另外一个对称边执行相同的操作，如下图所示。

步骤 07 选择【菜单】▶【插入】▶【草图】菜单命令，系统弹出【创建草图】对话框后，以如下左图所选曲面为草绘平面，绘制一条直线段，然后单击【完成草图】按钮 退出草图，结果如下右图所示。

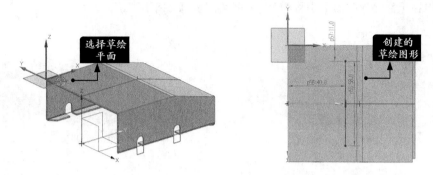

步骤 08 选择【菜单】▶【插入】▶【冲孔】▶【百叶窗】菜单命令，系统弹出【百叶窗】对话框后，进行百叶窗特征的创建，如下图所示。

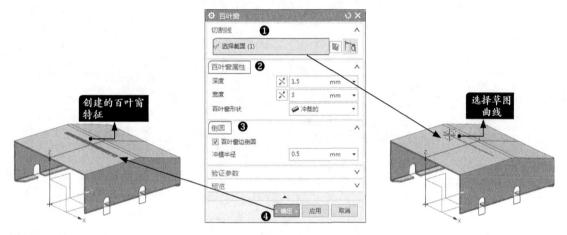

步骤 09 选择【菜单】▶【插入】▶【关联复制】▶【阵列特征】菜单命令，系统弹出【阵列特征】对话框后，进行相关的参数设置，并对刚才创建的百叶窗特征进行阵列复制，如下图所示。

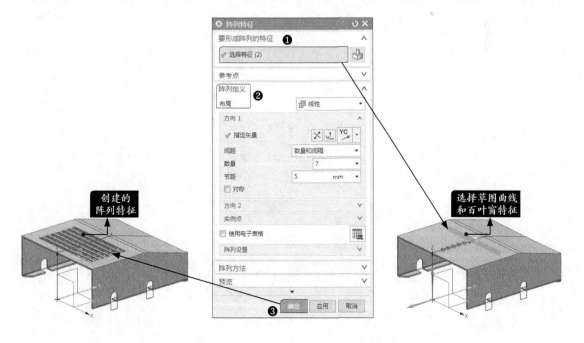

步骤⑩ 可以在【部件导航器】中将相关草图隐藏，结果如下图所示。

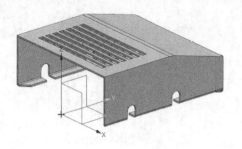
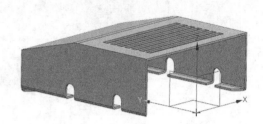

第22章

UG在产品设计中的应用

学习目标——

　　本章将对UG NX 12.0在产品设计中的应用进行讲解，主要讲解内容有滑动轴承整体造型、连杆造型、端盖造型的绘制。

学习效果——

 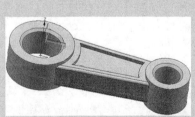 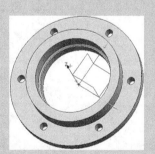

22.1 创建滑动轴承造型

🕙 本节视频教程时间：30分钟

轴承在机械设备中的应用很广泛。轴承的功用有两个，一是支撑轴及轴上零件，并保持轴的旋转精度；二是减少转轴与支撑之间的摩擦和磨损。

轴承分为滑动轴承和滚动轴承两大类。滑动轴承在高速、高精度、重载、结构上要求在剖分的场合下能显示出优异的性能，因此常用于汽轮机、离心式压缩机、内燃机、大型电机中。此外，在低速而带有冲击的机械中，例如水泥搅拌机、滚筒清砂机、破碎机等中也多采用滑动轴承。

22.1.1 创建滑动轴承整体造型

本小节对滑动轴承整体造型进行创建，创建过程中主要会应用到"拉伸""凸台""孔""腔体""边倒圆""倒斜角"等命令，具体操作步骤如下。

步骤01 选择【菜单】➤【文件】➤【新建】菜单命令，系统弹出【新建】对话框后，进行相应的设置，并单击【确定】按钮，创建一个新的模型文件，如下图所示。

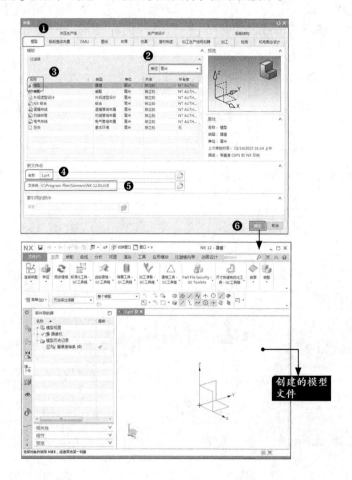

步骤 02 选择【菜单】➤【插入】➤【草图】菜单命令，系统弹出【创建草图】对话框后，直接按照系统默认的*XC-YC*平面进入草图平面，绘制如下图所示的草图，然后单击【完成草图】按钮退出草图。

步骤 03 选择【菜单】➤【插入】➤【设计特征】➤【拉伸】菜单命令，系统弹出【拉伸】对话框后，在【限制】区域和【布尔】区域进行如下图所示的参数设置，并对刚才绘制的草图进行拉伸，生成滑动轴承的整体模型。

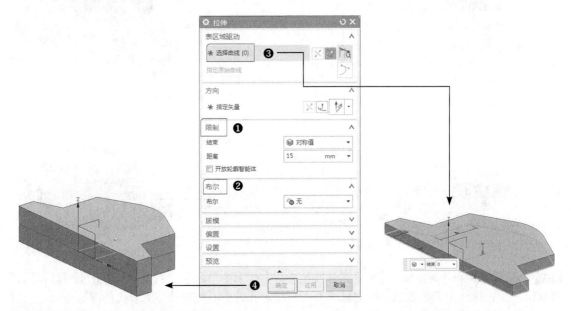

步骤 04 选择【菜单】➤【插入】➤【设计特征】➤【凸台】菜单命令，系统弹出【支管】对话框后，选取凸台的放置平面，设置凸台参数，然后单击【确定】按钮，打开【定位】对话框，以【点落在点上】的定位方式指定凸台底面的圆心与基体圆弧段的圆心重合，然后单击【确定】按钮，即可生成满足要求的凸台，如下左图所示。使用同样的方法创建另一侧面的凸台，结果如下右图所示。

步骤05 平移坐标系原点至【绝对】（0，0，0），分别选择【菜单】▶【插入】▶【草图】菜单命令，选择*XC-ZC*作为草图平面进行多个草图的创建，然后分别选择【菜单】▶【插入】▶【设计特征】▶【拉伸】菜单命令，对绘制好的草图依次进行拉伸操作。具体操作步骤如下图所示。注意拉伸过程中设置参数的不同。

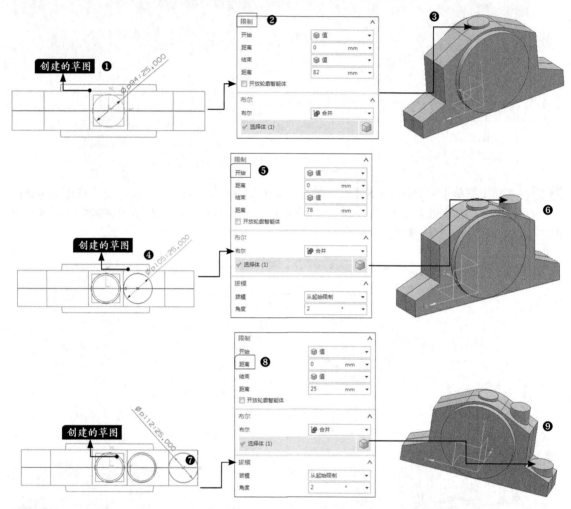

步骤06 选择【菜单】▶【插入】▶【设计特征】▶【孔】菜单命令，系统弹出【孔】对话框后，选取第一个拉伸体上表面边缘为孔的放置平面，指定孔的圆心与拉伸体上表面的圆心重合，设置孔的参数后单击【确定】按钮，创建所要求的孔如下左图所示。采用同样的方法，根据设计要求（第二个拉伸体上的孔，直径为"12"、深度为"65"；第三个拉伸体上的孔，直径为"12"、深度为"25"）分别在刚创建的拉伸体上创建相应的孔，如下右图所示。

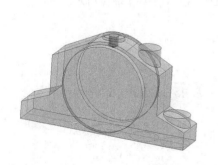

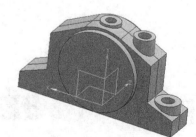

步骤 07 选择【菜单】➤【插入】➤【基准/点】➤【基准平面】菜单命令，系统弹出【基准平面】对话框后，在【类型】下拉列表中选择【YC-ZC 平面】选项，系统显示基准平面后，单击【确定】按钮，即可生成指定的基准平面。

步骤 08 选择【菜单】➤【插入】➤【关联复制】➤【镜像特征】菜单命令，系统弹出【镜像特征】对话框后，选取前面创建的两个拉伸体和相应的孔为镜像特征，单击【镜像特征】对话框中的【选择平面】按钮，指定刚创建好的基准平面为镜像平面，然后单击【确定】按钮，镜像生成另一侧的凸台和孔，如下图所示。

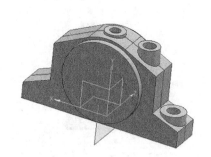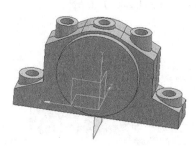

步骤 09 选择【菜单】➤【插入】➤【设计特征】➤【孔】菜单命令，系统弹出【孔】对话框后，选取孔的放置平面，设置孔的参数后单击【确定】按钮，打开【定位】对话框，指定孔的圆心与凸台的圆心重合，创建孔，如下图所示。

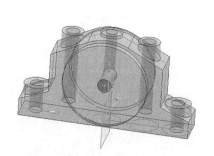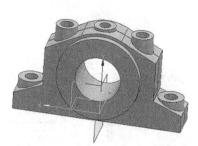

步骤 10 选择【菜单】➤【插入】➤【设计特征】➤【腔】菜单命令，系统弹出【腔】对话框后，单击【矩形】按钮，根据系统提示选取放置平面，如下左图所示。

步骤 11 选取平面后，在弹出的【水平参考】对话框中，根据提示选取模型的一条下边缘线作为水平参考方向，如下中图所示。

步骤 12 打开【矩形腔】对话框，设置各项参数后单击【确定】按钮。系统弹出【定位】对话框后，采用【水平】和【竖直】方式定位腔体中心到基体短边和长边的距离分别为"42.5"和"15"，然后单击【确定】按钮创建腔体，如下右图所示。

步骤 13 使用同样的方法在另一侧的对称位置生成同样的腔体。

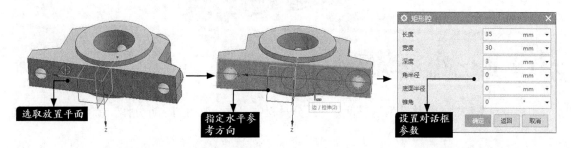

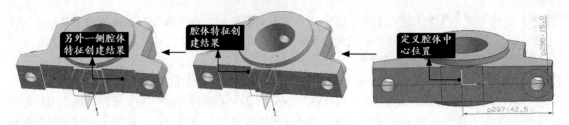

步骤⑭ 选择【菜单】▶【插入】▶【细节特征】▶【边倒圆】菜单命令，系统弹出【边倒圆】对话框后，在【半径 1】文本框中输入"2"以设置倒圆半径为"2"。如下图所示，完成对模型上方两横边的边倒圆操作。

步骤⑮ 选择【菜单】▶【插入】▶【细节特征】▶【倒斜角】菜单命令，系统弹出【倒斜角】对话框后，在【偏置】区域的【距离】文本框中输入偏置距离"2"。如下图所示完成模型中凸台中间孔边缘的倒斜角操作。

步骤⑯ 至此，完成整体滑动轴承的三维模型创建，如下图所示。

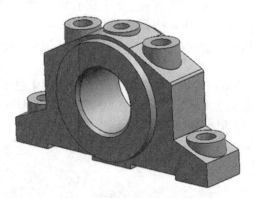

22.1.2 拆分整体滑动轴承

本小节对滑动轴承整体造型进行拆分，拆分过程中主要会应用到"拆分体"命令，具体操作步骤如下。

步骤 01 选择【菜单】➤【插入】➤【修剪】➤【拆分体】菜单命令，系统弹出【拆分体】对话框后，根据提示选择整个滑动轴承模型以指定需要分割的实体。

步骤 02 按系统提示指定分割平面，选择【指定平面】下拉列表中的【按某一距离】选项，如下图所示。

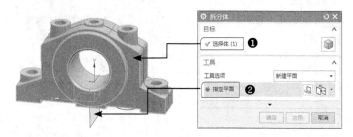

步骤 03 选择XZ平面，然后指定【距离】为"40"，产生分割平面后单击【确定】按钮，即可创建拆分体特征，如下图所示。

步骤 04 选择创建的拆分体，选择【菜单】➤【编辑】➤【特征】➤【移除参数】菜单命令，即可将原来的整体滑动轴承分割成两个独立的实体，结果如下图所示。

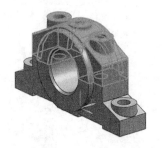

22.2 创建连杆造型

本节视频教程时间：20分钟

 连杆机构是机械机构中一种常见的机构，它属于低副机构，具有传递复杂运动、承载能力大、结构简单、制造容易及工作可靠等优点，主要用于运动方式的传递。例如，内燃机气缸通过连杆机构，将活塞的直线运动变为曲轴的旋转运动。在重载低速的场合，连杆机构得到了广泛的应用。

22.2.1 创建连杆基体

本小节对连杆基体进行创建，创建过程中主要会应用到"拉伸""修剪体"等命令，具体操作步骤如下。

步骤01 选择【菜单】➤【文件】➤【新建】菜单命令,系统弹出【新建】对话框后,进行相应的设置,并单击【确定】按钮,创建一个新的模型文件,如下图所示。

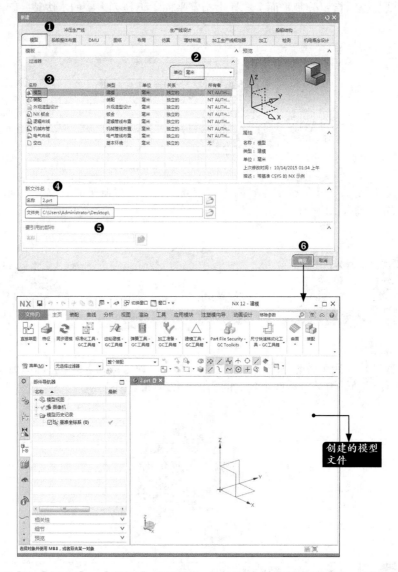

步骤02 选择【菜单】➤【插入】➤【草图】菜单命令,系统弹出【创建草图】对话框后,直接按照系统默认的*XC-YC*平面进入草图平面,绘制如下图所示的草图,然后单击【完成草图】按钮退出草图。

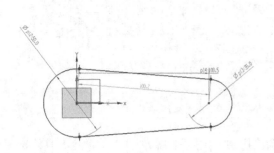

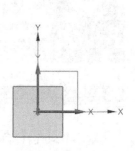

步骤 03 选择【菜单】➤【插入】➤【设计特征】➤【拉伸】菜单命令，系统弹出【拉伸】对话框后，在【限制】区域和【布尔】区域内进行如下图所示的参数设置，并对刚才绘制的草图进行拉伸操作，使其生成相应的连杆轮廓实体。

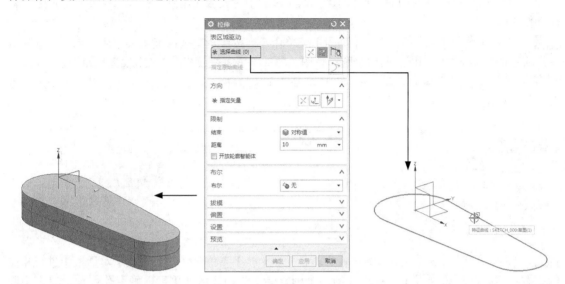

步骤 04 选择【菜单】➤【插入】➤【修剪】➤【修剪体】菜单命令，系统弹出【修剪体】对话框后，设置相应的参数，然后根据提示单击连杆轮廓实体以指定要修剪的目标实体。

步骤 05 在【修剪体】对话框的【工具选项】下拉列表中选择【新建平面】选项，然后在连杆轮廓实体侧面上单击以指定刀具面，如下图所示。

步骤 06 在【修剪体】对话框中单击【确定】按钮后，系统将自动完成连杆轮廓实体侧面的修剪，结果如下左图所示。

步骤 07 重复 **步骤 04** 至 **步骤 06** 的操作，完成连杆轮廓实体另一侧面的修剪，结果如下右图所示。

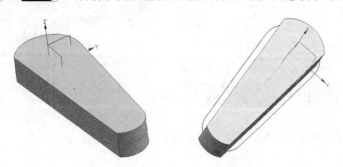

22.2.2　创建连杆两边圆柱和孔

本小节对连杆两边圆柱和孔进行创建，创建过程中主要会应用到"拉伸""孔"等命令，具体操作步骤如下。

步骤01 选择【菜单】▶【插入】▶【草图】菜单命令，按照*XC-YC*平面进入草图平面，绘制如下左图所示的与上次草绘圆同心的两个圆形草图，然后单击【完成草图】按钮圞退出草图。

步骤02 选择【菜单】▶【插入】▶【设计特征】▶【拉伸】菜单命令，进行如下中图所示的设置，并对绘制好的草图进行拉伸操作，如下右图所示。

步骤03 选择【菜单】▶【插入】▶【设计特征】▶【孔】菜单命令，在【孔】对话框中进行相应的参数设置，然后根据提示，在连杆的一个圆柱体上表面边缘处单击以确定孔位置，单击【确定】按钮，完成孔特征的创建，如下图所示。

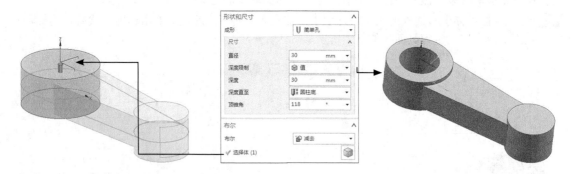

步骤04 重复**步骤03** 的操作，完成连杆上另一个圆柱体的孔创建，其中孔的各参数设置如下左图所示，结果如下右图所示。

22.2.3　创建连杆体上的凹槽

本小节对连杆体上的凹槽进行创建，创建过程中主要会应用到"拉伸"命令，具体操作步骤如下。

步骤01 以连杆体上两个圆柱之间的平面作为草图平面创建草图，在草图上按照要求将连杆体的边界直线偏置，绘制如下图所示的草图，单击【完成草图】按钮退出草图。

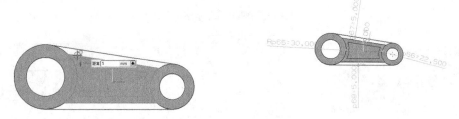

步骤02 选择【菜单】▶【插入】▶【设计特征】▶【拉伸】菜单命令，对绘制好的草图进行拉伸操作，如下图所示。

步骤03 重复**步骤02**的操作，完成连杆体上另一侧凹槽的创建，其中【拉伸】对话框中各参数设置如下左图所示，结果如下右图所示。

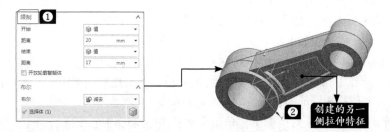

22.2.4 对连杆模型倒圆角

本小节对连杆模型进行倒圆角等操作，创建过程中主要会应用到"边倒圆""倒斜角"命令，具体操作步骤如下。

步骤01 选择【菜单】▶【插入】▶【细节特征】▶【边倒圆】菜单命令，在【边倒圆】对话框中进行相应的参数设置，然后根据提示选择连杆体上圆柱体中间面的各外边缘以指定要倒圆角的边，如下右图所示。

步骤02 单击【确定】按钮后，系统将自动完成边倒圆操作，如下左图所示。

步骤03 选择【菜单】▶【插入】▶【细节特征】▶【倒斜角】菜单命令，在【倒斜角】对话框中

进行相应的参数设置，然后根据提示选择连杆体上圆柱体中孔的各边缘以指定要倒角的边，如下右图所示。

步骤 04 单击【确定】按钮后，系统将自动完成倒斜角操作，如下左图所示。

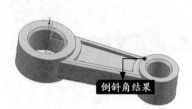

倒斜角结果

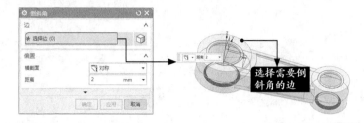

选择需要倒斜角的边

22.3 创建端盖造型

◎ 本节视频教程时间：10分钟

盘类零件形式多种多样，但是结构相似，主要用于支撑、轴向定位、密封等。

22.3.1 创建端盖外表面的螺纹孔

本小节对端盖外表面的螺纹孔进行创建，创建过程中主要会应用到"孔""腔""阵列特征"等命令，具体操作步骤如下。

步骤 01 打开随书资源中的"素材\CH22\3.prt"文件，选择【菜单】▶【插入】▶【设计特征】▶【孔】菜单命令，在【孔】对话框中进行相应的参数设置，然后根据提示在腔体的内表面大致位置上单击以指定要创建孔特征的表面，如下右图所示。

步骤 02 系统弹出【草图点】对话框后，单击【圆弧中心/椭圆中心/球心】按钮，根据提示选择圆柱体的表面边缘以指定目标对象。然后单击【关闭】按钮，双击尺寸数字，修改定位尺寸值为"0"，使孔中心与圆柱体的中心重合。

步骤 03 单击【完成草图】按钮 退出草图，返回【孔】对话框，单击【确定】按钮后，系统将自动完成孔特征的创建，如下左图所示。

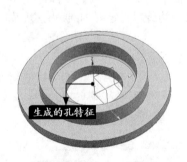

生成的孔特征

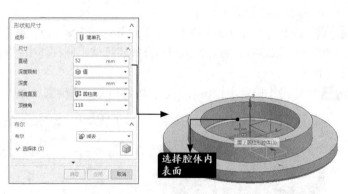

选择腔体内表面

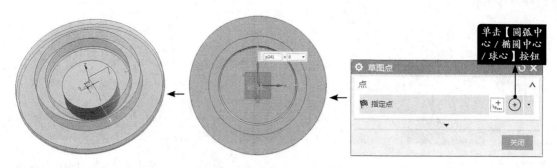

步骤 04 选择【菜单】▶【插入】▶【设计特征】▶【腔】菜单命令，在【腔】对话框中单击【圆柱形】按钮，打开【圆柱腔】对话框。根据提示在绘图区域内选择圆柱体的下表面以指定腔体的放置面，打开下一层级【圆柱腔】对话框，在【腔直径】文本框、【深度】文本框、【底面半径】文本框和【锥角】文本框中分别输入"75""11""0"和"0"。单击【确定】按钮，打开【定位】对话框，单击【点落在点上】按钮，以点到点的方式定位腔体，打开【点落在点上】对话框，如下图所示。

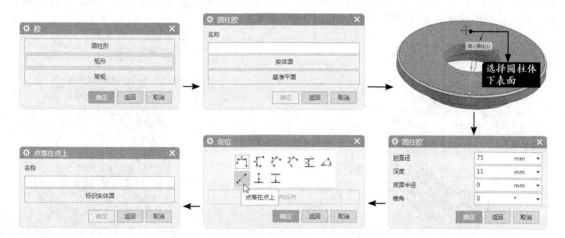

步骤 05 根据提示在绘图区域内单击凸台的上表面以指定目标对象，同时打开【设置圆弧的位置】对话框。单击【圆弧中心】按钮，打开【点落在点上】对话框。根据提示在绘图区域内单击腔体的边以指定刀具边，并再次打开【设置圆弧的位置】对话框。单击【圆弧中心】按钮后，系统将自动完成腔体的创建，如下图所示。

步骤 06 选择【菜单】▶【插入】▶【设计特征】▶【孔】菜单命令，在【孔】对话框中进行相应的参数设置，然后根据提示在腔体的内表面大致位置上单击以指定要创建孔特征的表面，如下右图所示。

步骤 07 打开【草图点】对话框，单击【圆弧中心/椭圆中心/球心】按钮，根据提示选择圆柱体的表面边缘以指定目标对象。然后单击【关闭】按钮，双击尺寸数字，修改水平定位尺寸值为"0"、垂直定位尺寸为"45"，确定孔中心位置。

步骤 08 单击【完成草图】按钮 退出草图，返回【孔】对话框，单击【确定】按钮后，系统将自动完成孔特征的创建，如下左图所示。

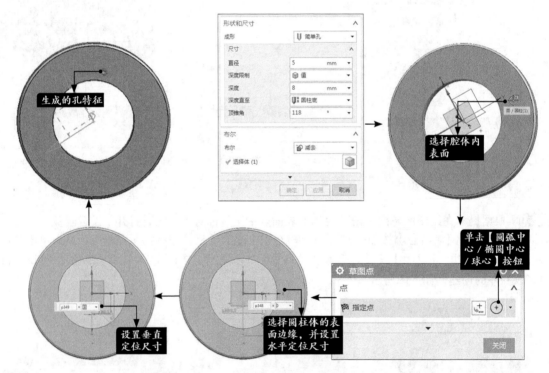

步骤 09 选择【菜单】▶【插入】▶【关联复制】▶【阵列特征】菜单命令，在【阵列特征】对话框中进行相应的参数设置，其中阵列方式指定为【圆形】，旋转轴矢量指定为【ZC轴】 ，选择【原点】为指定点，然后在绘图区域中选择要进行阵列操作的特征（刚创建的孔），如下右图所示。

步骤 10 单击【确定】按钮后，系统将自动创建圆形阵列特征，如下左图所示。

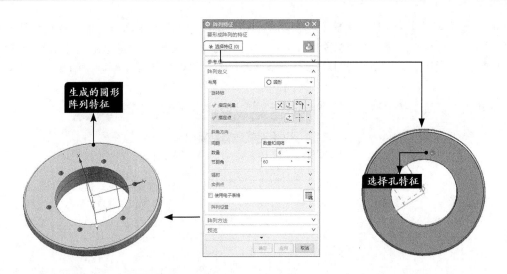

22.3.2 创建端盖中的安装孔

本小节对端盖中的安装孔进行创建，创建过程中主要会应用到"孔""阵列特征"等命令，具体操作步骤如下。

步骤01 选择【菜单】▶【插入】▶【设计特征】▶【孔】菜单命令，在【孔】对话框中进行相应的参数设置，然后根据提示在圆柱体的上表面大致位置上单击以指定要创建孔特征的表面，如下右图所示。

步骤02 系统弹出【草图点】对话框后，单击【圆弧中心/椭圆中心/球心】按钮，根据提示选择圆柱体的表面边缘以指定目标对象。然后单击【关闭】按钮，双击尺寸数字，修改水平定位尺寸值为"0"、垂直定位尺寸为"60"，确定孔中心位置。

步骤03 单击【完成草图】按钮🖋️退出草图，返回【孔】对话框，单击【确定】按钮后，系统将自动完成孔特征的创建，如下左图所示。

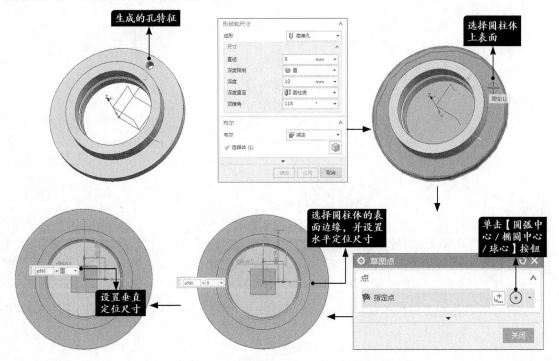

步骤 04 选择【菜单】▶【插入】▶【关联复制】▶【阵列特征】菜单命令，在【阵列特征】对话框中进行相应的参数设置，其中阵列方式指定为【圆形】，旋转轴矢量指定为【ZC轴】 ，选择【原点】为指定点，然后在绘图区域中选择要进行阵列操作的特征（刚创建的孔），如下右图所示。

步骤 05 单击【确定】按钮后，系统将自动创建圆形阵列特征，如下左图所示。

生成的圆形阵列特征

选择孔特征